分布式
一致性算法

开发实战

赵辰◎著

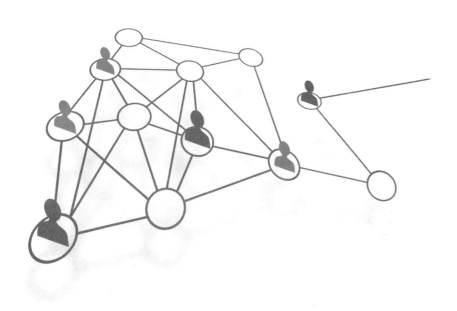

北京大学出版社
PEKING UNIVERSITY PRESS

内 容 提 要

本书从介绍分布式一致性算法开始，分析了Raft算法以及Raft算法所依赖的理论，在此基础上讲解并实现了Raft算法以及基于Raft算法的KV服务。通过本书，可以深入了解Raft算法的运行机制，也可以学到如何相对正确地实现Raft。

本书分为11章，第1章简单介绍分布式一致性算法，第2章详细分析Raft算法，第3章在第2章的基础上进行整体设计，第4~8章逐个讲解基于Raft算法的KV服务的各个组件的实现，第9章讲解日志快照，第10章是生产环境必需的服务器成员变更功能，第11章介绍一些相关的Raft算法优化。

本书详细介绍了Raft的核心算法、服务器成员变更以及各种优化的实现，适合那些想尝试实现Raft算法或者在生产环境加入Raft算法的人，也适合那些对于Raft算法有兴趣的读者。

图书在版编目(CIP)数据

分布式一致性算法开发实战 / 赵辰著. — 北京：北京大学出版社，2020.4
ISBN 978-7-301-31285-8

Ⅰ.①分… Ⅱ.①赵… Ⅲ.①分布式操作系统 Ⅳ.①TP316.4

中国版本图书馆CIP数据核字(2020)第045436号

书　　　　名	分布式一致性算法开发实战	
	FENBUSHI YIZHIXING SUANFA KAIFA SHIZHAN	
著作责任者	赵　辰　著	
责 任 编 辑	张云静	
标 准 书 号	ISBN 978-7-301-31285-8	
出 版 发 行	北京大学出版社	
地　　　　址	北京市海淀区成府路205号　100871	
网　　　　址	http://www.pup.cn　　新浪微博：@北京大学出版社	
电 子 信 箱	pup7@pup.cn	
电　　　　话	邮购部 010-62752015　发行部 010-62750672　编辑部 010-62570390	
印 刷 者	河北滦县鑫华书刊印刷厂	
经 销 者	新华书店	
	787毫米×1092毫米　16开本　24.75印张　613千字	
	2020年4月第1版　2022年8月第3次印刷	
印　　　　数	6001-8000册	
定　　　　价	89.00元	

前言
Preface

作为一个长期在互联网企业做后端的程序员，已经习惯了每天进行数据库的增删改查，或者针对复杂逻辑设计解决方案，但在习惯的同时，工作也渐渐少了挑战性。有些人选择学习新技术，增长见识；有些人选择深入架构方案，尝试解决更宏观的问题；而我选择重拾以前没能完成的个人项目，并且在工作之余学习自己感兴趣的领域的知识。

这时我遇到了Raft算法。一开始我只是想基于Netty实现一些好玩的东西。个人项目因为时间原因很难做大，所以需要选择代码量和实现复杂度中等的主题。当我看到只有18页的Raft算法论文时，第一感觉是这应该不难，作为实现的对象复杂度适中。事实证明我的第一感觉是错误的，最后我共写了大约3万行代码，各种细节实现足以写出这本书。

不过我不后悔，这是我第一次在没有参考其他实现的情况下根据论文推导实现。整个过程中，个人感觉最深的是，自由实现很难。Raft论文不会给出实际的代码，大部分时候需要自己分析和设计细节。比如日志和通信这种基础组件，论文中讲得比较含糊，对于没有足够的网络程序编程经验的人来说，需要不断试错，直到自己满意为止。

本书是我在不断试错之后回顾自己对于Raft算法的理解，尝试用自己认为最好的方式设计并实现的记录。希望我的讲解能够抛砖引玉，带领读者以程序员的角度相对正确地理解Raft算法，并且在实现时少走弯路。

Raft 算法用途

Raft算法相当于分布式一致性算法，相比Paxos算法，它更容易理解也更容易实现。Raft算法可以用于需要强一致性的分布式服务，比如分布式配置、元数据集群等。如果用常规方式，比如用单机数据库来实现，系统性能往往会受限于单机数据库本身，而且存在单点风险。此时Raft算法可以避免单点，而且在单机宕机时可以重新选举并恢复。

本书特色

本书以一个工程师的角度分析Raft算法的执行机制，并且用更贴近生产环境级别的方式尝试实现Raft算法，以及基于Raft算法的服务。本书的主要目的是给想要实现Raft算法的读者一种可行的思路，而不是仅仅停留在功能不完全的玩具项目上。所以本书使用了很多面向生产环境的技术，比如异步IO，同时还进行了线程间调用分析，让读者更好地理解如何正确处理多线程调用。

除此之外，本书在涉及实现的章节的最后还提供了组件或者整个功能的测试代码，一方面保证当前章节代码的正确性，另一方面让读者对于代码的执行过程有更好的理解。

关于代码

可以在GitHub上（https://github.com/xnnyygn/xraft.git）找到本书的源代码，最新的代码在develop分支下。也可扫描下方二维码，关注"博雅读书社"微信公众号，找到"资源下载"栏目，根据提示获取源代码。

书中的代码省略了package语句以及包导入，可以在源代码的同名类文件中找到被省略的内容。

本书内容

本书除了详细分析Raft算法外，还实现了Raft算法的内容和相关组件，如下图所示。

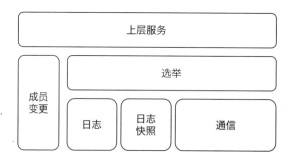

上层服务具体指的是作为示例的KV服务（服务端），本书同时也实现了对应的KV服务客户端。

本书面向的对象

- 想要实现Raft算法的工程师。
- 想在生产环境使用Raft算法的工程师。
- 对Raft算法感兴趣的读者。

目录
Contents

第1章

分布式一致性与共识算法简介

在介绍Raft算法之前，请考虑一下如果有机会，你会怎么设计一个分布式系统？注意，这里所说的分布式系统是几台服务器组成的一个对外服务的系统，比如分布式KV系统、分布式数据库系统等。

如果是单机系统，数据一般都在本地，基本不需要与外部通信，比如单机数据库系统。但如果有一天你的系统遇到了单机系统难以承受的高请求量，为了防止系统宕机，也为了提高系统的可用性，可以搭建类似master-slave结构的系统，并且允许请求落到slave服务器上。

经过一段时间的设计和编码，你可能会发现这个系统没有想象中那么简单。首先，相比单机系统，分布式系统需要和多台服务器通信，而通信有超时的可能，此时发送方无法确定通信是成功还是失败。其次，一份数据被放到了多台服务器，数据更新有延迟。最后，一旦master服务器宕机，没有一个自动的机制可以立马提升slave服务器为master服务器。

这时你可能会想，是否有方法可以解决上述问题？或者说是否有框架可以解决分布式系统所面临的问题？答案是没有，依据是接下来要讲到的分布式系统领域的CAP定理。

1.1 CAP定理

CAP 分别是如下 3 个单词的首字母缩写。

（1）Consistency：一致性。

（2）Availability：可用性。

（3）Partition-tolerance：分区容错性。

CAP 定理指出，在异步网络模型中，不存在一个系统可以同时满足上述 3 个属性。换句话说，分布式系统必须舍弃其中的一个属性。

图 1-1 展示了分布式系统中不存在同时覆盖 3 个属性的区域，但是可以找到同时覆盖两个属性的区域。

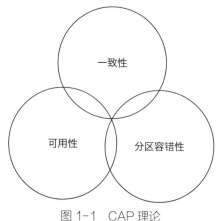

图 1-1 CAP 理论

在本章开头提到的系统实现问题中，通信超时和更新延迟都属于一致性问题，出现这个问题的原因是存在多台服务器，而每台服务器都有自己的数据。数据冗余虽然可以提高系统的可用性和分区容错性，但是相应地难以满足强一致性。如果想要解决一致性问题，也就是达到强一致性，比如把所有请求全部通过单台服务器处理，那么就很难达到高可用性。

CAP 定理对于分布式系统的设计是一个很重要的参考。对于需要在分布式条件下运行的系统来说，如何在一致性、可用性和分区容错性中取舍，或者说要弱化哪一个属性，是首先需要考虑的问题。从经验上来说，可用性或一致性往往是被弱化的对象。

对于要求高可用性的系统来说，往往会保留强一致性。典型的例子就是延迟处理，利用 Message Queue 之类的中间件，在后台逐个处理队列中的请求，当处理完毕时，系统达到强一致性状态。但是要求强一致性的系统，比如元数据系统、分布式数据库系统，它们的可用性往往是有上限的。

从实现效果上来说，很多人或多或少都了解或者设计过具有强一致性的系统。但是，大部分人并不了解强一致性的系统是如何运作的，也不知道该怎么设计。老实说这确实很难，以至于计算机科学界有一类专门解决这种问题的算法 —— 共识算法。

1.2　共识算法

"共识"的意思是保证所有的参与者都有相同的认知（可以理解为强一致性）。共识算法本身可以依据是否有恶意节点分为两类，大部分时候共识算法指的都是没有恶意节点的那一类，即系统中的节点不会向其他节点发送恶意请求，比如欺骗请求。共识算法中最有名的应该是 Paxos 算法。

1.2.1　Paxos算法

Paxos 算法是 Leslie Lamport 在 1998 年发表的 *The Part-Time Parliament* 中提出的一种共识算法。

Paxos 算法除了难懂之外，还难以实现。尽管如此，以下服务还是在生产环境中使用了 Paxos 算法和 Paxos 算法的修改版。

（1）Google Chubby：分布式锁服务。

（2）Google Spanner：NewSQL。

（3）Ceph。

（4）Neo4j。

（5）Amazon Elastic Container Service。

本书不会详细介绍 Paxos 算法，只是列举一下大体的流程。Paxos 算法中的节点有以下 3 种可能的角色。

（1）Proposer：提出提案，并向 Acceptor 发送提案。

（2）Acceptor：参与决策，回应提案。如果提案获得多数（过半）Acceptor 接受，则认为提案被批准。

（3）Learner：不参与决策，只学习最新达成一致的提案。

Paxos 算法中的决议过程分两种，一种是对单个 value（值）的决议过程，也就是对单个值达成一致；另一种是针对连续多个 value 的决议过程。前者称为 Basic Paxos，后者称为 Multi Paxos。

Basic Paxos 的过程如下。

（1）Proposer 生成全局唯一且递增的 proposal id，并向所有 Acceptor 发送 prepare 请求。

（2）Acceptor 收到请求后，如果 proposal id 正常，则回复已接受的 proposal id 中最大的决议 id 和 value。

（3）Proposer 接收到多数 Acceptor 的响应后，从应答中选择 proposal id 最大的 value，并发送给所有 Acceptor。

（4）Acceptor 收到 proposal 之后，接收并持久化当前 proposal id 和 value。

（5）Proposer 收到多数 Acceptor 的响应之后形成决议，Proposer 发送决议给所有 Learner。

可以看到，对于多个 value，Basic Paxos 两次来回的决议使其性能不是很理想，所以有针对连续多个 value 决议的 Multi Paxos。

Multi Paxos 的基本思想是先使用 Basic Paxos 决议出 Leader，再由 Leader 推进决议。Multi Paxos 和 Basic Paxos 具体有以下不同。

（1）每个 Proposer 使用唯一的 id 标识。

（2）使用 Basic Paxos 在所有 Proposer 中选出一个 Leader，由 Leader 提交 proposal 给 Acceptor 表决，这样 Basic Paxos 中的（1）~（3）步可以跳过，提高效率。

以上只是对 Paxos 算法最基本的理解，但在实际实现中还有很多具体问题需要解决。因为部分问题难以解决或者没有可以参考的解决方案，导致以下 Paxos 的变种算法的出现（按出现的时间先后排列）。

（1）Disk Paxos，2002 年。

（2）Cheap Paxos，2003 年。

（3）Fast Paxos，2004 年。

（4）Generalized Paxos，2005 年。

（5）Stoppable Paxos，2008 年。

（6）Vertical Paxos，2009 年。

从系统实现的角度来说，从变种算法中选择一个并实现可能是比较好的选择，但是无法避免地要对 Paxos 有一定了解才能开始编码。到了 2014 年，出现了一种更容易理解的共识算法——Raft 算法。

1.2.2　Raft算法

Raft 算法由斯坦福大学的 Diego Ongaro 和 John Ousterhout 在 2014 年提出。在保证和 Paxos 算法一样的正确性的前提下，具体分析了选举及日志复制的实现，甚至还提供了参考代码。

关于 Raft 算法的论文中给出了计算机科学系学生对于 Raft 算法的可理解性的调查结果。结论是 40 多人中的大部分人认为 Raft 算法更容易理解，相对的只有个位数的人认为 Paxos 算法更容易理解。论文作者之一的 Diego Ongaro 之后在他的博士论文中进一步给出了 Raft 算法的详细分析，包括优化后的集群成员变更算法（第 10 章会对集群成员变更算法做具体的介绍与分析）。

Raft 算法的官方网站 raft.github.io 中给出了可视化的 Raft 算法中 Leader 的选举过程（另一个网站 thesecretlivesofdata.com 给出了更详细的 Leader 选举和日志复制的可视化过程），同时给出了一些 Raft 算法相关的论文、演讲和教程链接。对于想要快速了解 Raft 算法的人来说，这是一个很好的入口。

官方网站主页上还给出了一些 Raft 算法实现的列表，其中很多是试验性的实现。这些实现的源代码大部分可以在 GitHub 上找到。如果想要特定语言的实现版本，可以尝试在上面查找。官方网站主页上 Raft 算法实现的列表可以通过 GitHub Pages 的 Pull Request 通知管理员修改。如果对自己的算法实现有信心，可以克隆主页的 GitHub 库，然后添加自己的算法实现后提交 Pull Request。

生产环境级别的 Raft 算法实现比较有名的是基于 Go 语言的 etcd，基于 etcd 设计出来的上层软件可以用于生产环境。

下面大致介绍一下 Raft 算法。

Raft 算法是单 Leader、多 Follower 模型，可以理解为主从模型。Raft 算法中有以下 3 种角色。

（1）Leader：集群的 Leader。

（2）Candidate：想要成为 Leader 的候选者。

（3）Follower：Leader 的跟随者。

系统在启动后会马上选举出 Leader，之后的请求全部通过 Leader 处理。Leader 在处理请求时，会先加一条日志，把日志同步给 Follower。当写入成功的节点过半之后持久化日志，通知 Follower 也持久化，最后将结果回复给客户端。

更详尽的细节将在第 2 章进行介绍。

1.2.3 ZAB算法

现存的并且可以作为集群一部分的分布式同步软件中，Apache ZooKeeper（简称 ZooKeeper）可能是最有名的一个。ZooKeeper 原本是 Apache Hadoop 的一部分，现在是顶级 Apache Project 中的一个。ZooKeeper 被很多大公司使用，是一个经过生产环境考验的中间件。

从功能上来说，ZooKeeper 是一个分布式等级型 KV 服务（Hierarchical Key-Value Store）。和一般用于缓存的 KV 服务不同，客户端可以监听某个节点下的 Key 的变更，因此 ZooKeeper 经常被用于分布式配置服务。

ZooKeeper 的核心是一个名叫 ZAB 的算法，这是 Paxos 算法的一个变种。ZAB 算法的详细内容这里不做展开，一方面 ZAB 算法和 Paxos 算法有相同的地方，另一方面 ZooKeeper 在面向客户端方面所做的设计可能比 ZAB 算法更加复杂，因此就算理解了 ZAB 算法也不一定能完全理解 ZooKeeper 的设计。

1.2.4 如何选择

总体来说，如果是第一次接触分布式一致性算法，那么 Raft 算法是一个很好的入门算法。但如果想深入研究，Paxos 算法仍旧是无法回避的。其实算法本身并无优劣之分，理解其背后的思想才是最重要的。

如果想使用现成的分布式一致性中间件，那么 Apache ZooKeeper 可能是一个不错的选择。如果想进一步了解分布式一致性的算法细节实现，那么 ZooKeeper 的源代码很值得阅读和参考。

1.3 本章小结

本章主要介绍了在实现分布式系统时可能碰到的 CAP 问题，也就是一致性、可用性和分区容错性不能同时满足的限制，以及在实现强一致性系统时所用到的共识算法。

和 Paxos 算法相比，Raft 算法在保持正确性的同时更容易理解。

接下来，本书将详细分析 Raft 的核心算法。

第2章
Raft核心算法分析

Raft算法的核心是选举和日志复制。本章参考Raft算法的可视化交互演示，循序渐进地讲解Raft算法中各个节点的交互以及Raft算法如何保证强一致性。

这里以一个分布式Key-Value服务（类似于Memcache和Redis，以下简称KV服务）作为分析的对象。如图2-1所示，面对单台服务器时，只需要直接读写KV服务的数据即可。

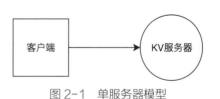

图 2-1　单服务器模型

面对多台服务器、多个数据副本时，系统架构如图2-2所示。

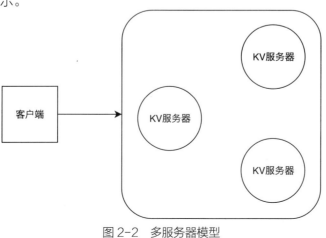

图 2-2　多服务器模型

2.1 不考虑分布式一致性的集群

假如多服务器模型中的每台服务器都对外服务，那么服务器如何同步变更就成了一个问题（有兴趣的读者可以了解一下 Gossip 协议）。

一般的解决方案是使用主从模型，即一个 Leader（主）服务器，多个 Follower（备份）服务器。所有请求都通过 Leader 服务器处理，Follower 服务器只负责备份数据。这样的好处是，变更源只有一个，简化了设计。

但是问题仍旧存在，假设 Leader 服务器宕机了，那么 Follower 服务器中哪个服务器成为新的 Leader 服务器呢？理论上所有 Follower 服务器的副本数据应该是和 Leader 服务器一致的，但是由于数据延迟、发送顺序不一致等问题，导致某个时刻每个 Follower 服务器拥有的数据有可能不一样。

数据不一致的问题需要从以下两方面进行处理。

（1）使用日志写入，而不是直接修改，保证到 Follower 服务器的同步请求有序而且能够重新计算出当前状态，也就是日志状态机模型。

（2）写入时，过半服务器写入成功才算整体成功，也就是 Quorum 机制。

2.2 日志状态机模型

举个 KV 服务下的状态机模型的例子，KV 服务中每个 SET 操作都作为一个日志条目，如表 2-1 所示。

表 2-1 状态机模型

日志索引	操作	当前状态
1	$X := 1$	$\{X: 1\}$
2	$Y := 2$	$\{X: 1, Y: 2\}$
3	$X := 3$	$\{X: 3, Y: 2\}$
4	$Z := 4$	$\{X: 3, Y: 2, Z: 4\}$

表 2-1 的最左边是日志的索引，中间是操作部分，"关键字 := 数字"代表设置关键字的值为指定的数字，最右边的当前状态显示了各个变量现在的值。

在状态机模型中，日志从上往下不断追加，当前状态的任何时间点都可以从索引号为 1 的日志开始计算。比如，日志索引为 3 的时间点，系统状态可以从日志 1 ~ 3 的操作中计算出来；日志索引为 4 的时间点，系统状态可以从日志 1 ~ 4 的操作中计算出来，以此类推。

有了状态模型之后，如何保证分布式一致性的问题就转换成了，如何保证所有参与的节点按照同一顺序写入的问题。虽然上面的状态机模型是以 KV 服务为例的，但实际上状态机模型也适用于 KV 以外的服务。

2.3　基于Quorum机制的写入

基于 Quorum 机制的写入是一个折中方案。在一般的 master/slave 模式的数据库主从复制中，master 服务器并不关心 slave 服务器的复制进度。master 服务器只负责不断写入自己的日志，通过 binlog 等方式把变更同步给 slave 服务器。而在一些严格的全量复制中，当所有 slave 服务器全部同步之后，master 服务器才会继续写入。主从复制在 master 服务器宕机之后数据会丢失，而全量复制则性能非常差。相比之下，过半写入的 Quorum 机制既可以减少数据丢失的风险，性能也不会太差。

Quorum 机制主要关注多副本下如何保证读取到最新副本的问题。比如在图 2-3 中，假设存在 3 个服务器节点 A、B 和 C，客户端可以读取任意服务器节点的数据和对应的版本。

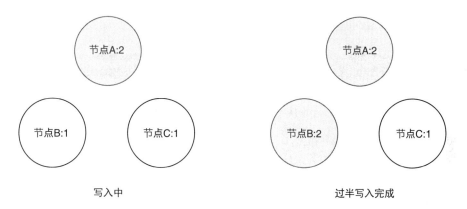

写入中　　　　　　　　　　　　　过半写入完成

图 2-3　Quorum 机制的写入

在左边的"写入中"时刻，服务器节点 A、B 和 C 的数据版本号如下。

（1）节点 A: 2。

（2）节点 B: 1。

（3）节点 C: 1。

这里版本比较大的数字表示数据比较新。客户端选择读取 A、B 和 C 3 个服务器中任意 2 个节点的数据，此时客户端读取到的数据版本有以下可能。

（1）节点 A 与 B:2 与 1。

（2）节点 A 与 C:2 与 1。

（3）节点 B 与 C:1 与 1。

可以看到在第（3）种情况下，客户端读取到节点 B 和节点 C 的数据版本都是 1，没有读到最新版本 2 的数据。相对地，在右边的"过半写入完成"时刻，服务器节点 A、B 与 C 的数据版本如下。

（1）节点 A:2。

（2）节点 B:2。

（3）节点 C:1。

此时客户端读取到的数据版本有以下可能。

（1）节点 A 与 B：2 与 2。

（2）节点 A 与 C：2 与 1。

（3）节点 B 与 C：2 与 1。

不管是哪种情况，客户端都能读取到最新版本的数据。所以说当数据过半写入之后，客户端总能读取到最新数据。

对于 master/slave 或者 leader/follower 模型的分布式系统来说，客户端并不能直接访问所有节点。但是对于系统内的服务器节点来说，可以通过比较各自持有的日志来决定谁成为新的 Leader 节点。在此过程中，过半写入的数据往往是有效的数据。

2.4　基于日志比较的选举

假设 Leader 节点宕机，那么如何从剩下的服务器节点中选举新 Leader 节点呢？一般情况下，肯定是希望选择拥有最新数据的节点。

理论上，这个拥有最新数据的节点应该有过半节点的支持，也就是说，集群中超过半数的节点（包括这个拥有最新数据的节点自身）的数据不会比这个节点更新。如果不满足这个条件，集群有可能出现"脑裂"现象，比如几个节点拥护一个 Leader 节点，而另外几个节点拥护另一个 Leader 节点。

对于如何判断谁的数据更新，可以通过比较来自其他节点的投票请求中的日志索引和自己本地的日志索引来确定。如果自己本地的日志索引比较大，则不支持对方，否则就支持。

2.4.1　无重复投票

考虑一个 3 服务器节点的系统，每个节点的最新日志索引号如下。

（1）节点 A: 2。

（2）节点 B: 2。

（3）节点 C: 2。

按照日志比较的规则，节点 A 会支持 B 和 C，节点 B 会支持 A 和 C，节点 C 会支持 A 和 B。此时节点 A、B 和 C 各自拿到 2 票都可以成为 Leader 节点，再加上自己给自己的 1 票，每个节点都是 3 票。

为了减少同时成为 Leader 节点的概率，要求节点不能重复投票。也就是说，节点收到投票请求并且不反对，则记录自己投过的节点，之后不再投给其他节点。

严格来说，仅仅使用无重复投票的机制是无法避免多个 Leader 节点的选出的，此处可以了解一下基本的投票机制。

对于同一个 3 服务器节点的系统，假如每个节点的最新日志索引号如下。

（1）A: 3。

（2）B: 2。

（3）C: 2。

则可能的 Leader 节点选出结果有 4 种情况，如表 2-2 所示。

表 2-2　基于日志比较的选举（1）

编号	A 投票给	A 票数	B 投票给	B 票数	C 投票给	C 票数	Leader 选出
1		3	A	1	A	1	A
2		2	A	2	B	1	A, B
3		2	C	1	A	2	A, C
4		1	C	2	B	2	B, C

表 2-2 最左边是可能的结果的编号，中间部分是节点 A、B 和 C 分别投票给谁以及投票过后各自所拥有的票数，最右边是票数超过 2 的节点，也就是 Leader 节点的候选节点。

由于节点 A 的数据比节点 B、C 都新（索引 3 大于索引 2），所以 A 不会给其他节点投票，列 "A 投票给" 为空。

注意编号 4 的情况，节点 B 或 C 也可以成为 Leader 节点，即使节点 B 和 C 都没有最新的数据。

对于同一个 3 服务器节点的系统，假如每个节点的最新日志索引如下。

（1）节点 A: 3。

（2）节点 B: 3。

（3）节点 C: 2。

如表 2-3 所示，Leader 节点选出的结果只可能是节点 A 或者 B，节点 C 永远都不会成为 Leader 节点。

表 2-3　基于日志比较的选举（2）

编号	A 投票给	A 票数	B 投票给	B 票数	C 投票给	C 票数	Leader 选出
1	B	3	A	2	A	1	A, B
2	B	2	A	3	B	1	A, B

可以看到，拥有最新数据的节点有可能成为不了 Leader 节点，比如表 2-2 中编号 4 的情况。这是由于 3 个节点中只有 1 个节点拥有最新数据，拥有最新数据的节点数没有过半。而在实际中，新数据在其他节点成为 Leader 之后会被丢弃，所以理论上没有过半写入的数据不能认为是稳定的数据。

2.4.2　一节点一票制

实际选举中申请成为 Leader 的节点不能给其他节点投票，已经投过票的节点也不能再给其他节点投票。也就是说，一个节点最多只能投一票。在此基础上，重新看一下 Leader 节点的选举情况。

对于一个 3 服务器节点的系统，假如每个节点的最新日志索引号如下。

（1）节点 A: 2。

（2）节点 B: 2。

（3）节点 C: 2。

则 Leader 节点选出的结果有 10 种，如表 2-4 所示。

表 2-4　一票制

编号	A	A 票数	B	B 票数	C	C 票数	Leader 选出
1	自荐	3	投票给 A	0	投票给 A	0	A
2	投票给 B	0	自荐	3	投票给 B	0	B
3	投票给 C	0	投票给 C	0	自荐	3	C
4	自荐	2	自荐	1	投票给 A	0	A
5	自荐	1	自荐	2	投票给 B	0	B
6	投票给 B	0	自荐	2	自荐	1	B
7	投票给 C	0	自荐	1	自荐	2	C
8	自荐	2	投票给 A	0	自荐	1	A
9	自荐	1	投票给 C	0	自荐	2	C
10	自荐	1	自荐	1	自荐	1	

表 2-4 的中间部分表示节点是自荐（给自己投票）还是给其他节点投票。节点只能在自荐（投给自己）或者给其他节点投票中选择。

除了全部自荐的情况，Leader 节点选出的结果中只有 1 个节点会被选出。因为系统整体的票数只能跟节点个数相同，加上选举要求支持的节点过半，所以至多只能有 1 个节点被选出。证明如下。

对于 N（$N>0$）个节点的集群，假设有 M 个节点成为 Leader 节点，那么这些节点都需要过半节点的支持票，则总票数为

式 1：$M * N_{过半}$

根据节点数为奇数还是偶数，$N_{过半}$ 有两种情况：$(N+1)/2$ 和 $N/2+1$。

又因总票数为节点数 N，所以式 1 需要满足

式 2：$M * N_{过半} \leq N$

此时 M（Leader 节点数）为 0 肯定满足式 2，M 为 1 也满足式 2。当 M 为 2 时，分别考虑 N

为奇数和偶数的情况。

奇数情况：$2*(N+1)/2 = N+1$，结果大于 N，式 2 不成立。

偶数情况：$2*(N/2+1) = N+2$，结果同样大于 N，式 2 不成立。

以此类推，当 $M>2$ 时，式 2 不成立。

因此，在总票数为节点数的情况下最多只能选出 1 个 Leader 节点。

可以看到，基于日志的比较加上一票制基本可以满足 Leader 节点选举的要求，这其实也是 Raft 算法里所采用的方法，接下来会具体讲解 Raft 算法中的选举是如何设计的。

2.5 Raft算法中的选举

第 1 章提到过，在 Raft 算法中，节点有 3 种角色：Leader、Candidate（Leader 候选人）、Follower。每个节点在任何时候都只可能是这 3 种角色中的一种。

如图 2-4 所示，在稳定状态下，存在一个 Leader 节点和多个 Follower 节点，Leader 节点通过心跳消息与各 Follower 节点保持联系。

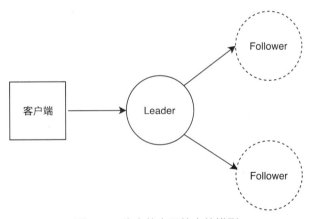

图 2-4 稳定状态下的主从模型

包括心跳信息在内，Raft 算法中节点之间所使用的消息主要有以下两种。

（1）RequestVote，即请求其他节点给自己投票，一般由 Candidate 节点发出。

（2）AppendEntries，字面意思是增加条目，也就是用于日志复制，但在增加日志条目数量为 0 时也作为心跳信息，一般只由 Leader 节点发出。

下一章会对消息内容做详细介绍。

2.5.1 逻辑时钟term

Raft 算法中的选举有一个 term 参数，其类型为整数。这是一个逻辑时钟值，全局递增，准确来说是 Lamport Timestamp 的一个变体。

Lamport Timestamp 的算法很简单。假设有多个进程要维护一个全局时间，首先要让每个进程本地有一个全局时间的副本。算法流程如下。

（1）每个进程在事件发生时递增自己本地的时间副本（加 1）。

（2）当进程发送消息时，带上自己本地的时间副本。

（3）当进程收到消息时，比较消息中的时间值和自己本地的时间副本，选择比较大的时间值加 1，并更新自己的时间副本。

整个过程对应到 Raft 算法中如下。

（1）在开始选举时，增加 term。

（2）发送 RequestVote 消息时，带上自己的 term（递增过后的 term）。

（3）节点在收到 RequestVote 消息或 AppendEntries 消息时，比较自己本地的 term 和消息中的 term，选择最大的 term 并更新自己本地的 term（注意，此处没有加 1 操作）。

这样即使服务器间时钟不一致，系统也可以安全地推进逻辑时间。

2.5.2　选举中的term和角色迁移

Raft 算法中主要使用 term 作为 Leader 节点的任期号，选举中需要 term 参数以及需要使其递增的原因可以理解如下。

（1）因为 Follower 节点不能重复投票（一节点一票制），所以如果没有新的选举 term，节点在第一次选举后不会再给其他节点投票。

（2）递增之后可以避免给比较早的 term 投票，比如因为慢速网络或者网络分区迟到的投票请求。

在选举的过程中，节点的角色会有所变化，Raft 算法中的角色迁移如图 2-5 所示。

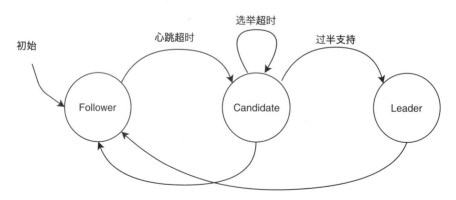

消息中的term比节点本地的副本大

图2-5　角色迁移图

图 2-5 从左往右依次代表以下步骤。

（1）系统启动时所有节点都是 Follower 节点。

（2）当没有收到来自 Leader 节点的心跳消息，即心跳超时时，Follower 节点变成 Candidate 节点，即自荐成为选举的候选人。

（3）Candidate 节点收到过半的支持（包括自己）后，变成 Leader 节点。

正常情况的选举到此结束。出现 Leader 节点之后，Leader 节点会发送心跳消息给其他节点，防止其他节点从 Follower 节点变成 Candidate 节点。

在步骤（3）中，如果 Candidate 节点没有得到过半支持，比如在图 2-6 所示的 4 个节点的集群中，两个 Candidate 节点分别得到 2 票（箭头表示请求投票和回复），票数没有过半，无法选出 Leader 节点，此时 Candidate 节点选举超时，进入下一轮选举。

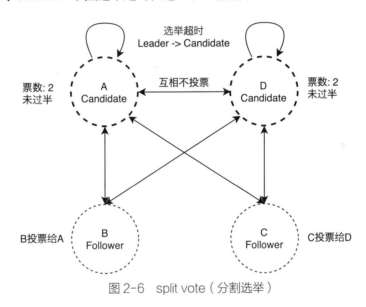

图 2-6　split vote（分割选举）

票数对半的现象在 Raft 算法中被称为 split vote（分割选举），在偶数个节点的集群中有可能发生，Raft 算法使用随机选举超时来降低 split vote 出现的概率。

图 2-5 中的 Candidate 节点和 Leader 节点在收到 term 比自己本地的 term 大的消息后，会退化为 Follower 节点，这往往发生在网络分区的情况下。

2.5.3　选举超时

2.5.2 小节中提到，4 个节点的集群中同时出现 2 个 Candidate 节点，这 2 个节点各自获取 2 票时，只能等待下一次选举。但是可能下一次选举还是 2 票对 2 票，最坏的情况是无限次 2 票对 2 票，那就无法正常选出 Leader 节点了。为了减少这类问题出现的概率，Raft 算法中的选举时间是一个区间内的随机值，比如 3~4 秒，则每个节点可能的选举超时有 3 秒、3.1 秒、3.5 秒等。这样成为 Candidate 节点的时间点就被错开了，提高了选出 Leader 节点的概率。

在选出 Leader 节点之后，各个节点需要在最短的时间内获取新 Leader 节点的信息，否则选举超时又会进入一轮选举，即要求心跳消息间隔 << 最小选举间隔。"<<"在这里表示远小于。

节点的选举超时时间在收到心跳消息后会重置。如果不重置，节点会频繁发起选举，系统难以收敛于稳定状态。

举个重置的例子，假设选举超时间隔 3~4 秒，心跳间隔 1 秒，则节点会以类似于下面的方式不断修改实际选举超时时间。

（1）节点以 Follower 角色启动，随机选择选举超时时间为 3.3 秒，即 3.3 秒后系统会发起选举。

（2）节点启动 1 秒后，收到来自 Leader 节点的心跳消息，节点重新随机选择一个选举超时时间，并修改下一次选举时间为现在时间的 3.4 秒后。

（3）节点启动 2 秒后，再次收到来自 Leader 节点的心跳消息，节点再次随机选择一个选举超时时间，并修改下一次选举时间为现在时间的 4 秒后。

只要 Leader 持续不断地发送心跳消息，Follower 节点就不会成为 Candidate 角色并发起选举。

2.5.4　整体流程

以一个 3 服务器节点的系统刚启动时的 Leader 选举为例。

集群中的节点刚启动时，所有节点都是 Follower 节点，没有 Leader 节点。因为没有节点收到来自 Leader 节点的心跳消息，Follower 节点会在选举超时后变成 Candidate 节点。上面也提到，每个节点的选举超时时间不一样，所以这里只考虑只有节点 A 变成 Candidate 节点的情况。

如图 2-7 所示，节点 A 变成 Candidate 节点后，会向其他节点发送 RequestVote 消息。

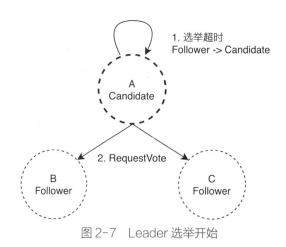

图 2-7　Leader 选举开始

如图 2-8 所示，其他节点（B 和 C）在收到 RequestVote 消息后，会对比 RequestVote 消息中的最后一条日志的元信息（lastLogTerm，lastLogIndex）和自己本地的最后一条日志的元信息，选择给 Candidate 节点投票还是不投票。

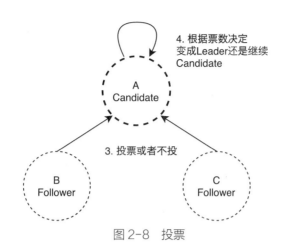

图 2-8　投票

Candidate 节点 A 在收到其他节点的投票但是支持数没有过半时，会重置自己的选举超时时间并继续等待其他节点的响应。Candidate 节点在收到投票并满足过半支持后变成 Leader 节点，比如 3 节点集群中拥有 2 个支持。考虑包含 Candidate 节点自己的一票，上述集群中只要收到节点 B 或者 C 中的 1 票后，节点 A 即可当选 Leader 节点。

如图 2-9 所示，当选后，Candidate 节点 A 升格为 Leader 节点，并立刻向其他节点发送心跳消息（AppendEntries）。其他节点收到心跳消息之后，重置自己的选举超时时间，保持 Follower 角色。

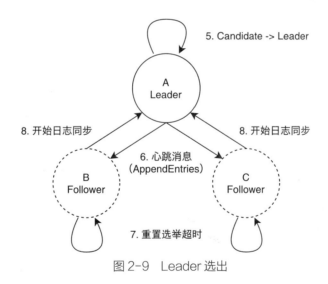

图 2-9　Leader 选出

至此，选举结束，Leader 节点和 Follower 节点之间开始日志同步（关于日志同步，具体请看 2.6 节）。

除了集群启动之外，由于 Leader 节点宕机、网络分区等导致 Follower 节点收不到来自 Leader 节点的心跳消息时，集群也会开始选举。此时的流程和启动时的流程基本一致，不同的是有可能收不到部分节点的响应。理论上 Candidate 节点只需要过半支持，所以最多可以容许一半以下的节点宕机或者不可用。

2.6 Raft算法中的日志复制

2.6.1 日志条目

之前介绍的日志状态机模型中，每个操作都会被当作一个日志条目。事实上在 Raft 算法中也是这样的，所有来自客户端的数据变更请求都会被当作一个日志条目追加到节点日志中。

Raft 算法中的日志条目除了操作还有 term，也就是之前提到的选举中用的 Leader 节点的任期号。日志中的 term 也会被用于日志比较，新 term 的日志总比旧 term 的日志新。

日志条目分为以下两种状态。

（1）已追加但是尚未持久化。

（2）已持久化。

Raft 算法中的节点会维护一个已持久化的日志条目索引，即 commitIndex。小于等于 commitIndex 的日志条目被认为是已提交，或者说是有效的日志条目（在本书中亦称为已持久化），否则就是尚未持久化的数据。

需要注意的是，在 Raft 算法中，系统启动时 commitIndex 为 0，所以不管日志是否在文件中，系统启动时日志条目都被认为是"未提交"的状态。

2.6.2 复制进度

为了跟踪各节点的复制进度，Leader 负责记录各个节点的 nextIndex（下一个需要复制日志条目的索引）和 matchIndex（已匹配日志的索引）。

选出 Leader 节点后，Leader 节点会重置（或者说新建）各节点的 nextIndex 和 matchIndex，也就是把 matchIndex 设置为 0，nextIndex 设置为 Leader 节点接下来的日志条目的索引，然后通过和各节点之间发送 AppendEntries 消息来更新 nextIndex 和 matchIndex。

图 2-10 展示了复制过程中各个索引之间的关系。注意，matchIndex 并不总是和 nextIndex 邻接，比如在复制刚开始的时候。

图 2-10 复制进度

复制过程中，Raft 算法采用的是乐观策略，认为 Follower 节点和 Leader 节点日志不会相差太大。把 nextIndex 设置成最大值，然后不断回退 nextIndex，以找到匹配的日志索引。这时 matchIndex 会瞬间从 0 跳到一个比较大的值，然后类似于进度条一样批量同步日志并更新进度。

当系统处理达到稳定状态时，Leader 跟踪的各个节点的 matchIndex 与 Leader 的 commitIndex 一致，nextIndex 与 Leader 节点的下一条日志的索引一致。此时，上面的复制进度条就会像 100% 复制完成一样。

Raft 算法针对回退时一条一条回退可能导致处理比较慢的问题，提出了一次回退一个 term 的方案。不过实际出现这种情况的可能性比较小，所以没有必要使用。

2.6.2　整体流程

以下是系统层面日志复制的过程，以一个 3 服务器节点的系统为例，图 2-11、图 2-12 和图 2-13 分别展示了每个步骤的内容。

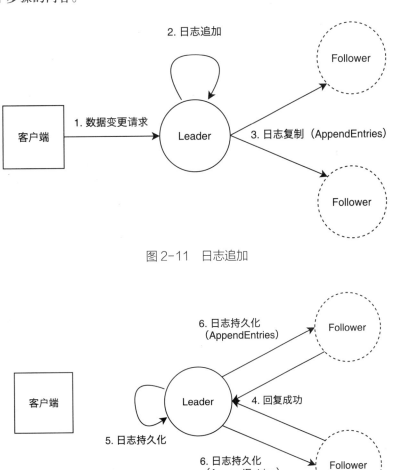

图 2-11　日志追加

图 2-12　日志持久化

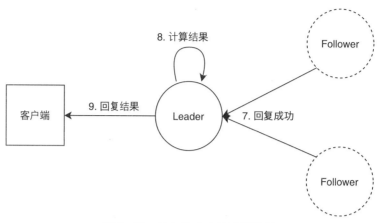

图 2-13　持久化成功并回复结果

当客户端向 Leader 节点发送数据变更请求时，Leader 节点会先向自己的日志中加一条日志，但是不提交（不增加 commitIndex）。

此时 Leader 节点通过 AppendEntries 消息向其他节点同步数据，AppendEntries 消息包含了最新追加的日志。当超过半数节点（包括 Leader 节点自己）追加新日志成功之后，Leader 节点会持久化日志并推进 commitIndex，然后再次通过 AppendEntries 消息通知其他节点持久化日志。

这里需要说明的是，AppendEntries 消息中除了包括需要复制的日志条目之外，还有 Leader 节点最新的 commitIndex。Follower 节点参考 Leader 节点的 commitIndex 推进自己的 commitIndex，也就是持久化日志。

如果追加日志成功的节点没有过半，Leader 节点不会推进自己的 commitIndex，也不会要求其他节点推进 commitIndex。

在 Leader 节点推进 commitIndex 的同时，状态机执行日志中的命令，并把计算后的结果返回给客户端。虽然在图 2-13 中，是在 Follower 节点都持久化完成后才开始计算结果，但实际上 Raft 算法允许 Follower 的日志持久化和状态机应用日志同时进行。换句话说，只要节点的 commitIndex 推进了，那么表示状态机应用哪条日志的 lastApplied 也可以同时推进。

一般情况下，日志复制需要来回发送两次 AppendEntries 消息。追加一次新日志，推进一次 Follower 节点的 commitIndex。需要发送两次的主要原因是需要确保过半追加成功后，系统才能真正提交日志。假如不确认过半追加，碰到"脑裂"或者网络分区的情况时，会出现数据严重不一致的问题。

以 5 个服务器节点的系统为例，5 个节点分别为 A、B、C、D 和 E，复制流程如下。

（1）一开始 Leader 是节点 A，其他节点都是 Follower。

（2）在某个时间点，A、B 两个节点与 C、D、E 3 个节点产生网络分区。网络分区时，节点 A 无法与节点 B 以外的节点通信。

（3）此时节点 B 仍旧接收得到来自节点 A 的心跳消息，所以不会变成 Candidate。

（4）节点 C、D、E 收不到来自节点 A 的心跳消息，进行了选举，假设节点 C 成为新的 Leader

节点（如图 2-14 所示）。

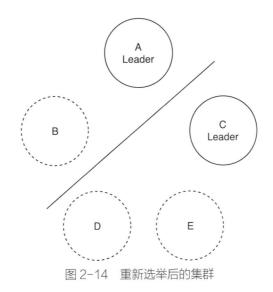

图 2-14　重新选举后的集群

（5）客户端连接节点 A 和 C 分别写入，因为 Leader 节点并不确认过半写入，所以会导致节点 A 和 C 各自增加不同的日志。

（6）当网络分区恢复时，由于分区内节点（A、B）和分区内节点（C、D、E）各自的日志冲突，因此无法合并。

但如果上述过程中 Leader 节点确认过半追加后再推进 commitIndex，节点 A 不会持久化日志，并且在网络分区恢复后，分区内节点（C、D、E）的日志可以正确复制到分区内节点（A、B）上，保证数据一致性。

2.7　Raft算法中的一些细节问题

2.7.1　Leader节点不能使用之前term的日志条目决定commitIndex

在 Raft 算法中，要求节点启动时，commitIndex 一开始为 0，而不是节点日志中最后一条日志的索引。

一个简单的解释是，在 Leader 节点每次收到数据变更请求时，都往磁盘写入日志，但在日志条目还没有被过半复制到其他节点时，不可以认为最后被写入的日志条目是有效的。特别是 Leader 节点有可能在过半复制完成前宕机，而原来是 Leader 的节点重启后，不可以认为自己的日志中最后一条日志条目是有效的，因为过半复制完成前自己就宕机了。

这里还牵扯到以下两个问题。

（1）节点之间日志不同时，以哪个节点为准？

（2）Leader 节点如何决定 commitIndex ？

第（1）个问题可以用一句话回答：以 Leader 节点为准。所以 Follower 节点与 Leader 节点不同的日志条目，会被 Leader 节点的日志条目覆盖。

第（2）个问题的前提是，Follower 节点会跟随 Leader 节点的 commitIndex，所以着重看 Leader 节点如何更新 commitIndex。

在之前日志复制的整体流程中，Leader 节点的 commitIndex 是由 Follower 节点的复制进度决定的。准确来说，所有 Follower 节点的 matchIndex 中，过半的 matchIndex 会成为新的 commitIndex。

举个例子，在一个 3 服务器节点的系统中，A 是 Leader 节点，A 记录了 Follower 节点 B 与 C 的 matchIndex，如表 2-5 所示。

表 2-5　各节点的 matchIndex 与 lastLogIndex

节点 / 角色	matchIndex	lastLogIndex
A/Leader		3
B/Follower	2	2
C/Follower	3	3

表 2-5 中中间列表示具体记录的 matchIndex，右列的 lastLogIndex 代表各节点最后一条日志的索引。表中 Leader 节点 A 的 lastLogIndex 为 3，节点 C 的 matchIndex 为 3，此时可以认为过半写入成功，commitIndex 更新为 3。

以上是日志同步时的 commitIndex 更新，接下来考虑节点启动时的 commitIndex 更新。

理论上，节点启动时虽然没有新的日志，但是过程应该和普通日志复制是一样的，选出 Leader 节点后，Leader 节点复制日志给 Follower 节点，然后计算 matchIndex 并更新 commitIndex。问题在于，如果 Leader 节点反复宕机，有可能造成过半写入的数据被覆盖，举一个极端的例子如下。

对于一个 5 服务器节点的系统，初始状态如下。

（1）节点 S1：1, 2。

（2）节点 S2：1, 2。

（3）节点 S3：1。

（4）节点 S4：1。

（5）节点 S5：1。

带下划线的节点 S1 是 Leader。节点名称后的数字 1 和 2 代表日志条目对应的选举 term。比如"1, 2"表示这个节点有 term 为 1 和 2 的日志条目，"1"表示只有 term 为 1 的日志条目。

假如节点 S1 宕机，剩下 4 个节点进入 Leader 节点选举，最后节点 S5 被选出，term 为 3。此时 5 个节点的状态分别如下。

（1）节点 S1：1, 2。

（2）节点 S2：1, 2。

（3）节点 S3：1。

（4）节点 S4：1。

（5）节点 S5：1, 3。

假如此时节点 S5 不幸宕机了，同时节点 S1 启动了，进行新一轮 Leader 节点选举后，S1 被选为 Leader 节点，term 为 4，并且节点 S1 复制日志条目 2 到 S3，此时 5 个节点的状态分别如下。

（1）节点 S1：1, 2, 4。

（2）节点 S2：1, 2。

（3）节点 S3：1, 2。

（4）节点 S4：1。

（5）节点 S5：1, 3。

看起来好像没问题，但是如果节点 S1 再次宕机，S5 再次启动，在节点 S2、S3、S4（日志条目 "1, 3" 在日志比较中会大于日志条目 "1, 2"）的支持下，S5 成为新的 Leader。那么节点 S5 的数据会覆盖节点 S1~S3 已经过半写入的数据，此时结果如下。

（1）节点 S1：1, 3。

（2）节点 S2：1, 3。

（3）节点 S3：1, 3。

（4）节点 S4：1, 3。

（5）节点 S5：1, 3。

从上面的例子可以看到，即使是已经过半写入的日志条目（term 为 2 的日志），也不能确定在接下来的日志复制中不会被覆盖，这个现象导致 commitIndex 不能简单地用过半 matchIndex 来计算。

假如节点 S1 在复制日志条目时，过半复制了包含自己当前 term 的日志条目，那么就可以确定这些过半写入的数据肯定不会被覆盖。也就是说，即使节点 S1 宕机，节点 S5 重启后也不会被选作新的 Leader 节点（日志 "1, 3" 不会大于日志 "1, 2, 4"），所以节点 S1 可以安全地把 term 4 的日志数据所对应的日志索引号作为新的 commitIndex。

（1）节点 S1：1, 2, 4。

（2）节点 S2：1, 2, 4。

（3）节点 S3：1, 2, 4。

（4）节点 S4：1。

（5）节点 S5：1, 3。

换句话说，更新 commitIndex 时需要判断过半 matchIndex 所对应日志条目的 term。对于 Leader 节点，只有日志条目的 term 和自己的 term 一致才可以更新 commitIndex。这个条件很重要，请牢记。

由这个条件衍生出来的另一个细节是，当新 Leader 节点选举出来之后，如果没有来自客户端的数据更新请求，commitIndex 就永远不会更新，因为新 Leader 节点的 term 肯定比之前 Leader

节点复制过来的最后日志的 term 大。解决方法是，新 Leader 节点选出之后，将当前 term 的一个空操作日志加入 term。这样当这个空操作日志被过半写入之后，Leader 节点就可以更新自己的 commitIndex 了。

2.7.2 角色变化表

之前介绍 Raft 算法中的选举时，给出过角色迁移图。但迁移图本身比较粗略，为了更容易地实现，我们需要一个相对完整的角色变化表。

角色变化表主要考察各个角色面对 Raft 算法消息中的 term 与 currentTerm（自己当前的 term）的不同关系时，应该如何正确处理。Raft 算法中的消息使用 term 作为逻辑时钟，正常情况下比较好理解，但是需要注意非正常情况下的处理。

由于消息的请求和响应处理有很大的不同，这里分成了两个表（表 2-6 和表 2-7）。

表 2-6 是针对 RequestVote 和 AppendEntries 中请求的角色变化表。

表 2-6　角色变化表 - 请求

序号	请求	Follower	Candidate	Leader
1	RequestVote.term > currentTerm	更新 currentTerm 按情况投票	更新 currentTerm 变成 Follower 按情况投票	更新 currentTerm 变成 Follower 按情况投票
2	RequestVote.term = currentTerm	不投票	不投票	不投票
3	RequestVote.term < currentTerm	返回 currentTerm	返回 currentTerm	返回 currentTerm
4	AppendEntries.term > currentTerm	更新 currentTerm 追加日志	更新 currentTerm 变成 Follower 追加日志	更新 currentTerm 变成 Follower 追加日志
5	AppendEntries.term = currentTerm	追加日志	变成 Follower 追加日志	报错
6	AppendEntries.term < currentTerm	返回 currentTerm	返回 currentTerm	返回 currentTerm

Raft 算法给出了收到 RequestVote 和 AppendEntries 消息后，比较 term 与 currentTerm 大小的情况，这里再补充一下实现时需要注意的几种情况。

（1）Follower 角色收到 RequestVote 消息。多个 Candidate 节点出现后，一个 Candidate 节点已经向 Follower 节点请求投票了，另一个 Candidate 节点再来请求投票，此时选择不投票（Follower 节点需要在自己本地记录投过票的节点）。

（2）Candidate 角色收到 RequestVote 消息。在多个 Candidate 节点的情况下，一个 Candidate 节点收到了来自另一个 Candidate 节点的请求，此时选择不投票。

（3）Leader 角色收到 RequestVote 消息。在多个 Candidate 节点的情况下，一个 Candidate 节点收到了过半节点的支持成为 Leader 节点，在向其他节点发送心跳消息前，另一个 Candidate 节点向 Leader 节点发来了消息，此时只能选择不投票。

（4）Candidate 角色收到 AppendEntries 消息。在多个 Candidate 节点的情况下，一个 Candidate 节点成为 Leader 节点，剩下的 Candidate 节点收到了来自 Leader 节点的心跳消息，此时必须退化为 Follower 并追加日志。

（5）Leader 角色收到 AppendEntries 消息。AppendEntries 只能是来自 Leader 节点的消息，如果 term 相同，说明有可能出现了多个 Leader 节点，此时必须报错。

相比请求，响应要简单很多，如表 2-7 所示。除了自己的角色发出去的消息外，这里一律采用忽略的策略。在明确是自己发出去的消息中，如果返回的 term 大于 currentTerm，则退化为 Follower。

表 2-7　角色变化表－响应

序号	响应	Follower	Candidate	Leader
1	RequestVote.term > currentTerm	—	更新 currentTerm 变成 Follower	—
2	RequestVote.term = currentTerm	—	根据结果变成 Leader 或者保持 Candidate	—
3	RequestVote.term < currentTerm	—	—	—
4	AppendEntries.term > currentTerm	—	—	更新 currentTerm 变成 Follower
5	AppendEntries.term = currentTerm	—	—	更新 commitIndex
6	AppendEntries.term < currentTerm	—	—	—

除了 RequestVote 和 AppendEntries 消息，之后在日志快照的部分还会增加 InstallSnapshot 等消息。后续增加的消息基本上都比较简单，只需要处理逻辑时钟 term 的部分，没有特别复杂的和角色相关的逻辑，这里不再展开讲解。

2.8　本章小结

本章从不支持分布式一致性的集群开始，介绍了分布式系统中所使用的日志状态机模型，用线性化操作来保证分布式环境下的数据一致性；基于 Quorum 机制的写入，用过半写入来保证数据的持久性；以及基于日志比较的选举，在前两者的基础上自动选出数据最新的 Leader 节点。这些理论是 Raft 算法的基础，理解了这些理论，对于理解 Raft 算法的内部设计很有帮助。

在 Raft 核心算法分析中，选举部分介绍了逻辑时钟 term、角色迁移以及选举超时机制，并和日志复制部分一起给出了整体的流程图，进一步加深读者对 Raft 算法的理解。

最后，特别给出了 Raft 算法中比较难以理解或者说容易被忽视的 commitIndex 更新条件的分析，以及用于之后的详细设计的详细角色变化表。理解了这两部分，有助于正确实现 Raft 算法。

总体来说，分布式系统所使用的算法在具体实现时需要在某种程度上了解为什么这么设计，以及不这么设计会有什么结果，否则会在某些特定的场合出现奇怪的问题。希望本章能给读者一些参考，在理解的基础上实现 Raft 算法。

第3章
整体设计

　　上一章分析了Raft算法的核心部分，即选举和日志复制。如果只看这两个部分，Raft算法似乎很容易实现。但实际上，除Raft核心算法之外，Raft算法还包括集群成员管理及日志快照等内容。其中集群成员管理、日志快照等功能几乎是Raft算法的必备功能。

　　如果只是想大致理解Raft算法或者简单实现Raft算法，比如选举部分，一般参考介绍Raft算法的文章或者raft.github.io上的实现就可以满足需求。但是对于想在生产环境下使用Raft算法（比如要实现各种中间件）的人来说，可能需要深入理解更多的内容。本书的目的之一就是为这些读者提供一些参考。

　　本章将从设计目标开始，分析状态数据、组件关系及线程模型，从整体上给出算法实现的框架。其中，状态数据分析是本章最重要的内容。除了Raft算法中给出的信息之外，具体实现时要关注的内容也在本章的分析中，建议读者在实现之前好好理解状态数据的内容。

3.1 设计目标

在设计之前，先了解一下本书的设计目标。本书的设计目标主要有 3 个：正确性、状态机的通用性以及足够的性能。

3.1.1 正确性

对于分布式算法来说，正确性是最重要的。这里的正确性主要指算法实现上的正确性。保证正确性除了在设计和编码时需要仔细推敲之外，组件编码完成后还需要有足够的单元测试，以及整体需要有功能测试。为此，本书在每个组件实现的最后，都会有一个小节专门讲解测试，以保证章节内实现的内容是正确的。

3.1.2 状态机的通用性

Raft 算法的基础之一是状态机。任何可以用状态机来表示的服务，理论上都可以基于 Raft 算法实现一个分布式的版本。

尽管如此，实现一个高扩展性的 Raft 算法库还是比较困难的。一个原因是，Raft 算法的实现包括日志、通信等相对通用但是需要满足 Raft 算法特性的组件。另一个原因是，在类似于实现集群成员管理的情况下，必须了解现有 Raft 算法库，并大刀阔斧地对其进行改造才可能得到满足自己需求的算法库。所以一般来说，分布式一致性算法会内置几个事先设计好的、可替换的组件实现，比如 Apache ZooKeeper。

本书也按照以上方式，预先设计部分组件实现，比如日志部分分为基于内存和基于文件的两个实现，但不保证完全的通用性。相对地，作为上层服务最关心的状态机部分，设计时要保证通用性。

3.1.3 足够的性能

算法设计的最后一个目标是足够的性能。但考虑到正确性，本书不会把高性能作为首要目标。在性能优化方面，Raft 算法已经提供了一些方案。除此之外，在实现时可以按照具体情况优化部分代码。但实现中不建议过早优化性能，或者在没有分析清楚正确性的情况下，引入复杂的异步编码或多线程编程来达到所谓的高性能。

从分类上来看，Raft 算法属于分布式一致性算法，强一致性下无法保证高可用性。换句话说，服务的 TPS（一秒能处理的请求）是有上限的，保证有足够的 TPS 是设计的首要目标。至于读写比（R:W）下的 TPS 可以作为上层服务的性能参考，但是并不能保证所有上层服务都是读操作非常多、写操作非常少的服务。

3.2　设计和实现顺序

本书按照如下顺序设计并实现。

（1）核心功能：选举。

（2）核心功能：日志复制。

（3）客户端。

（4）日志快照。

（5）集群成员管理。

（6）其他优化。

设计和实现的原则是从核心开始，一点一点添加功能，这样可以保证关注点较小。同时在设计目标中也提到过，实现完一个组件后，需要做相关的测试，以保证组件的正确性。

核心之后是客户端。虽然很多 Raft 算法都没有给出客户端的部分，但是客户端对于一个完整的 Raft 算法实现是必需的部分。而且有了客户端，就能更早地从使用方角度测试代码的正确性。

第（4）项日志快照是 Raft 算法给出的一个优化方案。没有日志快照的状态机基本上不可能用于生产环境，所以这里将日志快照作为必要项列出。

另一个生产环境下非常必要的功能是集群成员管理，即增加成员服务器、移除成员服务器等操作。Diego Ongaro 的博士论文中提出了一种叫作"单服务器变更"（Single-Server Membership Change）的集群成员管理方案，并且给出了实现上的细节。本书实现的是单服务器变更。

最后是 Raft 算法的其他优化方案，这部分主要作为参考，本书并没有完全实现这些优化。

3.3　参考实现

之前提到过，Raft 算法相较于 Paxos 算法更容易理解，其中一个原因是 Raft 算法提供了参考实现 LogCabin，可以在 GitHub 上找到 LogCabin 的源代码。

LogCabin 主要是用 C++ 编写的。如果对 C++ 比较熟悉，可以阅读一下 LogCabin 的源代码，对如何实现 Raft 算法有一个比较直观的认识。如果对 C++ 不熟悉也没有关系，raft.github.io 的实现列表中有各种语言的实现版本。虽然这些版本大部分都算不上完整，或者难以用于生产环境，但是可以帮助读者以自己熟悉的语言开始，了解 Raft 算法具体的实现方法。

如果希望学习生产环境下 Raft 算法的实现，可以参考用 Go 语言写的 etcd、用 Rust 编写的 tikv，以及用 C++ 编写的 braft。支付宝公开了参考 braft 实现的 soft-jraft，也值得关注。

除此之外，用 Java 编写的 atomix 也是非常值得参考的一个实现。atomix 的文档本身很丰富，API 也非常易懂，提供了 Raft 算法在 KV 服务以外的通用化思路。

总体来说，如果不确定在某处如何实现，可以参考既有的实现，了解它们的策略和选择。但是在核心算法方面，还是建议先对 Raft 算法有一定程度的了解，然后再考虑编码。

3.4 状态数据分析

Raft 算法的相关论文中给出了每台服务器需要关注的状态数据，下面将对这些状态数据、推断类型以及其他需要的状态数据进行分析。

3.4.1 需要持久化的状态数据

每台服务器启动或者关闭时，必须保存的数据如下。

（1）currentTerm：当前选举的 term，推断类型为整数（integer），初始为 0。

（2）votedFor：投过票给谁。

（3）log[]：日志条目，注意第一个日志的 id 为 1。

一般来说，votedFor 的内容应该是服务器成员的 ID 或者成员的 IP 地址加端口。不过从其他状态数据来看，这里也可能是整数，既成员列表中服务器的索引号。具体使用什么类型，本节最后决定。

3.4.2 服务器可变状态数据

每台服务器在运行中需要记录的数据如下。

（1）commitIndex：已提交的最高的日志索引，推断类型为整数，初始为 0。

（2）lastApplied：已应用的最高的日志索引，推断类型为整数，初始为 0。

这里一方面要注意这两个数据一开始都是 0，另一方面从设计上必须满足以下条件。

（1）lastApplied ≤ commitIndex。

（2）算法中的 commitIndex 推进（增大）时，lastApplied 会一起推进。

3.4.3 服务器可变状态数据

对应上面的 Leader 服务器可变状态数据，非 Leader 服务器有以下可变状态数据。

（1）Follower 角色服务器的 leaderId，即当前 Leader 服务器的成员 ID。

（2）Candidate 角色服务器的 votesCount，即作为候选人收到的票数，推断类型为整数。

（3）不管是什么角色，服务器都需要知道的一个状态数据：当前服务器的角色 role。

上述状态数据需要在角色建模时纳入考虑。

3.4.4 Leader服务器可变数据状态

Leader 服务器需要记录的数据如下。

（1）nextIndex[]：Follower 服务器的下一个要复制的日志索引，推断类型为整数数组，刚开始时每个元素（nextIndex）为本地日志副本最后的日志索引加 1。

（2）matchIndex[ ]：Follower 服务器和 Leader 服务器相匹配的日志索引，推断类型为整数数组，刚开始时每个元素（matchIndex）为 0。

从这里可以看出，Raft 算法中设定服务器的 ID 应该是整数，或者说是数组的索引号。

3.4.5　服务器ID类型的选择

对于服务器成员固定的集群来说，用整数来标示服务器 ID 没有任何问题，因为所有服务器共享同一套服务器成员列表（数组），一个简单的 4 节点集群如图 3-1 所示。

Node 0	Node 1	Node 2	Node 3

图 3-1　用整数标示服务器 ID

但是在后面将会讲解的集群成员变更中，服务器成员列表会有所变化，增加或减少服务器会导致服务器 ID 不连续。比如说服务器 1、服务器 2 和服务器 3 组成的集群，增加了服务器 4、移除了服务器 2 之后，剩下服务器 1、服务器 3 和服务器 4。这样会导致服务器 2 的数据不能直接删除，以及在遍历 Follower 成员列表时，需要判断服务器是否已被移除。

解决方法之一是使用映射表代替服务器成员数组，同时用字符串作为服务器成员的标识（映射表的关键字）。这里的字符串可以是 A、B、C 这种简单的标识（如图 3-2），也可以是服务器 IP 加端口这种比较具体的方式。

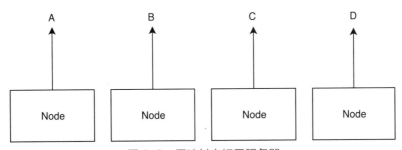

图 3-2　用映射表标示服务器

本书采用类似于前者的方式，并且设计了一个叫作 NodeId 的类，NodeId 的代码如下。

```java
public class NodeId implements Serializable {
    private final String value;
    // 构造函数
    public NodeId(String value) {
        Preconditions.checkNotNull(value);
        this.value = value;
    }
    // 快速创建实例的一个静态方法
```

```
public static NodeId of(String value) {
    return new NodeId(value);
}
// 与 hashCode 方法一起重载
public boolean equals(Object o) {
    if (this == o) return true;
    if (!(o instanceof NodeId)) return false;
    NodeId id = (NodeId) o;
    return Objects.equals(value, id.value);
}
// 获取内部的标示符
public String getValue() {
    return value;
}
// 获取哈希码
public int hashCode() {
    return Objects.hash(value);
}
// 转换为字符串
public String toString() {
    return this.value;
}
}
```

简单来说，这里的 NodeId 只是字符串的一个封装。没有直接使用字符串的原因主要是，假如之后有设计变更，可以不用到处寻找含有服务器节点 ID 的字符串，只需要修改 NodeId 和相关代码就可以了。

NodeId 提供了一个快速构造的静态方法 of，有点类似于 Integer 的 valueOf 方法，当然直接使用构造函数也是没有问题的。

由于 NodeId 需要作为集群成员列表的关键字，因此需要覆写（Override）equals 和 hashCode 方法。

3.5 静态数据分析

静态数据指的是 Raft 算法中没有直接列出，但是在实际使用中需要的不变或者很少变化的数据。服务器成员列表理论上也是配置，但是如果运行中增减服务器，就属于动态变化的数据。

3.5.1 配置

基本配置如表 3-1 所示，之后随着各个章节的展开会有所增加。

表 3-1　基本配置

配置名	类型	说明	本书的默认值
minElectionTimeout	int	最小选举超时间隔	3000（ms）
maxElectionTimeout	int	最大选举超时间隔	4000（ms）
logReplicationInterval	int	日志复制间隔	1000（ms）

一般来说，配置会从环境变量、配置文件中读取，并且读取时需要对配置的有效性进行检查。比如这里最小选举超时间隔必须小于或者等于最大选举超时间隔，以及日志复制间隔必须小于最小选举超时间隔。

在刚开始实现的阶段，可以先不从环境变量或者配置文件中读取配置，而使用固定配置。读取时也不做很复杂的校验，之后再完善配置读取和校验部分。

3.5.2　集群成员列表

对于固定的成员列表来说，从环境变量或者配置文件中读取即可。但是如果成员列表可变，那么为了在集群启动时读取，就需要考虑在什么地方存储最新的成员列表，可选择的方式有以下 3 种。

（1）与状态数据一样持久化。

（2）在日志中存放差分数据，即增减的服务器。

（3）在日志中存放变更前的列表和差分数据。

这里的选项（2）和（3）是在实现了集群成员变更之后给出的方案。因为集群成员变更会以日志的方式通知所有集群内的节点，所以理论上只需要查看相关集群成员变更的日志，即可计算出最新的成员列表。如果没有集群成员变更的日志，就使用环境变量或者配置文件中的初始配置。

图 3-3 采用了选项（2）只存放差分数据的方式，最新集群成员列表的计算结果如下。

（1）A: localhost:2333。

（2）C: localhost:2335。

（3）D: localhost:2336。

图 3-3　日志存放差分数据

图 3-4 采用了选项（3）的方式，最新集群成员列表的计算结果和图 3-3 是一样的，区别只是图 3-4 计算时只需要看最后一个日志项即可。

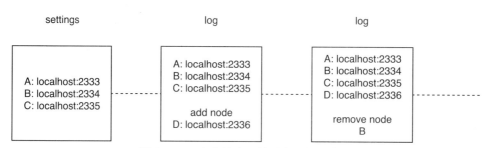

图 3-4 日志存放变更前列表和差分数据

选项（2）和（3）的区别是，选项（2）需要最初的成员列表，而选项（3）不需要。考虑到如果环境变量或者配置文件中的初始集群成员的配置变更，可能会导致最终计算结果出错，所以选项（3）相对比较合适。本书也采用这种方式，在之后集群成员变更的章节会有更详细的讲解。

选项（3）的缺点是，可能无法强制集群直接以新的成员列表启动，必须通过手动增减服务器来达到类似的效果。解决方法之一是，提供一种忽略日志并以修改后的初始配置直接启动集群的模式。

3.6　集群成员与映射表

由于服务器成员的 ID 使用字符串的方式实现，那么按照成员 ID 查找集群成员就需要使用映射表，也就是 Map。

一般来说，集群成员表要能实现以下几个必需的操作。

（1）按照成员 ID 查找成员信息。

（2）遍历成员。

3.6.1　集群成员表

实现上述要求的接口和代码如下。

```
public class NodeGroup {
    private final NodeId selfId; // 当前节点 ID
    private Map<NodeId, GroupMember> memberMap; // 成员表
    // 单节点构造函数
    NodeGroup(NodeEndpoint endpoint) {
        this(Collections.singleton(endpoint), endpoint.getId());
    }
    // 多节点构造函数
    NodeGroup(Collection<NodeEndpoint> endpoints, NodeId selfId) {
        this.memberMap = buildMemberMap(endpoints);
```

```
        this.selfId = selfId;
    }
    // 从节点列表中构造成员映射表
    private Map<NodeId, GroupMember> buildMemberMap(
                        Collection<NodeEndpoint> endpoints) {
        Map<NodeId, GroupMember> map = new HashMap<>();
        for (NodeEndpoint endpoint : endpoints) {
            map.put(endpoint.getId(), new GroupMember(endpoint));
        }
        // 不允许成员表为空
        if (map.isEmpty()) { throw new IllegalArgumentException("endpoin
ts is empty");}
        return map;
    }
    // 按照节点 ID 查找成员，找不到时抛错
    GroupMember findMember(NodeId id) {
        GroupMember member = getMember(id);
        if (member == null) {
            throw new IllegalArgumentException("no such node " + id);
        }
        return member;
    }
    // 按照节点 ID 查找成员，找不到时返回空
    GroupMember getMember(NodeId id) { return memberMap.get(id);}
    // 列出日志复制的对象节点，即除自己以外的所有节点
    Collection<GroupMember> listReplicationTarget() {
        return memberMap.values().stream().filter(
            m -> !m.idEquals(selfId)).collect(Collectors.toList());
    }
}
```

　　NodeGroup 的构造函数支持单节点和多节点两种构造方式。前者退化为单台服务器的构成方式，后者是常规的构造方式。

　　NodeGroup 中持有当前服务器成员的 ID：selfId。也可以把 selfId 从 NodeGroup 中分离出来，在需要 selfId 的地方再以方法参数的方式传入。

　　以 NodeId 查找成员信息的 API 有两个，getMember 是不检查成员是否存在直接返回，findMember 是在发现没有此 NodeId 对应的成员时抛出异常，这两个 API 按照场景分开使用。比如 Follower 服务器接收到来自 Leader 服务器的心跳信息，可能需要检查 Leader 服务器是否在 NodeGroup 中，并且在不存在时打印警告日志。当 Follower 服务器收到客户端请求时，需要把客户端引导到 Leader 服务器去处理，这时可以调用 findMember 返回自己所存的 leaderId 对应的成员信息。

很明显，如果系统刚启动或者选举还没结束，Follower 服务器不会有有效的 leaderId，所以结果有可能是 null。

遍历成员列表主要在 Leader 服务器进行日志复制时进行。日志复制的对象一般来说是除自己以外的所有服务器，所以这里排除了和自己 ID（selfId）相同的服务器。

3.6.2　集群成员信息

集群成员的主要信息如下。

（1）NodeEndpoint：主要是节点的服务器 IP 和端口。

（2）ReplicationState：复制进度，具体字段在日志复制部分介绍，现在可以将它简单理解为包含 nextIndex 和 matchIndex 的一个数据类。

本书把复制进度放进了集群成员信息中。这么做主要是考虑到，假如把复制进度放到其他地方，那么除了根据成员 ID 查询成员地址（NodeEndpoint）的表之外，还需要一个根据成员 ID 查询复制进度的表。本书合并了两个表，方便快速查询。当然实现时把两个表分开也没有太大问题，可以根据具体情况来决定。

以下是集群成员的代码。

```java
public class GroupMember {
    private final NodeEndpoint endpoint;
    private ReplicatingState replicatingState;
    // 无日志复制状态的构造函数
    GroupMember(NodeEndpoint endpoint) {
        this(endpoint, null);
    }
    // 带日志复制状态的构造函数
    GroupMember(NodeEndpoint endpoint, ReplicatingState replicatingState) {
        this.endpoint = endpoint;
        this.replicatingState = replicatingState;
    }

    // getters and setters

    // 获取 nextIndex
    int getNextIndex() {
        return ensureReplicatingState().getNextIndex();
    }
    // 获取 matchIndex
    int getMatchIndex() {
        return ensureReplicatingState().getMatchIndex();
    }
```

```
    // 获取复制进度
    private ReplicatingState ensureReplicatingState() {
        if (replicatingState == null) {
            throw new IllegalStateException("replication state not set");
        }
        return replicatingState;
    }
}
```

复制进度默认情况下为 null，只有当节点成为 Leader 节点之后，才会重置为实际的复制进度。代码中获取复制进度的相关数据时，先通过 ensureReplicatingState 方法保证复制进度存在，然后再获取内部数据。如果节点由于某些原因没有重置复制进度，方法会报错。

连接节点的基本信息如下。

```
public class NodeEndpoint {
    private final NodeId id;
    private final Address address;
    // 节点 ID，主机和端口的构造函数
    public NodeEndpoint(String id, String host, int port) {
        this(new NodeId(id), new Address(host, port));
    }
    // 节点 ID 和地址的构造函数
    public NodeEndpoint(NodeId id, Address address) {
        Preconditions.checkNotNull(id);
        Preconditions.checkNotNull(address);
        this.id = id;
        this.address = address;
    }

    // getters and setters
}
public class Address {
    private final String host;
    private final int port;
    // 构造函数
    public Address(String host, int port) {
        Preconditions.checkNotNull(host);
        this.host = host;
        this.port = port;
    }

    // getters and setters
}
```

Address 也可以用 SocketInetAddress 来实现，只是在获取主机名等信息时需要自己做一些处理。NodeEndpoint 额外包含一个成员 ID，在从日志中计算集群成员列表等地方使用。

3.7 组件分析

在分析完 Raft 核心算法的状态数据和静态数据之后，就可以按照数据的用途归类并推导系统中的模块或者组件了。

以下是本书归纳出来的组件列表，组件之间的关系如图 3-5 所示。

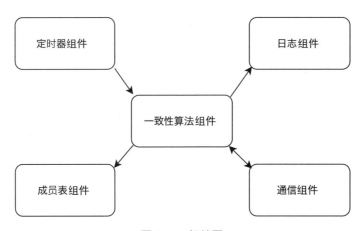

图 3-5　组件图

（1）通信组件：此组件不拥有成员表。

（2）日志组件：拥有 commitIndex。

（3）定时器组件：拥有 3 个时间配置，即选举超时区间和日志复制间隔。

（4）成员表组件：拥有成员表和日志复制进度表。

（5）一致性算法组件：核心组件，拥有除上述组件所拥有的状态数据和配置以外的所有状态数据。

Raft 算法的一些实现把所有数据都放在核心组件或者一个非常大的数据结构中，这么做的一个后果是，所有功能都会读写这个非常大的数据结构，逻辑之间耦合非常厉害，难以分离。合理分割数据并配合相应的操作是面向对象编程的常用做法，这一方面有助于分离逻辑，从而独立开发某块功能；另一方面通过分离数据可以提供并行的可能性。相比之下，单个结构很多时候只会加一个粗粒度锁，没有并行的可能性。

3.8　如何解耦组件间的双向调用关系

3.7 节的图 3-5 给出了组件之间的调用关系。核心模块，即一致性算法模块负责调用除定时器以外的所有其他模块，定时器模块会定时调用核心模块，通信模块在收到其他节点的消息时调用一致性模块。

从实现上来说，单向箭头完全没有问题，可以把上述关系想象成一个金字塔一样的依赖图，除通信组件以外的其他组件的依赖关系与构造顺序如图 3-6 所示。

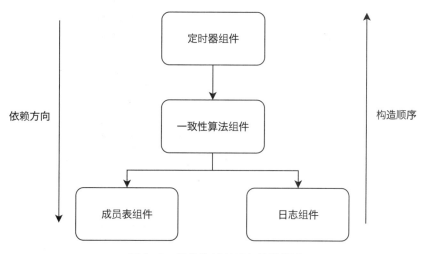

图 3-6　组件依赖关系与构造顺序

启动时只要从下往上构建各个组件就行了，但是如果碰到双向依赖的组件就不行了。比如类 A 依赖类 B，类 B 依赖类 A，这时就不能在构造类 A 的实例时传入类 B 的实例，因为构造类 B 的实例时需要类 A 的实例。

3.8.1　解决方法1：合并一致性算法组件和通信组件

合并一致性算法组件和通信组件。换句话说，就是把一致性算法组件的代码和通信组件的代码放一起。虽然看起来这是最不应该使用的方式，但是一部分 Raft 算法实现，甚至其他网络服务的程序都是使用这种方式。因为这样最简单，但是相应地代码膨胀也很快，一个类很快就可以超过1000 行，达到几千行甚至上万行。

不管使用什么编程语言，都没有办法解决代码快速膨胀的问题，因为这属于代码设计的问题。

3.8.2　解决方案2：使用回调

使用回调的代码举例如下。

```
class ConsensusComponent {
  private final RpcComponent rpc; // RPC 组件
  // 构造函数
  public ConsensusComponent(RpcComponent rpc) {
      this.rpc = rpc;
  }
  // 处理消息
  public void doSomething(SomePayload payload) {
    rpc.sendMessage(payload, (response) -> {
        // 回调函数中
    });
  }
}
```

上述代码中，通信组件（RPC Component）作为一致性算法组件（Consensus Component）的成员，在发送信息时调用通信组件的方法并提供了一个回调，通信组件在收到消息的响应之后回调一致性算法组件。

代码中使用了 Java 8 的 lambda 写法，省略了回调接口的接口名和参数类型声明。回调本身除了写法之外问题不大，只是需要注意 RPC 的实现。RPC 使用同步 Socket 方式来实现的话很简单，但是如果使用异步 IO（比如 Netty）的方式来实现，就需要考虑如何保证请求和回调对应起来，更多关于异步 IO 的内容将在第 6 章介绍。

3.8.3　解决方案3：延迟设置

如果类 A 与类 B 相互依赖，那么可以不通过构造函数传入依赖，而是通过 setter 方法，比如使用如下代码。

```
class A {
    private B b;
    // 设置依赖的 B 实例
    public void setB(B b) {
        this.b = b;
    }
}
class B {
    private A a;
    // 设置依赖的 A 实例
    public void setA(A a) {
        this.a = a;
    }
}
```

因为依赖项 A 或者 B 的实例是构造之后才设置的，所以使用时需要注意依赖 A 或者 B 有可能为 null，以及在系统启动时不能忘记相互设置依赖项。

3.8.4　解决方案4：使用Pub-Sub方案

在解决组件的耦合方面，Pub-Sub 一直是一个不错的工具。Pub-Sub 指的是一方触发事件（Publish，发布），另一方接受（Subscribe，订阅）。双方不完全知道对方的存在，直接依赖（强依赖）变成了间接依赖（弱依赖）。

以系统间耦合为例，如果业务 A 依赖业务 B，业务 B 又依赖业务 A，那么可以在业务 A 和业务 B 之间加一个中间系统（Pub-Sub），如图 3-7 所示，使 A 和 B 之间的强依赖变成弱依赖。

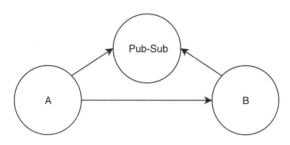

图 3-7　A 与 B 的强依赖变成弱依赖

具体的中间系统可以是 MessageQueue 类的系统。业务 B 并不直接调用业务 A，业务 B 向 MessageQueue 系统发送信息后，订阅者业务 A 收到消息并回复给业务 B。

对于类 A 和类 B 的双向依赖，同样可以引入类似于 Guava 的 EventBus 这种简单的组件间 Pub-Sub 工具来弱化依赖关系。代码如下。

```java
class ConsensusComponent {
    // 初始化时注册自己为订阅者
    public void init(EventBus eventBus) {
        eventBus.register(this);
    }
    // 订阅 RequestVoteRpc 消息
    @Subscribe
    public void onRequestVoteRpc(RequestVoteRpc rpc) {
    }
    // 订阅 RequestVoteResult 消息
    @Subscribe
    public void onRequestVoteResult(RequestVoteResult result) {
    }
}
class RpcComponent {
```

```
    private final EventBus eventBus;
    // 构造函数
    public RpcComponent(EventBus eventBus) {
        this.eventBus = eventBus;
    }
    // 处理消息
    public void process(Socket socket) {
        Request request = parseRequest(socket);
        if(request instanceof RequestVoteRpc) {
            eventBus.post((RequestVoteRpc) request); // 发布 RPC 消息
        } else if(request instanceof RequestVoteResult) {
            eventBus.post((RequestVoteResult) request); // 发布 Result 消息
        }
    }
}
```

在上面的代码中，一致性算法组件在 init 方法中注册自己为订阅者。注册时 EventBus 会扫描组件的方法，发现有 @Subscribe 标注的方法时会记录下方法和方法的参数（RequestVoteRpc 和 RequestVoteResult），实例、方法和方法参数构成一个订阅记录。

另外，RPC 组件调用 post 方法时分别传递了 RequestVoteRpc 和 RequestVoteResult 的消息，EventBus 按照之前的订阅记录把消息分发给核心组件，完成间接调用。

可以看到，在使用了 EventBus 之后，代码之间的强依赖关系被解耦为相对较弱的依赖关系。一致性算法的部分和 RPC 的部分可以完全分开编码，保证了较小的关注点。

3.8.5 解决方案5：借助actor

用过 akka 的读者可能会知道，akka 所基于的 actor 模型支持按照 actor 名字发送消息。也就是说，把双向依赖的组件各自作为一个 actor 的话，就可以在知道对方名字的前提下发送消息，此时不需要持有对方的引用。

3.8.6 如何选择

以上给出了 5 种不同的解决方案。笔者非常不推荐第 1 种方案，因为很多巨型类就是设计者不知道如何解决双向耦合而导致的。如果不想引入 EventBus 之类的 Pub-Sub 机制，那么方案 2 或者方案 3 是不错的选择。但从可维护性上来说，第 4 种方案是最好的选择，也是本书对应的代码中使用的方案。如果是基于 akka 开发系统，那么可以考虑选择第 5 种方案。

3.9 线程模型分析

除了组件之外，另一个必须考虑的设计是系统整体的线程模型。最简单的线程模型是单线程模型，这种线程模型不用考虑任何与锁、并发相关的问题，但代价是服务整体的性能可能会比较低。当然实际性能如何必须以测试出来的数据为准，本节着重分析和讨论有哪些线程模型方案可以选择。

3.9.1 异步IO下的处理模型

对于涉及网络的系统来说，使用传统阻塞（同步）IO 还是异步 IO 会影响系统的线程模型。考虑到大量客户端的场景，本书主要讨论异步 IO 下的处理模型。

假如使用异步 IO，比较常见的是单个 Selector（线程）配置多 IO 处理线程的模型，如图 3-8 所示。Selector 负责事件（连接、可读、可写等）分发，每个 IO 处理线程会以异步方式处理多个连接的读写。

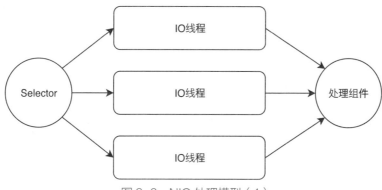

图 3-8 NIO 处理模型（1）

上述模型存在多个 IO 线程，这些 IO 线程会把请求传给系统内具体处理的组件。由于处理逻辑一般很难做成完全并行的，因此如何传递和处理是一个必须考虑的问题。

原则上 IO 线程内不能有耗时的处理逻辑，因为异步 IO 下的 IO 线程是复用的，所以不能长时间处理单个请求，全部 IO 线程都被占据了的话，系统就无法处理客户端请求了。另外，多个 IO 线程直接调用具体处理的组件的话，可能会有并发上的问题。

解决方案之一是只允许使用一个 IO 线程，也就是类似于 Redis 的方案。这种方案只解决了并发上的问题，并没有解决耗时的处理逻辑的问题。

解决方案之二是给处理组件加锁，此方案同样只解决了并发问题，并没有考虑 IO 线程内处理耗时的问题。甚至可以说，加锁恶化了 IO 线程内处理复杂逻辑的耗时问题，因为同一时刻只能进行一个 IO 线程中的处理，其他 IO 线程必须等待。

解决方案之三是在 IO 线程和处理逻辑之间加一个间接层，比如处理队列，如图 3-9 所示。这样 IO 线程把请求交给队列之后，可以继续处理其他 IO 请求。同时异步 IO 库（比如 Netty）提供了连接对应的 Channel，处理逻辑想要回复响应时可以直接调用 Channel 异步回复，而不用像传统 IO 一样，IO 线程必须等处理完才能回复数据。

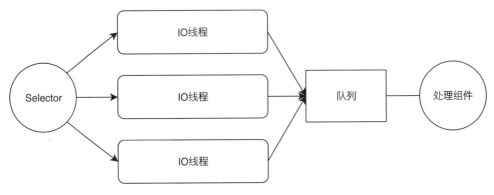

图 3-9　NIO 处理模型（2）

注意，处理队列的方案只解决了 IO 线程中处理耗时的问题，而并发访问处理组件的问题需要从接收端，也就是处理组件端考虑如何解决。很明显，最简单的方法是保证处理逻辑是单线程的。

在队列和处理组件之间，为了实现单线程处理，可以让队列将请求单线程推给处理组件（PUSH 模型），也可以让单线程中的处理组件从队列中拉取请求（PULL 模型）。这听起来可能有点复杂，但实际上 Java 内置的线程池类库 ThreadPoolExecutor 对应的 SingleThreadExecutor（通过 Executors.newSingleThreadExecutor 创建）自带队列和单线程机制，可以直接拿来使用，本书对应的代码也采用此方法编写。

```
ExecutorService executorService = Executors.newSingleThreadExecutor();
// IO 线程中
executorService.submit(() -> {
    // 单线程处理
});
```

上面的代码创建了一个 SingleThreadExecutor，然后在 IO 线程中提交任务。处理逻辑可以安全地以单线程执行，同时 IO 线程也不会被阻塞。

当然也可以自己实现上述机制，只要满足队列＋单线程的要求即可。实现时需要注意几个问题，即处理逻辑抛出异常时，异常是否会被 catch、线程是否会退出，以及线程退出后是否会重建。对于 SingleThreadExecutor 来说，线程退出后自动重建。

单线程的另一个好处是，处理组件不需要使用锁之类的机制，因为处理肯定是单线程的，这种处理模式也叫线程封闭。在本书中，处理逻辑所使用的线程被称为主线程。除了主线程的线程封闭之外，本书在其他地方也会使用线程封闭。

3.9.2　处理组件的多线程分析

虽然为了简单地处理组件而采用了单线程，但是为了完整分析还是需要考虑一下多线程的处理组件是否可行。需要注意的是，即使处理组件支持多线程访问，在对接 IO 处理线程时处理时间也必须足够短，如果难以保证，就需要用队列作为缓冲层。

处理组件的多线程分析并不是简单地分析什么地方该使用锁，什么地方该使用队列，因为这些只是解决问题的手段。可以将多线程分析的过程理解为构建一个操作和数据变更的表，从这个表中分析出约束条件，并考虑用什么工具可以满足这些条件，具体如表 3-2 所示。

表 3-2　操作和数据变更

操作	当前线程	节点状态	日志	复制进度
选举超时	选举超时定时器	修改，增加 term，Follower-> Candidate	读取	N/A
收到 RequestVote 消息	IO 线程	修改，比较 term 后有可能修改，作为 Follower 需要投票	读取	N/A
收到 RequestVote 回复	IO 线程	修改，作为 Candidate 有可能变成 Leader	修改，变成 Leader 之后需要加日志，发送心跳信息时需要读取日志	修改，重置
收到 AppendEntries 消息	IO 线程	修改，有可能 Leader/ Candidate -> Follower	修改，合并日志	N/A
收到 AppendEntries 回复	IO 线程	修改，有可能 Leader -> Follower	修改，根据复制进度计算 commitIndex，提交日志	修改

表 3-2 里给出了 Raft 核心算法中的 5 个基本操作，最左列是操作，右边展示了操作所涉及的数据是读取还是修改，以及修改的条件，究竟读取还是修改按照实际完成的 Raft 算法给出。

总体来说，如果操作有可能是数据修改，那么就认定为修改。通过变更涉及数据的粒度，操作是数据的读取还是修改也会有所变更。这里按照之前给出的组件对数据分类，以下是数据对应的组件。

（1）节点状态：一致性组件（核心组件）。

（2）日志：日志组件。

（3）复制进度：成员表组件。

构造表 3-2 的目的之一是找出比较独立的数据，比如复制进度。因为复制进度只对 Leader 节点服务器有意义，所以表中只有两处涉及复制进度。

另外，进行细粒度的数据分析有助于找出读写的模式。但很可惜 Raft 核心算法中基本上每个操作都会修改 1 ~ 3 处数据，所以使用读写锁可能不会有太大的性能提升。关于读写锁是否会比独占锁有更好的性能，一方面需要进行数据变更分析（而不是仅凭感觉判断），另一方面需要进行实际的性能测试，这里给出的数据变更分析仅作为参考。

从操作频率来看，频率较高的涉及 AppendEntries 的操作并没有明显可以并行的地方。所以笔者认为，Raft 核心算法的操作在整体上并行比较难。不过有一个地方，即日志 IO，作为一个相对耗时的 IO 操作，在精心设计之下有可能可以提高处理效率。

3.9.3　日志IO的异步化

考虑到简单性，本书并没有实现异步日志 IO，本小节主要是给那些想要实现异步日志 IO 的读者一些参考。

日志 IO 的异步化并没有看起来那么简单，异步化可能会破坏 Raft 核心算法的正确性前提，所以必须分析清楚约束条件，而不是为了异步化而异步化。

在 Raft 核心算法中，Leader 节点服务器的日志会经过以下步骤完全写入文件。

（1）追加日志，但不提交。

（2）发送日志复制消息给 Follower 节点服务器。

（3）过半写入完成后，增加 commitIndex，并提交和应用日志。

（4）发送日志复制请求给 Follower 节点服务器，Follower 节点服务器提交日志。

根据算法的具体实现，实际的日志追加可能是写入文件，也有可能只是写入缓冲，表 3-3 列出了可能的几种实现。

表 3-3　日志的提交与不提交

操作	不提交	提交
模式 1	写入内存缓冲	写入文件，清除内存缓冲
模式 2	写入文件	无操作
模式 3	写入内存缓冲，写入文件	无操作，清除内存缓冲

Raft 算法的日志追加和数据库的 WAL（Write Ahead Log）有所不同，Raft 核心算法中的日志只有在过半写入之后才被认为是有效的。提前写入文件（模式 2 和模式 3）的话，有可能之后被回滚。比如 2.6.2 小节提到的 5 节点服务器集群，由于网络分区导致 Leader 服务器无法和其他 3 个 Follower 服务器通信时，Leader 写入的日志在网络分区之后只会被回滚掉，因为其他 3 个 Follower 服务器构成的集群中的日志才被认为是有效的（term 比旧 Leader 高）。

当然，上述情况严格来说属于极端情况，并不常见。模式 2 的一个问题是，第（3）步提交和应用日志时，如果提前写入文件，必须重新从文件中读取写入的日志条目，这样会有一定的效率损耗。相对地，模式 3 考虑到了这个问题，同时维护了一个日志缓冲，应用日志时从内存缓冲中获取。

模式 1 则完全采用延迟写策略。确定过半写入前只使用内存缓冲，正式提交时才写入文件。这样既解决了写入后重新读取的问题，也保证了写入的数据尽量不被回滚，本书对应代码使用此模式。

针对不同的模式，可以异步化的阶段也不同，表 3-3 中使用下划线标出来的写入文件是主要可以异步化的地方。内存缓冲相关的操作一般来说不用考虑异步化，因为即使异步化了，也只会让代码复杂化，得不到多少性能提升。

在 3 种模式中，模式 3 比较适合异步化，其异步化时的操作序列如图 3-10 所示。

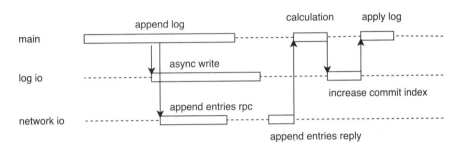

图 3-10　模式 3 的异步化

从理论上来说，提前写入日志和把日志复制到 Follower 服务器可以并行，从图 3-10 中也可以看出这一点。但是需要注意，增加 commitIndex 必须在异步写入之后。也就是说，日志 IO 必须有先后顺序，所以其实现要求有以下两点。

（1）异步化。

（2）有先后顺序。

这里给出同时满足以上要求的两种实现方式。第一种是异步化所有日志 IO 的操作加线程封闭，在此基础上异步转同步。具体来说，用之前提到的 SingleThreadExecutor 线程封闭所有日志 IO 的操作，异步转同步的地方用 Future.get。

第二种是给日志操作加独占锁或者读写锁，异步写入单独一个线程，如图 3-11 所示。异步写入线程在操作时肯定会获取日志操作的锁，这样之后增加 commitIndex 就必须等待前面的日志操作完成。

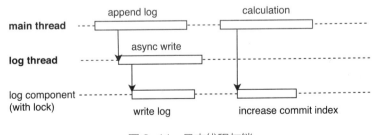

图 3-11　日志线程与锁

3.9.4 整体线程设计

本书为了使读者易于理解，采用了单线程设计的模式，具体如图 3-12 所示。

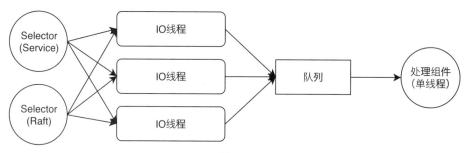

图 3-12　单线程设计模式

通信部分使用了基于 Netty 的 NIO，Raft 和服务使用不同的端口，但是共用 IO 线程池。关于通信部分，之后的章节会有更详细的讲解。

从 IO 线程过来的请求会先追加到队列中，再由单线程的处理组件处理，实际代码使用基于 SingleThreadExecutor 的线程封闭方式，同时满足队列和单线程处理要求。

代码中为了方便调试，除了 IO 线程之外，给主要线程都设置了相应的名字，表 3-4 是主要线程的名称和对应描述。

表 3-4　线程名

线程名	描述
node	主线程，为了区分与 Java 程序的主线程，所以没有使用 main
state-machine	状态机
scheduler	定时器
group-config-change	集群配置变更专用线程

3.10　项目准备

在正式进入编码之前，先准备一下编码的环境。

3.10.1 构建环境

本书主要使用 Java 8 作为实现语言，因为本书的实现会使用 Java 的 lambda 表达式。Java 从 8 版本开始支持 lambda 表达式，理论上任何 Java 8 之后的版本都没有问题。

构建工具使用 maven。可以自己搭建 Java 开发环境，然后用 mvn（maven 的命令）编译、测试和打包，也可以直接使用 IDE 内藏的 maven。

maven 的版本没有特定要求，一般来说 maven 3.0 以上都可以正常运行。如果有问题，建议更新 maven 的版本。

3.10.2 编辑器

本书并没有假设读者使用特定的编辑器或者 IDE。可以使用任何自己喜欢的编辑器，或者尝试一下 Java 几大免费的 IDE Eclipse、Netbeans 或者 Intellij Community Edition。

因为篇幅原因，本书的代码都省去了 package 和 import 语言，如果有 IDE，应该可以快速导入。

3.10.3 Protocol Buffer

本书使用 Protocol Buffer 进行序列化和反序列化工作，为了从 IDL（接口定义文件）生成序列化和反序列化代码，需要安装 Protocol Buffer 的命令行工具。

可以从 GitHub 上的 Protocol Buffer 的 Releases 下找到已经编译好的可执行文件，地址为 https://github.com/protocolbuffers/protobuf/releases。

也可以使用系统的包管理工具，比如在 Ubuntu 下执行以下命令。

```
sudo apt-get install protobuf-compiler
```

在 Mac 下可以执行以下命令。

```
brew install protobuf
```

安装完之后，尝试在命令行中执行以下命令。

```
protoc --help
```

如果能正确输出 Protocol Buffer 的帮助信息，表示已经正确安装了 Protocol Buffer。

在本书中使用 Protocol Buffer 生成序列化和反序列化代码时，主要执行以下命令。

```
protoc -java_out=src/main/java file.proto
```

java_out 表示输出的目录，file.proto 是 IDL 文件。如果在使用过程中出现问题，建议查阅 Protocol Buffer 的帮助文档。

3.10.4 多模块maven工程

考虑到扩展性，本书设计实现的 Raft 算法分为以下两部分。

（1）Raft 核心：raft-core。

（2）典型状态机 KV 服务：raft-kvstore。

拆分 Raft 核心算法和常见的基于 Raft 算法的 KV 服务，有助于拆分 Raft 专属逻辑和状态机内部的逻辑，这也是本章前面提到的"状态机的通用性"。

raft-kvstore中除了服务端的实现之外，还包括kvstore的客户端实现，具体会在之后的章节讲解。

在maven中可以相对简单地创建多模块工程，本书给出手动创建的方式，先创建以下目录。

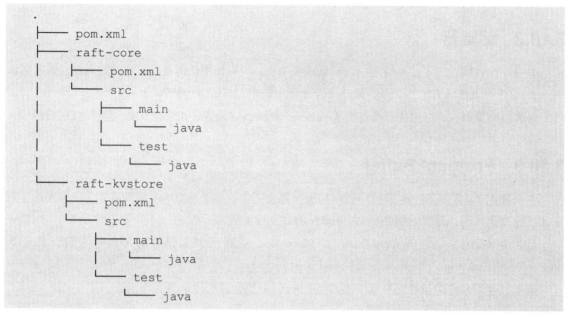

然后在顶层的pom.xml中编写以下内容。

```xml
<?xml version="1.0" encoding="UTF-8"?>
<project xmlns="http://maven.apache.org/POM/4.0.0"
        xmlns:xsi="http://www.w3.org/2001/XMLSchema-instance"
        xsi:schemaLocation="http://maven.apache.org/POM/4.0.0
http://maven. apache.org/xsd/maven-4.0.0.xsd">
    <modelVersion>4.0.0</modelVersion>

    <groupId>raft</groupId>
    <artifactId>raft-parent</artifactId>
    <packaging>pom</packaging>
    <version>0.1.1-SNAPSHOT</version>

    <name>raft</name>

    <properties>
        <project.build.sourceEncoding>UTF-8</project.build.sourceEncoding>
        <maven.compiler.source>1.8</maven.compiler.source>
        <maven.compiler.target>1.8</maven.compiler.target>
        <netty.version>4.0.36.Final</netty.version>
    </properties>
```

```
    <modules>
        <module>raft-core</module>
        <module>raft-kvstore</module>
    </modules>

    <dependencyManagement>
        <dependencies>
            <dependency>
                <groupId>com.google.guava</groupId>
                <artifactId>guava</artifactId>
                <version>25.1-jre</version>
                <exclusions>
                    <exclusion>
                        <groupId>org.checkerframework</groupId>
                        <artifactId>checker-qual</artifactId>
                    </exclusion>
                    <exclusion>
                        <groupId>com.google.errorprone</groupId>
                        <artifactId>error_prone_annotations</artifactId>
                    </exclusion>
                    <exclusion>
                        <groupId>com.google.j2objc</groupId>
                        <artifactId>j2objc-annotations</artifactId>
                    </exclusion>
                    <exclusion>
                        <groupId>org.codehaus.mojo</groupId>
                        <artifactId>animal-sniffer-annotations</artifactId>
                    </exclusion>
                </exclusions>
            </dependency>
            <!-- https://mvnrepository.com/artifact/com.google.protobuf/
protobuf-java -->
            <dependency>
                <groupId>com.google.protobuf</groupId>
                <artifactId>protobuf-java</artifactId>
                <version>3.6.0</version>
            </dependency>
            <dependency>
                <groupId>io.netty</groupId>
                <artifactId>netty-handler</artifactId>
                <version>${netty.version}</version>
            </dependency>
```

```
            <!-- https://mvnrepository.com/artifact/org.apache.logging.
log4j/log4j-slf4j-impl -->
            <dependency>
                <groupId>org.apache.logging.log4j</groupId>
                <artifactId>log4j-slf4j-impl</artifactId>
                <version>2.11.1</version>
            </dependency>
            <dependency>
                <groupId>commons-cli</groupId>
                <artifactId>commons-cli</artifactId>
                <version>1.4</version>
            </dependency>
            <!-- https://mvnrepository.com/artifact/org.jline/jline -->
            <dependency>
                <groupId>org.jline</groupId>
                <artifactId>jline</artifactId>
                <version>3.9.0</version>
            </dependency>
            <dependency>
                <groupId>junit</groupId>
                <artifactId>junit</artifactId>
                <version>4.11</version>
                <scope>test</scope>
            </dependency>
        </dependencies>
    </dependencyManagement>

    <build>
        <pluginManagement>
            <plugins>
                <plugin>
                    <artifactId>maven-clean-plugin</artifactId>
                    <version>3.0.0</version>
                </plugin>
                <plugin>
                    <artifactId>maven-resources-plugin</artifactId>
                    <version>3.0.2</version>
                </plugin>
                <plugin>
                    <artifactId>maven-compiler-plugin</artifactId>
                    <version>3.7.0</version>
                    <configuration>
```

```xml
                    <source>8</source>
                    <target>8</target>
                </configuration>
            </plugin>
            <plugin>
                <artifactId>maven-surefire-plugin</artifactId>
                <version>2.20.1</version>
            </plugin>
            <plugin>
                <artifactId>maven-jar-plugin</artifactId>
                <version>3.0.2</version>
            </plugin>
            <plugin>
                <artifactId>maven-install-plugin</artifactId>
                <version>2.5.2</version>
            </plugin>
            <plugin>
                <artifactId>maven-assembly-plugin</artifactId>
                <version>2.6</version>
            </plugin>
        </plugins>
    </pluginManagement>
    </build>
</project>
```

顶层的 pom.xml 中，包含以下配置。

（1）依赖的类库。

（2）插件。

其中主要依赖的类库如表 3-5 所示。

表 3-5　依赖类库

类库名	描述
guava	EventBus 和方便的工具类
protobuf-java	Protocol Buffer 的 Java 语言绑定
netty-handler	Netty 的处理器。直接使用 netty-all 会出现很多不会使用的类库，所以这里做了一些裁剪。Netty 的版本为 4.0
log4j-slf4j-impl	日志
commons-cli	命令行解析
jline	命令行程序
junit	测试框架

raft-core 中的 pom.xml 内容如下。

```xml
<?xml version="1.0" encoding="UTF-8"?>
<project xmlns="http://maven.apache.org/POM/4.0.0"
        xmlns:xsi="http://www.w3.org/2001/XMLSchema-instance"
         xsi:schemaLocation="http://maven.apache.org/POM/4.0.0
http://maven.apache.org/xsd/maven-4.0.0.xsd">
    <modelVersion>4.0.0</modelVersion>

    <artifactId>raft-core</artifactId>
    <packaging>jar</packaging>
    <version>0.1.1-SNAPSHOT</version>

    <name>raft-core</name>

    <parent>
        <groupId>raft</groupId>
        <artifactId>raft-parent</artifactId>
        <version>0.1.1-SNAPSHOT</version>
    </parent>

    <dependencies>
        <dependency>
            <groupId>org.apache.logging.log4j</groupId>
            <artifactId>log4j-slf4j-impl</artifactId>
        </dependency>
        <dependency>
            <groupId>com.google.guava</groupId>
            <artifactId>guava</artifactId>
        </dependency>
        <dependency>
            <groupId>com.google.protobuf</groupId>
            <artifactId>protobuf-java</artifactId>
        </dependency>
        <dependency>
            <groupId>io.netty</groupId>
            <artifactId>netty-handler</artifactId>
        </dependency>
        <dependency>
            <groupId>junit</groupId>
            <artifactId>junit</artifactId>
            <scope>test</scope>
```

```
        </dependency>
    </dependencies>
</project>
```

raft-core 导出了顶层 pom.xml 中定义的一些类库。

raft-kvstore 中的 pom.xml 内容如下。

```
<?xml version="1.0" encoding="UTF-8"?>
<project xmlns="http://maven.apache.org/POM/4.0.0"
        xmlns:xsi="http://www.w3.org/2001/XMLSchema-instance"
        xsi:schemaLocation="http://maven.apache.org/POM/4.0.0
http://maven.apache.org/xsd/maven-4.0.0.xsd">
    <modelVersion>4.0.0</modelVersion>

    <artifactId>raft-kvstore</artifactId>
    <packaging>jar</packaging>
    <version>0.1.1-SNAPSHOT</version>

    <name>xraft-kvstore</name>

    <parent>
        <groupId>raft</groupId>
        <artifactId>raft-parent</artifactId>
        <version>0.1.1-SNAPSHOT</version>
    </parent>

    <dependencies>
        <dependency>
            <groupId>raft</groupId>
            <artifactId>raft-core</artifactId>
            <version>0.1.1-SNAPSHOT</version>
        </dependency>
        <dependency>
            <groupId>commons-cli</groupId>
            <artifactId>commons-cli</artifactId>
        </dependency>
        <dependency>
            <groupId>org.jline</groupId>
            <artifactId>jline</artifactId>
        </dependency>
        <dependency>
            <groupId>junit</groupId>
```

```
            <artifactId>junit</artifactId>
            <scope>test</scope>
        </dependency>
    </dependencies>

    <build>
        <plugins>
            <plugin>
                <groupId>org.codehaus.mojo</groupId>
                <artifactId>exec-maven-plugin</artifactId>
                <version>1.6.0</version>
            </plugin>
            <plugin>
                <artifactId>maven-assembly-plugin</artifactId>
                <configuration>
                    <descriptors>
                        <descriptor>src/assembly/bin.xml</descriptor>
                    </descriptors>
                </configuration>
            </plugin>
        </plugins>
    </build>
</project>
```

raft-kvstore 导出了顶层 pom.xml 中的一些类库及 raft-core。插件 maven-assembly-plugin 是一个用于打包的工具,配置在 src/assembly/bin.xml 文件中。

尝试从 IDE 打开项目,如果成功请继续看下一章,否则请查询如何搭建多模块 maven 工程的相关资料。

3.11 本章小结

本章从设计的目标开始,分析了设计与实现的顺序并给出了参考实现。在列出了 Raft 算法实际所需的状态数据之后,将其归类为不同组件的内部数据,并给出了静态数据分析,以及集群成员与映射表。同时分析了组件之间的关系,针对不同组件之间的双向依赖关系给出了几种解决方案。

在线程模型方面,分析了异步 IO 下的处理模型,以及多线程化处理组件的可行性,最后给出了日志 IO 异步化时的一些建议。

分析线程模型之后，提供了开发环境，以及 Protocol Buffer 的下载和安装指导，并给了一个基本的多模块 maven 工程框架，作为之后开发的基础。

整体来说，实现 Raft 算法除了要理解 Raft 算法本身之外，还需要明白如何使用手中的工具来满足 Raft 算法的要求，希望本章能给读者一个相对宏观的认识。

第4章
选举实现

本章开始正式实现Raft算法中的选举部分。Raft算法中的选举需要依赖日志的比较，但考虑到日志组件实现的复杂性，本章先假设所有日志相关的比较都返回OK，也就是无条件投票。现阶段选举的实现主要关注当前服务器的角色、选举超时和节点之间通信的消息，以及对应的处理。

本章主要包括以下内容。

（1）角色建模。

（2）定时器组件。

（3）基本RPC组件和消息。

（4）核心组件。

（5）测试。

考虑到完全实现RPC组件需要时间，所以本章的测试主要是单元测试，而不是实际启动服务的功能测试。

4.1　角色建模

第 2 章中给出了服务器节点的 3 种角色，即 Follower、Candidate 和 Leader 之间的转换条件，第 3 章给出了状态数据的分析，将两者结合起来，可以得到表 4-1。

表 4-1　角色与状态数据

	Follower	Candidate	Leader
term	Y	Y	Y
votesCount（收到的票数）		Y	
votedFor（投票给了谁）	Y		
leaderId	Y		
复制进度			Y
选举超时定时器	Y	Y	
日志复制定时器			Y

从表 4-1 中可以看出，不同角色需要的数据不同。在角色变化的时候，如果一个一个地去修改相关数据，会很容易出错。特别是之后角色增加了新属性，还要到处查找需要设置的地方。为了减少角色变化时数据设置的出错率，可以采用以下方法。

（1）把角色变化时的修改放在一个方法中，比如 becomeXXX 方法。

（2）为每个角色建模，即抽取共同的字段作为父类数据，然后给每个角色单独创建一个子类。

笔者推荐使用后者。因为后者把相关数据进行了归类，减少了需要关注的字段，使代码更简洁，以下是具体建模后的父类代码。

```
abstract class AbstractNodeRole {
    private final RoleName name;
    protected final int term;
    // 构造函数
    AbstractNodeRole(RoleName name, int term) {
        this.name = name;
        this.term = term;
    }
    // 获取当前的角色名
    public RoleName getName() {
        return name;
    }
    // 取消超时或者定时任务
    public abstract void cancelTimeoutOrTask();
    // 获取当前的 term
    public int getTerm() {
```

```
            return term;
    }
}
```

角色共通的代码在这里有两个，分别是角色名（RoleName）和 term。

```
public enum RoleName {
    FOLLOWER,
    CANDIDATE,
    LEADER;
}
```

增加 RoleName 的目的是减少使用 instanceOf 进行类型比较的次数，比如类似于下面的比较代码。

```
if(currentRole instanceOf FollowerNodeRole) {}
```

部分消息的处理只针对某个特定角色，在检查时通过 getName 方法可以快速排除非预期的角色。

抽象方法 cancelTimeoutOrTask 提供了一个统一的接口，用于取消每个角色对应的选举超时或者日志复制定时任务（每个角色至多对应一个超时或者定时任务）。实际代码中，从一个角色转换到另一个角色时，必须取消当前的超时或者定时任务，然后创建新的超时或者定时任务。

4.1.1　Follower角色

以下是 Follower 角色对应的代码。

```
public class FollowerNodeRole extends AbstractNodeRole {
    private final NodeId votedFor; // 投过票的节点，有可能为空
    private final NodeId leaderId; // 当前 leader 节点 ID，有可能为空
    private final ElectionTimeout electionTimeout; // 选举超时
    // 构造函数
    public FollowerNodeRole(int term, NodeId votedFor, NodeId leaderId,
                    ElectionTimeout electionTimeout) {
        super(RoleName.FOLLOWER, term);
        this.votedFor = votedFor;
        this.leaderId = leaderId;
        this.electionTimeout = electionTimeout;
    }
    // 获取投过票的节点
    public NodeId getVotedFor() { return votedFor; }
    // 获取当前 leader 节点 ID
    public NodeId getLeaderId() { return leaderId; }
    // 取消选举定时器
```

```
public void cancelTimeoutOrTask() {
    electionTimeout.cancel();
}
@Override
public String toString() {
    return "FollowerNodeRole{" +
            "term=" + term +
            ", leaderId=" + leaderId +
            ", votedFor=" + votedFor +
            ", electionTimeout=" + electionTimeout +
            '}';
}
}
```

在 FollowerNodeRole 中，除了 NodeId 类型的 votedFor 和 leaderId 之外，还有一个对应选举超时的 electionTimeout 字段，类型是 ElectionTimeout。定时器在之后的小节会有讲解，现在仅需要知道 ElectionTimeout 支持 cancel 就可以了。

注意，角色对应的类的字段都是不可变的，也就是说，Follower 选举超时或者接收到来自 Leader 节点服务器的心跳信息时，必须新建一个角色实例。这样做一方面可以保证并发环境下的数据安全，另一方面可以简化设计。

4.1.2　Candidate角色

CandidateNodeRole 和 FollowerNodeRole 很像，CandidateNodeRole 同样有一个选举超时字段。

```
public class CandidateNodeRole extends AbstractNodeRole {
    private final int votesCount; // 票数
    private final ElectionTimeout electionTimeout; // 选举超时
    // 构造函数，票数 1
    public CandidateNodeRole(int term, ElectionTimeout electionTimeout) {
        this(term, 1, electionTimeout);
    }
    // 构造函数，可指定票数
    public CandidateNodeRole(int term, int votesCount, ElectionTimeout
electionTimeout) {
        super(RoleName.CANDIDATE, term);
        this.votesCount = votesCount;
        this.electionTimeout = electionTimeout;
    }
    // 获取投票数
    public int getVotesCount() {
        return votesCount;
```

61

```
    }
    // 取消选举超时
    public void cancelTimeoutOrTask() {
        electionTimeout.cancel();
    }
    @Override
    public String toString() {
        return "CandidateNodeRole{" +
                "term=" + term +
                ", votesCount=" + votesCount +
                ", electionTimeout=" + electionTimeout +
                '}';
    }
}
```

CandidateNodeRole 提供了两个构造函数，一个预设 votesCount，即投票数为 1；另一个 votesCount 则需要输入。前者是在节点发起选举并变成 Candidate 角色时调用，后者主要在收到其他节点的投票时使用。

也可以给 CandidateNodeRole 增加特定的增加票数的方法，但需要注意选举超时的处理。一般来说，增加票数意味着重置选举超时，所以需要取消当前的选举超时。

```
public CandidateNodeRole increaseVotesCount(ElectionTimeout electionTimeout) {
    this.electionTimeout.cancel();
    return new CandidateNodeRole(term, votesCount + 1, electionTimeout);
}
```

简单起见，ElectionTimeout 没有重置方法，所以上述方法需要从外部传入新的选举超时的实例。从上面的代码中可以看到，增加票数的逻辑其实并不复杂，所以本书删除了上述单独增加票数的方法。

4.1.3　Leader角色

Leader 角色下虽然没有选举超时，但是需要定时给 Follower 节点发心跳消息，所以有一个日志复制的定时器，具体的 Leader 角色代码如下。

```
public class LeaderNodeRole extends AbstractNodeRole {
    private final LogReplicationTask logReplicationTask; // 日志复制定时器
    // 构造函数
    public LeaderNodeRole(int term, LogReplicationTask logReplicationTask) {
        super(RoleName.LEADER, term);
        this.logReplicationTask = logReplicationTask;
    }
```

```
    // 取消日志复制定时任务
    public void cancelTimeoutOrTask() {
        logReplicationTask.cancel();
    }
    @Override
    public String toString() {
        return "LeaderNodeRole{term=" + term + ", logReplicationTask=" +
logReplicationTask + '}';
    }
}
```

第 2 章提到本书把日志复制进度和集群成员表放在了一起，所以 Leader 的角色数据中没有日志复制进度。

和 Follower、Candidate 角色不同，日志复制定时器不需要重置，所以基本上 Leader 角色的实例被创建之后，除非切换成其他角色，否则不会有修改。

4.1.4　关于状态机模式

以上的角色建模侧重于数据包装，没有特别考虑各个角色下的行为。为各个角色建模后，可以按照第 2 章的角色变迁表给各个角色单独增加方法，即实现状态机模式（State Machine Pattern，非 Raft 算法中的日志状态机）。笔者按状态机模式实现过一次，遇到的问题主要有以下两点。

（1）角色变更时涉及的其他状态过多，比如日志、集群成员表等。

（2）消息处理往往只针对某个特定角色。父类抽象化大部分处理逻辑，子类个性化的场景很少。

第一个问题可以通过传入 StateMachineContext 之类的上下文，间接访问其他状态数据来解决。第二个问题的深层原因是角色数量较少，只有 3 个，而且状态迁移固定，使得状态机模式的优势没有那么突出，因此本书的代码中并没有使用角色状态机。

4.2　定时器组件

Raft 核心算法中主要有两种定时器，即选举超时和日志复制定时器。前者只执行一次，后者可执行多次。

选举超时的主要操作有以下 3 种。

（1）新建选举超时。

（2）取消选举超时。

（3）重置选举超时。

操作 3 可以用操作 2 和操作 1 的组合，即先取消再新建的方式来代替。实际代码中，重置选举超时主要在 Follower 角色收到 Leader 角色的心跳消息时进行，其他时候大部分都是取消加新建定时器的组合。比如 Candidate 角色收到足够的票数变成 Leader 角色，需要取消 Candidate 角色的选举超时，然后新建一个日志复制定时器，此时不能说是重置选举超时。

本书的定时组件只提供新建和取消两个操作。新建通过 Scheduler，取消通过 Scheduler 返回的 ElectionTimeout 或者 LogReplicationTask 的 cancel 方法。

简单起见，Scheduler 的实现直接使用了 JDK 中的单线程定时器，也就是 Executors 的 newSingle ThreadScheduledExecutor，此定时器自带一个执行线程，不会出现两个定时器同时执行的情况。

4.2.1 Scheduler接口

以下是 Scheduler 接口的代码。代码使用接口而不是类的主要原因是，在测试时可以使用其他 Scheduler 实现代替，包括假的定时器实现。

```java
public interface Scheduler {
    // 创建日志复制定时任务
    LogReplicationTask scheduleLogReplicationTask(Runnable task);
    // 创建选举超时器
    ElectionTimeout scheduleElectionTimeout(Runnable task);
    // 关闭定时器
    void stop() throws InterruptedException;
}
```

定时器包含一个 stop 方法，因为一般来说定时器会有相关的线程存在。以下代码是默认的定时器实现。

```java
public class DefaultScheduler implements Scheduler {
    private final int minElectionTimeout; // 最小选举超时时间
    private final int maxElectionTimeout; // 最大选举超时时间
    private final int logReplicationDelay; // 初次日志复制延迟时间
    private final int logReplicationInterval; // 日志复制间隔
    private final Random electionTimeoutRandom; // 随机数生成器
    private final ScheduledExecutorService scheduledExecutorService;
    // 构造函数
    public DefaultScheduler(
            int minElectionTimeout, int maxElectionTimeout,
            int logReplicationDelay, int logReplicationInterval) {
        // 判断参数是否有效
        // 最小和最大选举超时间隔
        if (minElectionTimeout <= 0 || maxElectionTimeout <= 0 ||
                minElectionTimeout > maxElectionTimeout) {
            throw new IllegalArgumentException(
```

```
                   "election timeout should not be 0 or min > max");
        }
        // 初次日志复制延迟以及日志复制间隔
        if (logReplicationDelay < 0 || logReplicationInterval <= 0) {
            throw new IllegalArgumentException(
                   "log replication delay < 0 or log replication interval <= 0");
        }
        this.minElectionTimeout = minElectionTimeout;
        this.maxElectionTimeout = maxElectionTimeout;
        this.logReplicationDelay = logReplicationDelay;
        this.logReplicationInterval = logReplicationInterval;
        electionTimeoutRandom = new Random();
        scheduledExecutorService = Executors.newSingleThreadScheduledExecutor(
                                     r -> new Thread(r, "scheduler"));
    }
}
```

DefaultScheduler 主要包含 4 个配置，选举超时区间和日志复制相关的两个配置。构造函数会做一些基本的校验，防止参数不正确。最后一行代码中，设置定时器线程名为 "scheduler"，这样方便调试。

4.2.2　选举超时

接下来是 DefaultScheduler 中创建选举超时的部分。

```
public ElectionTimeout scheduleElectionTimeout(Runnable task) {
    // 随机超时时间
    int timeout = electionTimeoutRandom.nextInt(
                maxElectionTimeout - minElectionTimeout) + minElectionTimeout;
    ScheduledFuture<?> scheduledFuture = scheduledExecutorService.schedule(
                                task, timeout, TimeUnit.MILLISECONDS);
    return new ElectionTimeout(scheduledFuture);
}
```

按照 Raft 算法要求，为了减少 split vote 的影响，在选举超时区间内随机选择一个超时时间，而不是固定的选举超时。然后通过 scheduledExecutorService 的 schedule 创建一个一次性的 ScheduledFuture，最后创建一个 ElectionTimeout 实例。

选举超时 ElectionTimeout 的代码如下。

```
public class ElectionTimeout {
    private final ScheduledFuture<?> scheduledFuture;
    // 构造函数
    public ElectionTimeout(ScheduledFuture<?> scheduledFuture) {
```

```
            this.scheduledFuture = scheduledFuture;
        }
        // 取消选举超时
        public void cancel() {
            this.scheduledFuture.cancel(false);
        }
        @Override
        public String toString() {
            // 选举超时已取消
            if (this.scheduledFuture.isCancelled()) {
                return "ElectionTimeout(state=cancelled)";
            }
            // 选举超时已执行
            if (this.scheduledFuture.isDone()) {
                return "ElectionTimeout(state=done)";
            }
            // 选举超时尚未执行，在多少毫秒后执行
            return "ElectionTimeout{delay=" +
                    scheduledFuture.getDelay(TimeUnit.MILLISECONDS) + "ms}";
        }
    }
```

ElectionTimeout 简单来说只是 ScheduledFuture 的一个封装，功能上只公开了取消的方法（理论上来说，重复取消或者取消已完成的任务不会有问题）。另外，ElectionTimeout 重载了 toString 方法，方便调试。

ElectionTimeout 所封装的 ScheduledFuture 是一个接口，也就是说，可以通过不同的 ScheduledFuture 实现来间接修改 ElectionTimeout 的行为。比如写一个实现 Null Object 设计模式的 ScheduledFuture，这样 ElectionTimeout 的任何操作都不会有实际作用，之后的测试部分会有具体代码。

4.2.3 日志复制定时器

Raft 核心算法中的另一种定时器是负责心跳消息的日志复制定时器。其代码实现基本和选举超时一样，只是日志复制定时器是固定间隔执行的定时器。

DefaultScheduler 中创建日志复制定时器的代码如下。

```
public LogReplicationTask scheduleLogReplicationTask(Runnable task) {
    ScheduledFuture<?> scheduledFuture =
        this.scheduledExecutorService.scheduleWithFixedDelay(
            task, logReplicationDelay, logReplicationInterval, TimeUnit.
MILLISECONDS);
```

```
        return new LogReplicationTask(scheduledFuture);
}
```

和选举超时不同，这里调用的是 scheduleWithFixedDelay 方法。参数 logReplicationDelay 表示第一次执行的等待时间，logReplicationInterval 表示执行间隔。

LogReplicationTask 代码如下。

```
public class LogReplicationTask {
    private final ScheduledFuture<?> scheduledFuture;
    // 构造函数
    public LogReplicationTask(ScheduledFuture<?> scheduledFuture) {
        this.scheduledFuture = scheduledFuture;
    }
    // 取消日志复制定时器
    public void cancel() {
        this.scheduledFuture.cancel(false);
    }
    @Override
    public String toString() {
        return "LogReplicationTask{delay=" +
                scheduledFuture.getDelay(TimeUnit.MILLISECONDS) + "}";
    }
}
```

代码构成基本和 ElectionTimeout 一样，这里不再赘述。

4.3　消息建模

Raft 核心算法中主要有两种消息，一种是 RequestVote，另一种是 AppendEntries，请求加上响应，共需要 4 个类。

4.3.1　RequestVote消息

请求类 RequestVoteRpc 的代码如下。

```
public class RequestVoteRpc {
    private int term; // 选举 term
    private NodeId candidateId; // 候选者节点 ID，一般都是发送者自己
    private int lastLogIndex = 0; // 候选者最后一条日志的索引
    private int lastLogTerm = 0; // 候选者最后一条日志的 term
```

```
    // getter and setter

    @Override
    public String toString() {
        return "RequestVoteRpc{" +
                "candidateId=" + candidateId +
                ", lastLogIndex=" + lastLogIndex +
                ", lastLogTerm=" + lastLogTerm +
                ", term=" + term +
                '}';
    }
}
```

RequestVoteRpc 并没有检查字段是否为空之类的机制，消息是否有效主要还是靠代码自身的处理。

响应类 RequestVoteResult，因为字段简单，直接做成了一个不可变类。

```
public class RequestVoteResult {
    private final int term; // 选举 term
    private final boolean voteGranted; // 是否投票
    // 构造函数
    public RequestVoteResult(int term, boolean voteGranted) {
        this.term = term;
        this.voteGranted = voteGranted;
    }
    // 获取 term
    public int getTerm() {
        return term;
    }
    // 获取是否投票
    public boolean isVoteGranted() {
        return voteGranted;
    }
    @Override
    public String toString() {
        return "RequestVoteResult{" + "term=" + term +
                ", voteGranted=" + voteGranted +
                '}';
    }
}
```

4.3.2　AppendEntries消息

AppendEntries 消息相对复杂一些，以下是请求类 AppendEntriesRpc 的代码。

```java
public class AppendEntriesRpc {
    private int term; // 选举 term
    private NodeId leaderId; // leader 节点 ID
    private int prevLogIndex = 0; // 前一条日志的索引
    private int prevLogTerm; // 前一条日志的 term
    private List<Entry> entries = Collections.emptyList(); // 复制的日志条目
    private int leaderCommit; // leader 的 commitIndex

    // getter and setter

    @Override
    public String toString() {
        return "AppendEntriesRpc{" +
                "', entries.size=" + entries.size() +
                ", leaderCommit=" + leaderCommit +
                ", leaderId=" + leaderId +
                ", prevLogIndex=" + prevLogIndex +
                ", prevLogTerm=" + prevLogTerm +
                ", term=" + term +
                '}';
    }
}
```

Raft 算法中，entries 不是用数组而是用 List 来实现的，理论上使用哪个并没有太大区别，只是 List 相比之下容易操作一些。

Entry 类在本章不会详细介绍，如果想尽快运行起来，可以暂时用 Object 来代替。在本章的测试环节，entries 都是空列表。

响应类 AppendEntriesResult 如下。同样由于字段简单，响应类被设计为一个不变类。

```java
public class AppendEntriesResult {
    private final int term; // 选举 term
    private final boolean success; // 是否追加成功
    // 构造函数
    public AppendEntriesResult(int term, boolean success) {
        this.term = term;
        this.success = success;
    }
    // 获取 term
    public int getTerm() {
```

```
        return term;
    }
    // 获取是否成功
    public boolean isSuccess() {
        return success;
    }
    @Override
    public String toString() {
        return "AppendEntriesResult{" +
                ", success=" + success +
                ", term=" + term +
                '}';
    }
}
```

和 RequestVote 不同，在处理 AppendEntries 响应时需要请求时的数据，在之后的部分会更具体地分析。

4.4　关联组件和工具

核心组件是相对复杂的一个组件，作为设计中的核心部分，需要整合各个组件以及负责处理组件之间的交互关系。核心组件包含或者关联的内容如下。

（1）AbstractNodeRole，当前节点的角色信息。

（2）定时器组件。

（3）成员表组件。

（4）日志组件。

（5）RPC 组件。

基本上所有组件都和核心组件有关系。从编码上来说，不建议让核心组件直接持有各个组件的引用，那样核心组件依赖的内容会非常多，难以维护。一个解决方法是，把核心组件依赖的组件放在另一个类中，让核心组件通过访问这个类，间接访问其他组件的引用，也就是加一个间接层类。

具体来说，核心组件的接口名为 Node，实现类的名字为 NodeImpl，这个间接层的类名为 NodeContext。

```
public class NodeContext {
    private NodeId selfId; // 当前节点 ID
    private NodeGroup group; // 成员列表
    // private Log log; // 日志
    private Connector connector; // RPC 组件
```

```
    private Scheduler scheduler; // 定时器组件
    private EventBus eventBus;
    private TaskExecutor taskExecutor; // 主线程执行器
    private NodeStore store; // 部分角色状态数据存储
    // 获取自己的节点 ID
    public NodeId selfId() {
        return selfId;
    }
    // 设置自己的节点 ID
    public void setSelfId(NodeId selfId) {
        this.selfId = selfId;
    }


    // other getter and setter
}
```

NodeContext 的所有字段中，group、eventBus 和 scheduler 在前面已经介绍过，这里不再赘述。剩下的字段中，selfId 表示自己的 NodeId；connector 是 RPC 组件的接口；taskExecutor 是处理逻辑的执行接口，也就是主线程执行器；注释中的 Log 是日志组件的接口，本章假设日志比较都返回 OK，所以暂时不需要日志。部分角色的状态数据存储 store 接下来会详细讲解。

NodeContext 中的 getter 方法命名和一般的 getXXX 不同，省略了 get。这里单纯是为了让方法名更短，不这么做也没有问题。

4.4.1　RPC接口

把 RPC 调用做成接口，一方面是为了方便切换实现，比如在基于同步 IO 的实现、基于 NIO 的实现之间切换，另一方面是为了测试。在本节的测试部分，会看到测试用的 RPC 实现。

以下是 RPC 接口的原型代码，具体 RPC 实现将在第 6 章讲解。

```
public interface Connector {
    // 初始化
    void initialize();
    // 发送 RequestVote 消息给多个节点
    void sendRequestVote(RequestVoteRpc rpc,
                    Collection<NodeEndpoint> destinationEndpoints);
    // 回复 RequestVote 结果给单个节点
    void replyRequestVote(RequestVoteResult result,
                    NodeEndpoint destinationEndpoint);
    // 发送 AppendEntries 消息给单个节点
    void sendAppendEntries(AppendEntriesRpc rpc,
                    NodeEndpoint destinationEndpoint);
```

```
    // 回 AppendEntries 结果给单个节点
    void replyAppendEntries(AppendEntriesResult result,
                            NodeEndpoint destinationEndpoint);
    // 关闭连接器
    void close();
}
```

initialize 和 close 方法在系统启动和关闭时被调用。以 send 开头的方法用于发送消息给其他节点。参数包含要发送的消息，比如 RequestVoteRpc 或者 AppendEntriesRpc，以及目标节点。RequestVote 消息一般是群发，所以参数是一个集合。AppendEntries 必须根据每个节点的复制进度单独设置 AppendEntries 消息，所以参数是单个节点地址。以 reply 开头的方法是响应时调用的方法，参数是响应的内容和目标节点地址。

4.4.2 任务执行接口TaskExecutor

TaskExecutor 是一个抽象化的任务执行器。可以在实际运行中使用异步单线程实现，但是在测试时直接执行。TaskExecutor 通过把核心组件的处理模式分离出来，方便之后快速修改，比如改成多线程。TaskExecutor 接口代码如下。

```
public interface TaskExecutor {
    // 提交任务
    Future<?> submit(Runnable task);
    // 提交任务，任务有返回值
    <V> Future<V> submit(Callable<V> task);
    // 关闭任务执行器
    void shutdown() throws InterruptedException;
}
```

从方法上来看，TaskExecutor 是 JDK 的 ExecutorService 的一个简化版，使用 TaskExecutor 时的代码大致如下。

```
context.taskExecutor().submit(()->{
    // 处理
});
```

以下是异步单线程的实现。

```
public class SingleThreadTaskExecutor implements TaskExecutor {
    private final ExecutorService executorService;
    // 构造函数，默认
    public SingleThreadTaskExecutor() {
        this(Executors.defaultThreadFactory());
    }
```

```
    // 构造函数，指定名称
    public SingleThreadTaskExecutor(String name) {
        this(r -> new Thread(r, name));
    }
    // 构造函数，指定 ThreadFactory
    private SingleThreadTaskExecutor(ThreadFactory threadFactory) {
        executorService = Executors.newSingleThreadExecutor(threadFactory);
    }
    // 提交任务并执行
    public Future<?> submit(Runnable task) {
        return executorService.submit(task);
    }
    // 提交任务并执行，有返回值
    public <V> Future<V> submit(Callable<V> task) {
        return executorService.submit(task);
    }
    // 关闭任务执行器
    public void shutdown() throws InterruptedException {
        executorService.shutdown();
        executorService.awaitTermination(1, TimeUnit.SECONDS);
    }
}
```

代码使用 Executors 的 newSingleThreadExecutor 生成一个单线程处理实例。

SingleThreadTaskExecutor 有两个公开的构造函数，一个默认无参数，一个允许设置线程名，设置线程名主要是为了调试。两个 submit 方法委托 executorService 执行，shutdown 方法在系统关闭时被调用。

作为对比，直接执行版本的代码如下。

```
public class DirectTaskExecutor implements TaskExecutor {
    public Future<?> submit(Runnable task) {
        FutureTask<?> futureTask = new FutureTask<>(task, null);
        futureTask.run();
        return futureTask;
    }
    public <V> Future<V> submit(Callable<V> task) {
        FutureTask<V> futureTask = new FutureTask<V>(task);
        futureTask.run();
        return futureTask;
    }
    public void shutdown() throws InterruptedException {
    }
}
```

直接执行版本的 submit 方法中创建了一个 FutureTask，并在当前线程中执行和返回。

至此，所有核心组件的准备工作基本完成，可以正式开始核心组件的编码了。

4.4.3　部分角色状态持久化

3.4.1 小节提到的 currentTerm 和 votedFor（不包括角色）这两个数据在系统重启后会恢复到之前的状态。

不恢复 currentTerm 看起来没有太大影响，不管是收到 Leader 节点的心跳信息，还是发起选举时得到最新的选举 term，系统都会获得最新的值。但是 votedFor 不同，下面以分割选举（2.5.2 小节的图 2-6）为例进行讲解。

假如节点 B 在给节点 A 投票后重启，收到来自候选节点 D 的消息后再次投票，就违反了一票制，所以节点 B 再次重启后恢复之前的已投票的节点（votedFor），同时对应的 currentTerm 也必须恢复。

由于这两个数据独立于日志，所以本书单独设计了一个接口。

```java
public interface NodeStore {
    // 获取 currentTerm
    int getTerm();
    // 设置 currentTerm
    void setTerm(int term);
    // 获取 votedFor
    NodeId getVotedFor();
    // 设置 votedFor
    void setVotedFor(NodeId votedFor);
    // 关闭文件
    void close();
}
```

此接口有两个实现，一个是基于内存的实现，主要用于测试，代码如下。

```java
public class MemoryNodeStore implements NodeStore {
    private int term;
    private NodeId votedFor;
    // 构造函数
    public MemoryNodeStore() {
        this(0, null);
    }
    // 构造函数
    public MemoryNodeStore(int term, NodeId votedFor) {
        this.term = term;
        this.votedFor = votedFor;
    }
    public int getTerm() {
```

```
        return term;
    }
    public void setTerm(int term) {
        this.term = term;
    }
    public NodeId getVotedFor() {
        return votedFor;
    }
    public void setVotedFor(NodeId votedFor) {
        this.votedFor = votedFor;
    }
    public void close() {
    }
}
```

另一个基于文件的实现稍微复杂一些。本书使用二进制格式存放两个数据。文件格式如下，votedFor 的实际值是节点 ID 的字符串形式。

（1）4 字节，currentTerm。

（2）4 字节，votedFor（节点 ID）长度。

（3）变长，votedFor 内容。

FileNodeStore 的初始化代码如下。

```
public class FileNodeStore implements NodeStore {
    // 文件名
    public static final String FILE_NAME = "node.bin";
    private static final long OFFSET_TERM = 0;
    private static final long OFFSET_VOTED_FOR = 4;
    private final SeekableFile seekableFile;
    private int term = 0;
    private NodeId votedFor = null;
    // 从文件读取
    public FileNodeStore(File file) {
        try {
            // 如果文件不存在，创建文件
            if (!file.exists()) {
                Files.touch(file);
            }
            seekableFile = new RandomAccessFileAdapter(file);
            initializeOrLoad();
        } catch (IOException e) {
            throw new NodeStoreException(e);
        }
```

```java
    }
    // 从模拟文件读取，用于测试
    public FileNodeStore(SeekableFile seekableFile) {
        this.seekableFile = seekableFile;
        try {
            initializeOrLoad();
        } catch (IOException e) {
            throw new NodeStoreException(e);
        }
    }
    // 初始化或者加载
    private void initializeOrLoad() throws IOException {
        if (seekableFile.size() == 0) {
            // 初始化
            // (term, 4) + (votedFor length, 4) = 8
            seekableFile.truncate(8L);
            seekableFile.seek(0);
            seekableFile.writeInt(0); // term
            seekableFile.writeInt(0); // votedFor length
        } else {
            // 加载
            // 读取 term
            term = seekableFile.readInt();
            // 读取 votedFor
            int length = seekableFile.readInt();
            if (length > 0) {
                byte[] bytes = new byte[length];
                seekableFile.read(bytes);
                votedFor = new NodeId(new String(bytes));
            }
        }
    }
}
```

FileNodeStore 在初始化时允许文件不存在。如果文件不存在，FileNodeStore 会创建一个新的文件，否则 FileNodeStore 会按照之前提到的格式读取数据。

SeekableFile 是一个 API 和 RandomAccessFile 很像的接口，本章只需要把这个接口理解成 RandomAccessFile 即可，后面会详细讲解这个模拟文件接口。

读写 currentTerm 与 votedFor 的代码如下。

```java
public int getTerm() {
    return term;
```

```
    }
public void setTerm(int term) {
    try {
        // 定位到 term
        seekableFile.seek(OFFSET_TERM);
        seekableFile.writeInt(term);
    } catch (IOException e) {
        throw new NodeStoreException(e);
    }
    this.term = term;
}
public NodeId getVotedFor() {
    return votedFor;
}
public void setVotedFor(NodeId votedFor) {
    try {
        seekableFile.seek(OFFSET_VOTED_FOR);
        // votedFor 为空
        if (votedFor == null) {
            seekableFile.writeInt(0);
            seekableFile.truncate(8L);
        } else {
            byte[] bytes = votedFor.getValue().getBytes();
            seekableFile.writeInt(bytes.length);
            seekableFile.write(bytes);
        }
    } catch (IOException e) {
        throw new NodeStoreException(e);
    }
    this.votedFor = votedFor;
}
```

最后是 FileNodeStore 的关闭方法。

```
public void close() {
    try {
        seekableFile.close();
    } catch (IOException e) {
        throw new NodeStoreException(e);
    }
}
```

4.5 一致性（核心）组件

一致性（核心）组件主要包括 Node 接口和 NodeImpl 实现，后者是实现 Raft 核心算法最重要的部分。虽然前面已经做了很多拆分工作，但是 NodeImpl 的代码量还是所有类中最多的。接下来将逐步讲解 NodeImpl 中选举部分的具体实现。

4.5.1 Node接口

Node 接口作为暴露给上层服务的接口，现阶段能提供的方法不多，主要是随服务生命周期一起调用的 start 和 stop 方法，之后随着内容的展开，方法会有所增加。

```
public interface Node {
    // 启动
    void start();
    // 关闭
    void stop() throws InterruptedException;
}
```

Node 接口代码中的 start 方法在服务启动时调用，stop 方法在服务关闭时调用。

4.5.2 NodeImpl的基本代码

实现 NodeImpl 的核心字段和构造函数如下。

```
public class NodeImpl implements Node {
    private static final Logger logger = LoggerFactory.
getLogger(NodeImpl.class); // 日志
    private final NodeContext context; // 核心组件上下文
    private boolean started; // 是否已启动
    private AbstractNodeRole role; // 当前的角色及信息
    // 构造函数
    NodeImpl(NodeContext context) {
        this.context = context;
    }
}
```

logger 用来调试日志；context 是之前提到的间接访问其他组件的字段；Role 表示当前节点的角色；started 在这里主要是为了防止重复调用启动方法，以及要求系统只能在启动之后关闭。

NodeImpl 的字段只使用 final 表示不可变，没有使用 volatile 等修饰符处理多线程访问。因为之前线程模型中提到，处理组件是异步单线程，内部的字段经过线程封闭，保证不会出现多线程安全问题。

4.5.3　系统启动与关闭

　　Node 接口的 start 方法对应系统的启动。根据 Raft 算法，启动时系统的角色为 Follower，term 为 0（在有日志的前提下，需要从最后一条日志条目重新计算最后的 term），启动方法代码如下。

```
public synchronized void start() {
    // 如果已经启动，则直接跳过
    if (started) {
        return;
    }
    // 注册自己到 EventBus
    context.eventBus().register(this);
    // 初始化连接器
    context.connector().initialize();
    // 启动时为 Follower 角色
    NodeStore store = context.store();
    changeToRole(new FollowerNodeRole(
        store.getTerm(), store.getVotedFor(), null, scheduleElectionTimeout()));
    started = true;
}
```

　　启动时，系统从 NodeStore 中读取最后的 currentTerm 和 votedFor，FollowerNodeRole 构造参数中的 null 对应 leaderId 字段。

　　start 方法被整个设定为一个同步方法，防止同时调用，在已经启动的状态下不做任何事情。系统初始化时，在 EventBus 中注册自己感兴趣的消息，以及初始化 RPC 组件。切换角色为 Follower，并且设置选举超时。

　　scheduleElectionTimeout 代码如下。

```
private ElectionTimeout scheduleElectionTimeout() {
    return context.scheduler().scheduleElectionTimeout(this::electionTimeout);
}
```

　　this::electionTimeout 是一个 lambda 表达式，表示调用当前实例的 electionTimeout 方法。electionTimeout 是选举超时的入口方法，下一小节会讲解 electionTimeout 方法。

　　启动代码中的 changeToRole 是一个统一的角色变更方法，具体代码如下。

```
private void changeToRole(AbstractNodeRole newRole) {
    logger.debug("node {}, role state changed -> {}", context.selfId(),
newRole);

    NodeStore store = context.store();
    store.setTerm(newRole.getTerm());
    if(newRole.getName() == RoleName.FOLLOWER) {
```

```
        store.setVotedFor(((FollowerNodeRole)newRole).getVotedFor());
    }

    role = newRole;
}
```

调用 changeToRole 方法主要是为了统一角色变化的代码，以及在角色变化时同步到 NodeStore 中。

stop 方法的实现相对简单，首先检查系统是否启动，然后逐个关闭相关组件并设置 started 为 false。具体实现如下。

```
@Override
public synchronized void stop() throws InterruptedException {
    // 不允许没有启动时关闭
    if (!started) {
        throw new IllegalStateException("node not started");
    }
    // 关闭定时器
    context.scheduler().stop();
    // 关闭连接器
    context.connector().close();
    // 关闭任务执行器
    context.taskExecutor().shutdown();
    started = false;
}
```

4.5.4　选举超时

按照之前的分析，设置选举超时需要做的事情是变更节点角色以及发送 RequestVote 消息给其他节点，如图 4-1。

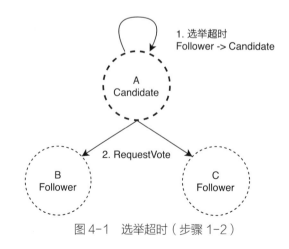

图 4-1　选举超时（步骤 1-2）

electionTimeout 被调用时，默认是在定时器的线程中，为了在主线程中执行，需要做一次任务转换。选举超时入口方法 electionTimeout 实现如下。

```
void electionTimeout() {
    context.taskExecutor().submit(this::doProcessElectionTimeout);
}
private void doProcessElectionTimeout() {
    // Leader 角色下不可能有选举超时
    if (role.getName() == RoleName.LEADER) {
        logger.warn("node {}, current role is leader, ignore election
timeout", context.selfId());
        return;
    }

    // 对于 follower 节点来说是发起选举
    // 对于 candidate 节点来说是再次发起选举
    // 选举 term 加 1
    int newTerm = role.getTerm() + 1;
    role.cancelTimeoutOrTask();
    logger.info("start election");
    // 变成 Candidate 角色
    changeToRole(new CandidateNodeRole(newTerm, scheduleElectionTimeout()));

    // 发送 RequestVote 消息
    RequestVoteRpc rpc = new RequestVoteRpc();
    rpc.setTerm(newTerm);
    rpc.setCandidateId(context.selfId());
    rpc.setLastLogIndex(0);
    rpc.setLastLogTerm(0);
    context.connector().sendRequestVote(rpc, context.group().
listEndpointExceptSelf());
}
```

在 doProcessElectionTimeout 中，先检查当前角色是不是 Leader，如果是，则打印警告信息后退出。因为对于 Leader 来说，选举超时没有意义，理论上也不可能发生。

接下来的处理，同时对应了 Follower 和 Candidate 两个角色。方法增加 term，取消当前的定时任务，转换为 Candidate 角色，最后发送 RequestVote 消息给其他节点。

集群成员组件的 listEndpointExceptSelf 方法返回除当前节点之外的其他节点，代码如下。

```
class NodeGroup {
    private final NodeId selfId;
    private Map<NodeId, GroupMember> memberMap;
```

```
Set<NodeEndpoint> listEndpointExceptSelf() {
    Set<NodeEndpoint> endpoints = new HashSet<>();
    for (GroupMember member : memberMap.values()) {
        // 判断是不是当前节点
        if (!member.getId().equals(selfId)) {
            endpoints.add(member.getEndpoint());
        }
    }
    return endpoints;
}
```

4.5.5 收到RequestVote消息

如图 4-2 所示，节点收到 RequestVote 消息后，需要选择投票还是不投。

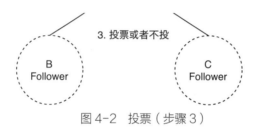

图 4-2 投票（步骤 3）

当节点收到 RequestVote 消息（RequestVoteRpc）后，要先比较消息中的 term 和自己本地的 term，之后根据日志决定是否投票。本章为了减少关注点，一律设定为投票。下面代码中的 voteForCandidate 值始终为 true，但实际代码中不能这么做。加入日志后的处理将在下一章给出。

```
@Subscribe
public void onReceiveRequestVoteRpc(RequestVoteRpcMessage rpcMessage) {
    context.taskExecutor().submit(
            () -> context.connector().replyRequestVote(
                doProcessRequestVoteRpc(rpcMessage),
                // 发送消息的节点
                context.findMember(rpcMessage.getSourceNodeId()).getEndpoint()
            )
    );
}


private RequestVoteResult doProcessRequestVoteRpc(RequestVoteRpcMessage
rpcMessage) {
    // 如果对方的 term 比自己小，则不投票并且返回自己的 term 给对象
    RequestVoteRpc rpc = rpcMessage.get();
```

```
    if (rpc.getTerm() < role.getTerm()) {
        logger.debug("term from rpc < current term, don't vote ({} < {})",
                rpc.getTerm(), role.getTerm());
        return new RequestVoteResult(role.getTerm(), false);
    }
    // 此处无条件投票
    boolean voteForCandidate = true;

    // 如果对象的 term 比自己大，则切换为 Follower 角色
    if (rpc.getTerm() > role.getTerm()) {
        becomeFollower(rpc.getTerm(), (voteForCandidate ? rpc.getCandidateId()
: null), null, true);
        return new RequestVoteResult(rpc.getTerm(), voteForCandidate);
    }

    // 本地的 term 与消息的 term 一致
    switch (role.getName()) {
        case FOLLOWER:
            FollowerNodeRole follower = (FollowerNodeRole) role;
            NodeId votedFor = follower.getVotedFor();
            // 以下两种情况下投票
            // case 1. 自己尚未投过票，并且对方的日志比自己新
            // case 2. 自己已经给对方投过票
            // 投票后需要切换为 Follower 角色
            if ((votedFor == null && voteForCandidate) || // case 1
                    Objects.equals(votedFor, rpc.getCandidateId())) {
// case 2
                becomeFollower(role.getTerm(), rpc.getCandidateId(), null,
true);

                return new RequestVoteResult(rpc.getTerm(), true);
            }
            return new RequestVoteResult(role.getTerm(), false);
        case CANDIDATE: // 已经给自己投过票，所以不会给其他节点投票
        case LEADER:
            return new RequestVoteResult(role.getTerm(), false);
        default:
            throw new IllegalStateException("unexpected node role [" +
role.getName() + "]");
    }
}
```

入口方法 onReceiveRequestVoteRpc 的参数是一个叫作 RequestVoteRpcMessage 的类，而不是

RequestVoteResult。RequestVoteRpcMessage 包含 RequestVoteRpc 和节点的 NodeId（sourceNodeId），这样才能回复消息给发送消息的节点。

方法上标注了 Subscribe，表示订阅 EventBus 中类型为 RequestVoteRpcMessage 的消息。和选举超时一样，RPC 组件的调用（在 RPC 的 IO 线程中执行）需要转移到 taskExecutor 对应的主线程中执行。

具体是在 doProcessRequestVoteRpc 方法中处理 RequestVoteRpc。核心组件先判断 term，比自己小的不投票并返回自己的 term；比自己大的则马上切换为 Follower 角色，并根据日志投票（上面的代码是一律投票）。一般来说，选举都会落到这部分逻辑中。

对于 term 和自己一致的请求，有以下两种情况。

（1）自己是 Candidate 角色时，Candidate 只为自己投票。

（2）自己是 Leader 角色时，投票理论上没有意义。

所以两种情况都不会选择投票，剩下的只有 Follower 角色。假如 Follower 角色自己没有投过票，并且对方日志比自己新，则选择投票。或者已经投过票而且投的是同一个节点的话，则回复投票，其他情况下一律不投票。

term 一致的一种情况是，出现了两个以上的 Candidate 节点，部分已投票的 Follower 节点有可能收到其他 Candidate 节点的消息，此时由于已经给某个节点投过票，因此不会再投票（对应代码中的 case 2）。另一种情况是，多个节点以不同的 term 启动，选举超时后，Candidate 角色碰巧发送消息到比自己 term 大的 Follower 角色的节点，此时仍旧会比较日志决定是否投票（对应 case 1）。

becomeFollower 是一个特殊的角色变化方法，有一个是否设置选举超时的参数。

```
private void becomeFollower(int term, NodeId votedFor, NodeId leaderId,
                            boolean scheduleElectionTimeout) {
    role.cancelTimeoutOrTask(); // 取消超时或者定时器
    if (leaderId != null && !leaderId.equals(role.getLeaderId(context.
selfId()))) {
        logger.info("current leader is {}, term {}", leaderId, term);
    }
    // 重新创建选举超时定时器或者空定时器
    ElectionTimeout electionTimeout =
        scheduleElectionTimeout ? scheduleElectionTimeout() :
ElectionTimeout.NONE;
    changeToRole(new FollowerNodeRole(term, votedFor, leaderId,
electionTimeout));
}
```

ElectionTimeout.NONE 在这里表示不设置选举超时，代码在测试部分给出。

在之后的服务器成员变更中移除服务器节点时，会涉及不需要设置选举超时的场景，现在只需要知道在常规情况下都需要设置选举超时定时器。

4.5.6　收到RequestVote响应

如图 4-3 所示，收到 RequestVote 响应后，节点根据票数决定是变成 Leader，还是保持 Candidate 角色继续等待其他节点的投票。

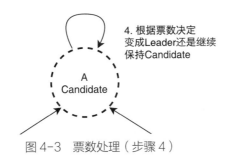

4. 根据票数决定
变成Leader还是继续
保持Candidate

A
Candidate

图 4-3　票数处理（步骤 4 ）

节点收到 RequestVote 的响应（RequestVoteResult）时的处理如下。

```java
@Subscribe
public void onReceiveRequestVoteResult(RequestVoteResult result) {
    context.taskExecutor().submit(
        () -> doProcessRequestVoteResult(result)
    );
}


private void doProcessRequestVoteResult(RequestVoteResult result) {
    // 如果对象的 term 比自己大，则退化为 Follower 角色
    if (result.getTerm() > role.getTerm()) {
        becomeFollower(result.getTerm(), null, null, true);
        return;
    }
    // 如果自己不是 Candidate 角色，则忽略
    if (role.getName() != RoleName.CANDIDATE) {
        logger.debug("receive request vote result and current role is
not candidate, ignore");
        return;
    }
    // 如果对方的 term 比自己小或者对象没有给自己投票，则忽略
    if (result.getTerm() < role.getTerm() || !result.isVoteGranted()) {
        return;
    }
    // 当前票数
    int currentVotesCount = ((CandidateNodeRole) role).getVotesCount() + 1;
    // 节点数
    int countOfMajor = context.group().getCount();
    logger.debug("votes count {}, node count {}", currentVotesCount,
```

```
countOfMajor);
        // 取消选举超时定时器
        role.cancelTimeoutOrTask();
        if (currentVotesCount > countOfMajor / 2) { // 票数过半
            // 成为 Leader 角色
            logger.info("become leader, term {}", role.getTerm());
            // resetReplicatingStates();
            changeToRole(new LeaderNodeRole(role.getTerm(),
scheduleLogReplicationTask()));
            // context.log().appendEntry(role.getTerm()); // no-op log
        } else {
            // 修改收到的投票数，并重新创建选举超时定时器
            changeToRole(new CandidateNodeRole(role.getTerm(),
currentVotesCount,
                scheduleElectionTimeout())
            );
        }
    }
```

和收到 RequestVote 请求时的处理类似，收到来自 RPC 线程的请求后，马上转移到 TaskExecutor 对应的主线程中执行，Candidate 角色的执行序列如图 4-4。

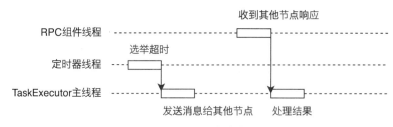

图 4-4　Candidate 角色执行序列

在 doProcessRequestVoteResult 中，先比较响应的 term 和自己的 term，如果自己的 term 小，则 step down，即退化到 Follower 角色，此时调用之前的 becomeFollower 方法。

接下来判断自己的角色，如果不是 Candidate，则打印警告信息后结束。否则检查结果中的 term 和 voteGranted，如果 term 比自己小或者没有收到投票，则什么都不需要做。

收到非投票消息是否也需要重置选举超时是一个比较微妙的问题，考虑到系统需要快速选出 Leader，如果其他节点不投票，会导致选举延长，所以此处通过什么都不做来保证一个选举超时内能收到足够的票数，否则要重开选举 term。

响应中的 term 与本地一致并且收到投票后进入下一阶段。根据收集到的票数判断是否可以成为 Leader 角色。countOfMajor 是总节点数。Raft 算法中票数过半（包括自己的 1 票）即可成为 Leader。

成为 Leader 角色后打印日志，重置日志复制进度，设置自己为 Leader 角色，启动日志复制定时器，添加一条 NO-OP 日志。

重置日志复制进度在 Raft 算法中只是简单地把 nextIndex 和 matchIndex 重置为 0。添加 NO-OP 日志需要日志部分的实现。这两部分和选举关系不大，所以此处注释掉，不用关注。

scheduleLogReplicationTask 和 scheduleElectionTimeout 类似，通过 scheduler 开启一个定时器，具体代码如下。

```
private LogReplicationTask scheduleLogReplicationTask() {
    return context.scheduler().scheduleLogReplicationTask(this::
replicateLog);
}
```

replicateLog 对应日志复制的入口方法。

doProcessRequestVoteResult 中的 else 分支是票数没有达到过半时的处理，简单来说，就是增加票数，重置选举超时。重置选举通过之前已经执行过的 cancelTimeoutOrTask 加上 scheduleElectionTimeout 的调用实现。

4.5.7　成为Leader节点后的心跳消息

如图 4-5 所示，节点成为 Leader 节点后必须立刻发送心跳信息。

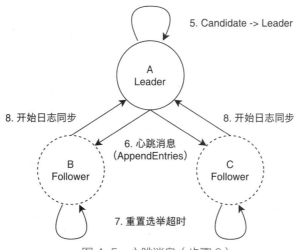

图 4-5　心跳消息（步骤 6）

Raft 算法要求，成为 Leader 角色后，必须立刻发送心跳消息给其他 Follower 节点，重置这些 Follower 节点的选举超时，使集群的主从关系稳定下来，发送心跳信息的代码如下。

```
void replicateLog() {
    context.taskExecutor().submit(this::doReplicateLog);
}
```

```
private void doReplicateLog() {
    logger.debug("replicate log");
    // 给日志复制对象节点发送 AppendEntries 消息
    for (GroupMember member : context.group().listReplicationTarget()) {
        doReplicateLog(member);
    }
}

private void doReplicateLog(GroupMember member) {
    AppendEntriesRpc rpc = new AppendEntriesRpc();
    rpc.setTerm(role.getTerm());
    rpc.setLeaderId(context.selfId());
    rpc.setPrevLogIndex(0);
    rpc.setPrevLogTerm(0);
    rpc.setLeaderCommit(0);
    context.connector().sendAppendEntries(rpc, member.getEndpoint());
}
```

replicateLog 同 样 把 具 体 处 理（doReplicateLog）放 在 TaskExecutor 的 主 线 程 中 执 行。
doReplicateLog 方法只是简单地列出复制对象，即不包括自己的所有其他节点，给它们发送
AppendEntries 消息。消息内容中的日志相关部分都设置为 0，entries 在这里没有列出，实际消息中
为空列表。

4.5.8　收到来自Leader节点的心跳消息

非 Leader 节点收到来自 Leader 节点的心跳信息之后需要重置选举超时，并记录当前 Leader 节
点的 id，具体代码如下。

```
@Subscribe
public void onReceiveAppendEntriesRpc(AppendEntriesRpcMessage rpcMessage) {
    context.taskExecutor().submit(() ->
                    context.connector().replyAppendEntries(
                        doProcessAppendEntriesRpc(rpcMessage),
                        // 发送消息的节点
                        context.findMember(rpcMessage.getSourceNodeId()).
getEndpoint()
                    )
    );
}

private AppendEntriesResult doProcessAppendEntriesRpc(
```

```
                                   AppendEntriesRpcMessage rpcMessage) {
    AppendEntriesRpc rpc = rpcMessage.get();
    // 如果对方的 term 比自己小，则回复自己的 term
    if (rpc.getTerm() < role.getTerm()) { // case 1
        return new AppendEntriesResult(role.getTerm(), false);
    }
    // 如果对象的 term 比自己大，则退化为 Follower 角色
    if (rpc.getTerm() > role.getTerm()) { // case 2
        becomeFollower(rpc.getTerm(), null, rpc.getLeaderId(), true);
        // 并追加日志
        return new AppendEntriesResult(rpc.getTerm(), appendEntries(rpc));
    }
    assert rpc.getTerm() == role.getTerm();
    switch (role.getName()) {
        case FOLLOWER: // case 3
            // 设置 leaderId 并重置选举定时器
            becomeFollower(rpc.getTerm(),
                            ((FollowerNodeRole) role).getVotedFor(), rpc.
getLeaderId(), true);
            // 追加日志
            return new AppendEntriesResult(rpc.getTerm(), appendEntries(rpc));
        case CANDIDATE: // case 4
            // 如果有两个 Candidate 角色，并且另外一个 Candidate 先成了 Leader
            // 则当前节点退化为 Follower 角色并重置选举定时器
            becomeFollower(rpc.getTerm(), null, rpc.getLeaderId(), true);
            // 追加日志
            return new AppendEntriesResult(rpc.getTerm(), appendEntries(rpc));
        case LEADER: // case 5
            // Leader 角色收到 AppendEntries 消息，打印警告日志
            logger.warn("receive append entries rpc from another leader
{}, ignore",
                            rpc.getLeaderId());
            return new AppendEntriesResult(rpc.getTerm(), false);
        default:
            throw new IllegalStateException("unexpected node role [" +
role.getName() + "]");
    }
}

private boolean appendEntries(AppendEntriesRpc rpc) {
    return true;
}
```

　　和 RequestVoteRpcMessage 消 息 一 样，方 法 参 数 AppendEntriesRpcMessage 是 一 个 包 含 AppendEntriesRpc 和发送节点信息的类。

　　具体执行方法中，对于对方 term 和自己 term 不一致的情况，如果小于自己（case 1），则返回自己的 term，并把 AppendEntriesResult 中的 success 设置为 false，表示追加失败。

　　如果对方的 term 大于自己（case 2），则变成 Follower，不管自己原来是什么角色，并记录 leaderId，重置选举超时，尝试追加日志。

　　appendEntries 包含具体的追加日志的逻辑，本章一律设置结果为 true。

　　对于 term 一致的情况，角色为 Follower 则保留 votedFor，其余和之前的 case 2 一样；角色为 Candidate 则退化为 Follower，设置 leaderId 并尝试追加日志。理论上此时角色不应该是 Leader，如果出现 Leader 则需要人工介入，所以这里打印了警告日志。

4.5.9　Leader节点收到来自其他节点的响应

　　作为整个流程的最后一步，Leader 节点收到其他节点的响应之后，执行相应的处理，等待日志复制定时器下一次触发，具体代码如下。

```
@Subscribe
public void onReceiveAppendEntriesResult(AppendEntriesResultMessage
resultMessage) {
    context.taskExecutor().submit(() -> doProcessAppendEntriesResult(res
ultMessage));
}
private void doProcessAppendEntriesResult(AppendEntriesResultMessage
resultMessage) {
    AppendEntriesResult result = resultMessage.get();
    // 如果对方的 term 比自己大，则退化为 Follower 角色
    if (result.getTerm() > role.getTerm()) {
        becomeFollower(result.getTerm(), null, null, true);
        return;
    }
    // 检查自己的角色
    if (role.getName() != RoleName.LEADER) {
        logger.warn("receive append entries result from node {} but
current node is not leader, ignore", resultMessage.getSourceNodeId());
    }
}
```

　　AppendEntriesResultMessage 是一个同时包含 AppendEntries 请求与响应的包装类。因为 AppendEntriesResult 的内容太少，所以部分数据需要从 AppendEntriesRpc 中获取。

　　在主体处理代码 doProcessAppendEntriesResult 中，根据响应中的 term 来决定角色是否要退化

为 Follower，当自己不是 Leader 角色时直接打印警告信息并结束。

至此，选举部分的所有核心代码都实现完毕。可以尝试实现 RPC 组件，然后启动系统并调试。不过在那之前，建议通过单元测试保证主体逻辑正确。

4.6　测试

由于篇幅所限，本节只对正常用例进行单元测试，边界条件的测试则不给出。测试按照核心组件的实现顺序，从上至下列出。测试使用 Junit 4+，基于 @Test 标注的方式。

4.6.1　测试准备

测试准备主要有两部分。一部分是组件的 Mock 化，比如定时器组件，测试时不希望完全异步调用，所以就需要修改定时器组件或者实现一个测试专用定时器组件。

另一部分是测试过程中会发现，一些代码在设计上存在不方便测试的地方，比如 NodeImpl 中的 role，外部无法访问。所以需要为测试暴露 role，或者增加其他可以访问 role 的方法。

以下是具体准备的内容。

（1）测试专用定时器组件 NullScheduler。

（2）测试专用 RPC 组件 MockConnector。

（3）暴露 role 的状态数据。

（4）快速构造 NodeImpl 的 NodeBuilder。

首先是测试专用定时器组件。

```java
public class NullScheduler implements Scheduler {
    // 日志
    private static final Logger logger = LoggerFactory.getLogger
(NullScheduler.class);
    // 创建日志复制定时器
    public LogReplicationTask scheduleLogReplicationTask(@Nonnull Runnable
task) {
        logger.debug("schedule log replication task");
        return LogReplicationTask.NONE;
    }
    // 创建选举超时定时器
    public ElectionTimeout scheduleElectionTimeout(@Nonnull Runnable task) {
        logger.debug("schedule election timeout");
        return ElectionTimeout.NONE;
    }
```

```
        // 关闭定时器
        public void stop() throws InterruptedException {
        }
    }
```

NullScheduler 的实现中除了打印日志，还返回了选举定时器的一个 NONE 实例。之前讲解定时器组件时提到过，ElectionTimeout 和 LogReplicationTask 都是 ScheduledFuture 的封装，而 ScheduledFuture 是一个接口，所以可以创建一个 NullScheduledFuture 来构造 ElectionTimeout 和 LogReplicationTask 的 NONE 实例。

```
public class NullScheduledFuture implements ScheduledFuture<Object> {
    public long getDelay(@Nonnull TimeUnit unit) {
        return 0;
    }
    public int compareTo(@Nonnull Delayed o) {
        return 0;
    }
    public boolean cancel(boolean mayInterruptIfRunning) {
        return false;
    }
    public boolean isCancelled() {
        return false;
    }
    public boolean isDone() {
        return false;
    }
    public Object get() throws InterruptedException, ExecutionException {
        return null;
    }
    public Object get(long timeout, @Nonnull TimeUnit unit)
                throws InterruptedException, ExecutionException,
TimeoutException {
        return null;
    }
}
```

在 ElectionTimeout 和 LogReplicationTask 中分别增加以下代码。

```
public static final ElectionTimeout NONE =
                new ElectionTimeout(new NullScheduledFuture());
public static final LogReplicationTask NONE =
                new LogReplicationTask(new NullScheduledFuture());
```

然后就可以通过 ElectionTimeout.NONE 或者 LogReplicationTask.NONE，返回一个什么都不做

的选举超时或者日志复制定时任务。

简单来说，测试专用 RPC 组件就是把 RPC 消息暂存到某个地方，但是实际不发送，在测试代码之外读取这些暂时的 RPC 消息。也可以用 mock 框架（比如 JMock）预测消息内容。本书为了便于读者理解，专门设计了一个 MockConnector，并在其内部存放了一个消息的链表，发送后的消息可以通过 MockConnector 暴露出来的方法读取到。

以下是 MockConnector 内部的 Message 类，用来存放发送的消息。

```java
public class MockConnector implements Connector {
    public static class Message {
        private Object rpc; // RPC 消息
        private NodeId destinationNodeId; // 目标节点
        private Object result; // 结果
        // 获取 RPC 消息
        public Object getRpc() {
            return rpc;
        }
        // 获取目标节点
        public NodeId getDestinationNodeId() {
            return destinationNodeId;
        }
        // 获取结果
        public Object getResult() {
            return result;
        }
        @Override
        public String toString() {
            return "Message{" +
                    "destinationNodeId=" + destinationNodeId +
                    ", rpc=" + rpc +
                    ", result=" + result +
                    '}';
        }
    }
}
```

MockConnector 对于 Connector 接口的实现如下。

```java
public class MockConnector implements Connector {
    // 存放消息的链表
    private LinkedList<Message> messages = new LinkedList<>();
    // 初始化
    public void initialize() {
    }
```

```
    // 发送消息
    public void sendRequestVote(RequestVoteRpc rpc,
                          Collection<NodeEndpoint> destinationEndpoints) {
        // 对于多目标节点，这里没有完全处理
        Message m = new Message();
        m.rpc = rpc;
        messages.add(m);
    }
    public void replyRequestVote(RequestVoteResult result,
                          NodeEndpoint destinationEndpoint) {
        Message m = new Message();
        m.result = result;
        m.destinationNodeId = destinationEndpoint.getId();
        messages.add(m);
    }
    public void sendAppendEntries(AppendEntriesRpc rpc,
                          NodeEndpoint destinationEndpoint) {
        Message m = new Message();
        m.rpc = rpc;
        m.destinationNodeId = destinationEndpoint.getId();
        messages.add(m);
    }

    public void replyAppendEntries(AppendEntriesResult result,
                          NodeEndpoint destinationEndpoint) {
        Message m = new Message();
        m.result = result;
        m.destinationNodeId = destinationEndpoint.getId();
        messages.add(m);
    }
    // 关闭
    public void close() {
    }
}
```

接下来是 MockConnector 中增加的测试方法。

```
public class MockConnector implements Connector {
    private LinkedList<Message> messages = new LinkedList<>();
    // 获取最后一条消息
    public Message getLastMessage() {
        return messages.isEmpty() ? null : messages.getLast();
    }
```

```java
    // 获取最后一条消息或者空消息
    private Message getLastMessageOrDefault() {
        return messages.isEmpty() ? new Message() : messages.getLast();
    }
    // 获取最后一条 RPC 消息
    public Object getRPC() {
        return getLastMessageOrDefault().rpc;
    }
    // 获取最后一条 Result 消息
    public Object getResult() {
        return getLastMessageOrDefault().result;
    }
    // 获取最后一条消息的目标节点
    public NodeId getDestinationNodeId() {
        return getLastMessageOrDefault().destinationNodeId;
    }
    // 获取消息数量
    public int getMessageCount() {
        return messages.size();
    }
    // 获取所有消息
    public List<Message> getMessages() {
        return new ArrayList<>(messages);
    }
    // 清除消息
    public void clearMessage() {
        messages.clear();
    }
}
```

有了 MockConnector 之后，就可以方便地检查发送的 RPC 消息或者结果了。

如果想要暴露 NodeImpl 内部数据，可以增加一个 package 级别的可见性方法（即不写 public/private/protected 修饰符），保证测试代码在同一个包。以下代码以包可见的级别公开了 context 和 role。

```java
class NodeImpl implements Node {
    private final NodeContext context;
    private final AbstractNodeRole role;
    // 获取核心组件上下文
    NodeContext getContext() {
        return this.context;
    }
    // 获取当前角色
```

```java
AbstractNodeRole getRole() {
    return this.role;
}
}
```

准备工作的最后一部分是快速构建 NodeImpl 实例的 NodeBuilder。由于 NodeImpl 的关联组件太多，每次都从头开始创建比较花时间，因此这里编写了一个 NodeBuilder 类。NodeBuilder 本身也用在正常的系统启动中，所以严格来说不是测试专用的代码，以下是具体的代码。

```java
public class NodeBuilder {
    private final NodeGroup group; // 集群成员
    private final NodeId selfId; // 节点 ID
    private final EventBus eventBus;
    private Scheduler scheduler = null; // 定时器
    private Connector connector = null; // RPC 连接器
    private TaskExecutor taskExecutor = null; // 主线程执行器
    // 单节点构造函数
    public NodeBuilder(NodeEndpoint endpoint) {
        this(Collections.singletonList(endpoint), endpoint.getId());
    }
    // 多节点构造函数
    public NodeBuilder(Collection<NodeEndpoint> endpoints, NodeId selfId) {
        this.group = new NodeGroup(endpoints, selfId);
        this.selfId = selfId;
        this.eventBus = new EventBus(selfId.getValue());
    }
    // 设置通信组件
    NodeBuilder setConnector(Connector connector) {
        this.connector = connector;
        return this;
    }
    // 设置定时器
    NodeBuilder setScheduler(Scheduler scheduler) {
        this.scheduler = scheduler;
        return this;
    }
    // 设置任务执行器
    NodeBuilder setTaskExecutor(TaskExecutor taskExecutor) {
        this.taskExecutor = taskExecutor;
        return this;
    }
    // 构建 Node 实例
    public Node build() {
```

```
        return new NodeImpl(buildContext());
    }
    // 构建上下文
    private NodeContext buildContext() {
        NodeContext context = new NodeContext();
        context.setGroup(group);
        context.setSelfId(selfId);
        context.setEventBus(eventBus);
        context.setScheduler(scheduler != null ? scheduler : new
DefaultScheduler(config));
        context.setConnector(connector);
        context.setTaskExecutor(
                taskExecutor != null ? taskExecutor : new SingleThreadTa
skExecutor("node")
        );
        return context;
    }
}
```

方便起见，NodeBuilder 按照链式 Builder 模式编写。

至此，测试代码准备结束。

4.6.2　系统启动

测试要求：系统启动后角色为 Follower，term 为 0，测试代码如下。

```
public class NodeImplTest {
    private NodeBuilder newNodeBuilder(NodeId selfId, NodeEndpoint...
endpoints) {
        return new NodeBuilder(Arrays.asList(endpoints), selfId)
                .setScheduler(new NullScheduler())
                .setConnector(new MockConnector())
                .setTaskExecutor(new DirectTaskExecutor());
    }

    @Test
    public void testStart() {
        NodeImpl node = (NodeImpl) newNodeBuilder(
                NodeId.of("A"), new NodeEndpoint("A", "localhost",
2333)).build();
        node.start();
        FollowerNodeRole role = (FollowerNodeRole) node.getRole();
        Assert.assertEquals(0, role.getTerm());
```

```
                Assert.assertNull(role.getVotedFor());
        }
    }
```

此处为单节点启动。start 实现和节点数理论上没有直接联系。newNodeBuilder 是用于快速构建测试用的 NodeBuilder 方法，不直接返回 Node 的原因是，之后的方法可能会有特殊要求。

第一次正式启动系统时，如果没有意外，肯定可以通过测试。如果出现任务问题，建议把相关代码重新梳理一下，找到出错的地方。

4.6.3　选举超时

测试要求：Follower 角色选举超时后变成 Candidate 角色，并给其他节点发送 RequestVote 消息。

由于把选举超时 mock 了，因此要触发选举超时，就必须显式调用 electionTimeout。同时流程上必须先调用 start，测试代码如下。

```java
public class NodeImplTest {
    @Test
    public void testElectionTimeoutWhenFollower() {
        NodeImpl node = (NodeImpl) newNodeBuilder(
                NodeId.of("A"),
                new NodeEndpoint("A", "localhost", 2333),
                new NodeEndpoint("B", "localhost", 2334),
                new NodeEndpoint("C", "localhost", 2335)
        ).build();
        node.start();
        node.electionTimeout();
        // 选举开始后，初始 term 为 1
        CandidateNodeRole role = (CandidateNodeRole) node.getRole();
        Assert.assertEquals(1, role.getTerm());
        Assert.assertEquals(1, role.getVotesCount());
        MockConnector mockConnector = (MockConnector) node.getContext().
connector();
        // 当前节点向其他节点发送 RequestVote 消息
        RequestVoteRpc rpc = (RequestVoteRpc) mockConnector.getRpc();
        Assert.assertEquals(1, rpc.getTerm());
        Assert.assertEquals(NodeId.of("A"), rpc.getCandidateId());
        Assert.assertEquals(0, rpc.getLastLogIndex());
        Assert.assertEquals(0, rpc.getLastLogTerm());
    }
}
```

此处集群不能只有单节点，严格来说单节点是选举超时的边界条件。可以设置到单节点时必须跳过选举超时，因为没有节点会给当前节点投票。

检查 RPC 消息的部分，发现没有断言消息的数量，原因是 MockConnector 在记录并发送 RequestVote 消息时，只会存一条消息。

4.6.4　收到RequestVote消息

测试要求：Follower 节点收到其他节点的 RequestVote 消息，投票并设置自己的 votedFor 为消息来源节点的 id。

下面的代码测试了节点 C 发送 RequestVote 消息给当前节点 A 时的情况。

```
public class NodeImplTest {
    @Test
    public void testOnReceiveRequestVoteRpcFollower() {
        NodeImpl node = (NodeImpl) newNodeBuilder(
                NodeId.of("A"),
                new NodeEndpoint("A", "localhost", 2333),
                new NodeEndpoint("B", "localhost", 2334),
                new NodeEndpoint("C", "localhost", 2335))
                .build();
        node.start();
        RequestVoteRpc rpc = new RequestVoteRpc();
        rpc.setTerm(1);
        rpc.setCandidateId(NodeId.of("C"));
        rpc.setLastLogIndex(0);
        rpc.setLastLogTerm(0);
        node.onReceiveRequestVoteRpc(new RequestVoteRpcMessage(rpc,
NodeId.of("C")));
        MockConnector mockConnector = (MockConnector) node.getContext().
connector();
        RequestVoteResult result = (RequestVoteResult) mockConnector.
getResult();
        Assert.assertEquals(1, result.getTerm());
        Assert.assertTrue(result.isVoteGranted());
        Assert.assertEquals(NodeId.of("C"), ((FollowerNodeRole) node.
getRole()).getVotedFor());
    }
}
```

现阶段还没有办法测试节点不投票的情况。

4.6.5 收到RequestVote响应

测试要求：在 3 节点系统的节点 A、B 和 C 中，节点 A 变成 Candidate 角色之后收到投票的 RequestVote 响应，然后变成 Leader 角色。

测试代码如下。

```
public class NodeImplTest {
    @Test
    public void testOnReceiveRequestVoteResult() {
        NodeImpl node = (NodeImpl) newNodeBuilder(
                NodeId.of("A"),
                new NodeEndpoint("A", "localhost", 2333),
                new NodeEndpoint("B", "localhost", 2334),
                new NodeEndpoint("C", "localhost", 2335)
        ).build();
        node.start();
        node.electionTimeout();
        node.onReceiveRequestVoteResult(new RequestVoteResult(1, true));
        LeaderNodeRole role = (LeaderNodeRole) node.getRole();
        Assert.assertEquals(1, role.getTerm());
    }
}
```

注意必须调用选举超时的 electionTimeout，否则当前节点不会是 Candidate 角色。

如果要测试 1 票以上的场景，至少需要 4 节点以上的集群设置。另外，此时心跳信息尚未发送。如果要发送心跳消息，需要显式调用 NodeImpl 的 replicateLog 方法来模拟日志复制定时器。

4.6.6 成为Leader节点后的心跳消息

测试要求：在 3 节点系统的节点 A、B 和 C 中，节点 A 变成 Leader 节点后向 B 和 C 发送心跳消息。

测试代码如下。

```
public class NodeImplTest {
    @Test
    public void testReplicateLog() {
        NodeImpl node = (NodeImpl) newNodeBuilder(
                NodeId.of("A"),
                new NodeEndpoint("A", "localhost", 2333),
                new NodeEndpoint("B", "localhost", 2334),
                new NodeEndpoint("C", "localhost", 2335)
        ).build();
        node.start();
```

```
            node.electionTimeout(); // 发送 RequestVote 消息
            node.onReceiveRequestVoteResult(new RequestVoteResult(1, true));
            node.replicateLog(); // 发送两条日志复制消息
            MockConnector mockConnector = (MockConnector) node.getContext().
connector();
            // 总共加起来 3 条消息
            Assert.assertEquals(3, mockConnector.getMessageCount());
            // 检查目标节点
            List<MockConnector.Message> messages = mockConnector.getMessages();
            Set<NodeId> destinationNodeIds = messages.subList(1, 3).stream()
                    .map(MockConnector.Message::getDestinationNodeId)
                    .collect(Collectors.toSet());
            Assert.assertEquals(2, destinationNodeIds.size());
            Assert.assertTrue(destinationNodeIds.contains(NodeId.of("B")));
            Assert.assertTrue(destinationNodeIds.contains(NodeId.of("C")));
            AppendEntriesRpc rpc = (AppendEntriesRpc) messages.get(2).getRpc();
            Assert.assertEquals(1, rpc.getTerm());
    }
}
```

此处代码相对复杂一些。代码模拟了从系统启动到发送心跳消息的整个过程，消息总数是 3
（RequestVote 的消息只算 1 条），断言部分检查了消息的目标节点以及消息中选举 term 的值。

4.6.7　收到来自Leader节点的心跳消息

测试要求：在 3 节点系统的节点 A、B 和 C 中，节点 A 启动后收到来自 Leader 节点 B 的心跳
消息，设置自己的 term 和 leaderId 以及回复 OK。

测试代码如下。

```
public class NodeImplTest {
    @Test
    public void testOnReceiveAppendEntriesRpcFollower() {
        NodeImpl node = (NodeImpl) newNodeBuilder(
                NodeId.of("A"),
                new NodeEndpoint("A", "localhost", 2333),
                new NodeEndpoint("B", "localhost", 2334),
                new NodeEndpoint("C", "localhost", 2335))
                .build();
        node.start();
        AppendEntriesRpc rpc = new AppendEntriesRpc();
        rpc.setTerm(1);
        rpc.setLeaderId(NodeId.of("B"));
```

```
        node.onReceiveAppendEntriesRpc(new AppendEntriesRpcMessage(rpc,
NodeId.of("B")));
        MockConnector connector = (MockConnector) node.getContext().
connector();
        AppendEntriesResult result = (AppendEntriesResult) connector.
getResult();
        Assert.assertEquals(1, result.getTerm());
        Assert.assertTrue(result.isSuccess());
        FollowerNodeRole role = (FollowerNodeRole) node.getRole();
        Assert.assertEquals(1, role.getTerm());
        Assert.assertEquals(NodeId.of("B"), role.getLeaderId());
    }
}
```

4.6.8　Leader节点收到其他节点的响应

测试要求：在3节点系统的节点 A、B 和 C 中，A 为 Leader 节点，向其他节点发送消息并收到回复。

测试代码如下。

```
class NodeImpl {
    @Test
    public void testOnReceiveAppendEntriesNormal() {
        NodeImpl node = (NodeImpl) newNodeBuilder(
                NodeId.of("A"),
                new NodeEndpoint("A", "localhost", 2333),
                new NodeEndpoint("B", "localhost", 2334),
                new NodeEndpoint("C", "localhost", 2335)
        ).build();
        node.start();
        node.electionTimeout(); // become candidate
        node.onReceiveRequestVoteResult(new RequestVoteResult(1, true));
// become leader
        node.replicateLog();
        node.onReceiveAppendEntriesResult(new AppendEntriesResultMessage(
                new AppendEntriesResult("", 1, true),
                NodeId.of("B"),
                new AppendEntriesRpc()
        ));
    }
}
```

至此，所有正常场景的测试都已完成。

4.7 本章小结

本章主要讲解了角色建模、定时器组件、消息建模、关联组件与工具、一致性（核心）组件等内容，逐步构建了选举部分的实现。构建完成后，使用单元测试保证代码的正确性。总体来说，选举是 Raft 比较核心的算法部分，而且涉及的周边组件很多，在完全实现前，需要花很多时间在构建周边组件上。

接下来将介绍 Raft 核心算法中另一部分重要的内容 —— 日志部分的实现。本章中省略的很多日志相关的内容也会在下一章进行补充。

第5章
日志实现

接着上一章的选举实现，本章将讲解日志部分的实现。作为Raft核心算法中另一个重要的部分，日志相比选举要独立、偏底层，并且基本没有依赖，所以实现时的灵活度很高。第2章给出了日志复制的基本过程，但是没有提到日志实现的要求，本章将按照如下顺序讲解日志组件。

（1）日志实现的要求。

（2）如何实现日志组件。

（3）日志组件如何和选举组件对接。

（4）测试。

全部完成后，Raft算法的核心部分基本定型，之后的章节将会在核心的基础上进行加强与扩展。

5.1　日志实现要求

　　和给出具体的处理逻辑的选举组件不同，首先，日志在分布式一致性算法中一直都是一个很重要的基础组件，不管是在与 Raft 算法作为对比对象的 Paxos 算法中，还是在 Paxos 变体算法中。当然，这些算法所要求的日志系统和一般的数据库 WAL（Write-Ahead Log），即只会追加日志的日志系统不同，在运行中写入的日志可能会因为冲突而被丢弃或者说被覆盖，这是实现时必须理解和考虑的一点。

　　其次，日志并不关心上层服务是什么。第 2 章提到设计目标之一是状态机的通用性。也就是说，日志存储的内容必须是与服务无关的。可以把服务的某个请求转换成一种通用的存储方式，比如转换成二进制存放起来。

　　最后，因为日志涉及文件 IO，存在性能优化的余地。但比起性能，要优先保证日志系统的正确性，在实现时请牢记这一点。

5.2　日志实现分析

　　在具体实现日志组件之前，需要深入分析一下 Raft 核心算法中的日志部分需要什么样的接口。同时，与实现紧密相关的日志条目的内容、日志存储的选型、日志条目的序列化和反序列化等也需要仔细考察。

5.2.1　日志条目的内容

　　到现在为止，提到的日志类型主要有以下两种。

　　（1）普通日志条目，即上层服务产生的日志，日志的负载是上层服务操作的内容。

　　（2）NO-OP 日志条目，即选举产生的新 Leader 节点增加的第一条空日志。不需要在上层服务的状态机中应用。

　　一个直接的区分不同类型日志的方法是，给日志条目设置日志类型（kind），这样之后读取时可以按照 kind 区分。如果上层服务可以自动跳过空日志，也可以把没有负载的普通日志条目作为 NO-OP 日志。不过之后会看到，服务器增减时的操作也需要作为特殊日志条目加入日志，所以建议还是回归简单的方法，即给日志条目增加类型字段。

　　上述类型和负载，加上 Raft 算法中的两个字段，term 和 index，日志条目总共需要 4 个字段。虽然 NO-OP 日志不需要负载字段，但是通用接口需要考虑合集，以下是日志条目 Entry 的接口。

```
public interface Entry {
    // 日志条目类型
    int KIND_NO_OP = 0;
```

```
        int KIND_GENERAL = 1;
        // 获取类型
        int getKind();
        // 获取索引
        int getIndex();
        // 获取 term
        int getTerm();
        // 获取元信息（kind，term 和 index）
        EntryMeta getMeta();
        // 获取日志负载
        byte[] getCommandBytes();
}
```

把日志条目设计为接口而不是数据类（data class 或者 POJO）的一个原因是，可以给 Entry 的 getCommandBytes 方法一定的灵活实现空间，比如将负载的序列化推迟到第一次被调用时才执行。

以 KIND 开头的常量为日志条目类型。getMeta 方法返回的是除了 commandBytes（即负载）以外的日志条目元信息。这个方法在部分场景中很有用，比如在选举开始发送的 RequestVote 消息中，只需要用最后一条日志的 term 和 index 来组装 RequestVote 消息，此时可以调用日志组件获取最后一条日志的元信息，避免访问日志的负载。

普通日志条目 GeneralEntry 的具体实现如下。

```
public class GeneralEntry extends AbstractEntry {
    private final byte[] commandBytes;
    // 构造函数
    public GeneralEntry(int index, int term, byte[] commandBytes) {
        super(KIND_GENERAL, index, term);
        this.commandBytes = commandBytes;
    }
    // 获取命令数据
    public byte[] getCommandBytes() {
        return this.commandBytes;
    }
    @Override
    public String toString() {
        return "GeneralEntry{" +
                "index=" + index +
                ", term=" + term +
                '}';
    }
}
```

在构造函数中，日志条目类型、日志索引和 term 被传递给父类 AbstractEntry，父类 AbstractEntry 抽象化了每条日志条目都有的基本信息。

106

GeneralEntry 相比父类只是多了负载的部分。考虑到简便性，此处 getCommandBytes 并没有延迟计算，父类 AbstractEntry 的代码如下。

```
abstract class AbstractEntry implements Entry {
    private final int kind;
    protected final int index;
    protected final int term;
    // 构造函数
    AbstractEntry(int kind, int index, int term) {
        this.kind = kind;
        this.index = index;
        this.term = term;
    }
    // 获取日志类型
    public int getKind() {
        return this.kind;
    }
    // 获取日志索引
    public int getIndex() {
        return index;
    }
    // 获取日志 term
    public int getTerm() {
        return term;
    }
    // 获取元信息
    public EntryMeta getMeta() {
        return new EntryMeta(kind, index, term);
    }
}
```

代码比较简单，AbstractEntry 管理日志元信息中的 kind、index 和 term 3 个字段。

另一种日志条目是空日志 NoOpEntry，它相比普通日志条目要简短很多，具体代码如下。

```
public class NoOpEntry extends AbstractEntry {
    // 构造函数
    public NoOpEntry(int index, int term) {
        super(KIND_NO_OP, index, term);
    }
    public byte[] getCommandBytes() {
        return new byte[0];
    }
    @Override
```

107

```
    public String toString() {
        return "NoOpEntry{" +
                "index=" + index +
                ", term=" + term +
                '}';
    }
}
```

除了日志条目类型是 KIND_NO_OP 之外，通过 getCommandBytes 方法返回的是负载数据为空的二进制数组。

以上是现阶段需要关注的主要日志条目类型，之后在服务器成员变更时还有其他类型的日志条目，具体会在服务器成员变更的章节中讲解。

5.2.2　日志存储的选型

使用什么介质存储日志是一个技术选型问题，5.1 节提到的日志实现要求中提到日志会被覆写，这是一个关键的信息。加上 Raft 算法中的稳定存储要求，可选的存储介质主要有以下几种。

（1）本地文件，使用 RandomAccessFile 随机访问。

（2）内嵌 KV 数据库，本地文件模式。

（3）内嵌 RDBMS 数据库，本地文件模式。

介质（2）和（3）其实比较相近，具体使用哪一种，依赖于团队或者个人的要求与选择。本书为了避免涉及具体内嵌数据库的 API，直接使用 RandomAccessFile 操作本地文件。虽然是直接操作文件，但实现时也考虑了使用索引文件等策略加快操作速度，理论上不会比内嵌数据库慢太多。

另外，不管使用哪种方法，Raft 算法的日志存储实现相对其他部分都要更复杂，建议在完全测试后和选举部分对接。当然那样会需要等比较长的时间，所以笔者采用了先实现基于内存的日志存储，然后实现基于文件的日志存储的方式。基于内存的日志一方面可以用于单元测试，另一方面也可用于在与选举部分对接后的集成测试。

5.2.3　日志条目的序列化

日志条目在具体写入文件之前，需要进行序列化操作。这里的序列化指的是把日志条目中的命令转换成二进制。在 Java 中可以直接操作 DataOutputStream，也可以使用序列化框架。由于之后 RPC 组件也需要序列化，所以本书采用 Protocol Buffer v3 作为序列化工具。之后在讲解上层服务时会给出 Protocol Buffer 的定义文件。

5.2.4　日志接口

日志具体需要哪些操作？如果要分析，可能需要自己从头到尾实现一遍才能知道，但那样就违背循序渐进实现的初衷了。作为参考，表 5-1 是笔者在实现时整理出来的现阶段需要的主要功能列表。

表 5-1　日志接口功能列表

方法	功能	场景
getLastEntryMeta	获取最后一条日志条目的 term、index 等信息	选取开始时、发送消息时（RequestVoteRpc）
createAppendEntriesRpc	创建日志复制消息	Leader 向 Follower 发送日志复制消息时
appendEntry	增加日志条目	上层服务操作或者当前节点成为 Leader 后的第一条 NO-OP 日志
appendEntriesFromLeader	追加从 Leader 服务器过来的日志条目序列	收到来自 Leader 服务器的日志复制请求时
advanceCommitIndex	推进 commitIndex	收到来自 Leader 服务器的日志复制请求时

以下是实际的日志接口代码，表 5-1 中的方法以粗体显示。

```java
public interface Log {
    int ALL_ENTRIES = -1;
    // 获取最后一条日志的元信息
    EntryMeta getLastEntryMeta();
    // 创建 AppendEntries 消息
    AppendEntriesRpc createAppendEntriesRpc(
                int term, NodeId selfId, int nextIndex, int maxEntries);
    // 获取下一条日志的索引
    int getNextIndex();
    // 获取当前的 commitIndex
    int getCommitIndex();
    // 判断对象的 lastLogIndex 和 lastLogTerm 是否比自己新
    boolean isNewerThan(int lastLogIndex, int lastLogTerm);
    // 增加一个 NO-OP 日志
    NoOpEntry appendEntry(int term);
    // 增加一条普通日志
    GeneralEntry appendEntry(int term, byte[] command);
    // 追加来自 Leader 的日志条目
    boolean appendEntriesFromLeader(int prevLogIndex, int prevLogTerm, List
<Entry> entries);
    // 推进 commitIndex
    void advanceCommitIndex(int newCommitIndex, int currentTerm);
    // void setStateMachine(StateMachine stateMachine);
    // 关闭
    void close();
}
```

上述代码中包含了表 5-1 中没有的方法，比如 getNextIndex 和 getCommitIndex，这两个方法是外部用来获取日志组件的 nextIndex 和当前 commitIndex 的。getNextIndex 在节点成为 Leader 服务器时使用，Leader 服务器需要重置 Follower 服务器的日志复制进度，此时所有 Follower 服务器的初始 nextLogIndex 都是当前服务器下一条日志的索引。

isNewerThan 很明显是用于日志比较的方法，更具体一些就是在收到 RequestVote 消息时，选择是否投票时使用的方法。使用 getLastEntryMeta 也能达到同样的目的，只是 isNewerThan 更直接。

close 方法用于安全关闭日志组件。注释掉的 setStateMachine 方法比较特殊，可以简单地理解为是上层服务提供的应用日志的回调接口。在 Raft 算法中更新日志的 commitIndex 会间接地更新 lastApplied，也就是应用上层服务写入日志时的那些操作。又由于更新 commitIndex 是在日志组件的内部，如果要通知上层服务应用日志中的操作，最简单的方法可能是让上层服务往日志组件里注册一个应用日志的操作回调接口。也可以在调用 advanceCommitIndex 方法的核心组件内回调上层服务应用命令的方法，但是那样也需要一个回调接口，所以本质其实是一致的。现阶段 setStateMachine 不是需要关注的内容，在之后讲解上层服务时会详细分析。

5.3　日志条目序列

如果直接实现日志接口，并不需要实现日志条目序列，因为两者是同样的东西。但是之后实现日志相关的优化，即 Raft 算法中提到的日志快照（snapshot）机制时，可能需要对 Log 实现进行很大的修改。假如现在提前做好日志组件的拆分，把序列相关的部分抽象出来，这样之后就可以更快地加入日志快照。

以下把日志组件中主要的操作对象，即日志条目序列，抽象为一个叫作 EntrySequence 的接口，这个接口的定义如下。

```java
public interface EntrySequence {
    // 判断是否为空
    boolean isEmpty();
    // 获取第一条日志的索引
    int getFirstLogIndex();
    // 获取最后一条日志的索引
    int getLastLogIndex();
    // 获取下一条日志的索引
    int getNextLogIndex();
    // 获取序列的子视图，到最后一条日志
    List<Entry> subList(int fromIndex);
    // 获取序列的子视图，指定范围，不包括 toIndex 所指向的日志
    List<Entry> subList(int fromIndex, int toIndex);
```

```
    // 检查某个日志条目是否存在
    boolean isEntryPresent(int index);
    // 获取某个日志条目的元信息
    EntryMeta getEntryMeta(int index);
    // 获取某个日志条目
    Entry getEntry(int index);
    // 获取最后一个日志条目
    Entry getLastEntry();
    // 追加日志条目
    void append(Entry entry);
    // 追加多条日志
    void append(List<Entry> entries);
    // 推进 commitIndex
    void commit(int index);
    // 获取当前 commitIndex
    int getCommitIndex();
    // 移除某个索引之后的日志条目
    void removeAfter(int index);
    // 关闭日志序列
    void close();
}
```

以上大部分方法都可以从名称上看出用途，但有一个不那么明显的方法是 subList，实际代码中 subList 方法主要用于构造 AppendEntries 消息时获取指定区间的日志条目。另一个方法是 removeAfter，主要用于在追加来自 Leader 节点的日志时出现日志冲突的情况下，移除现有日志。

接下来正式开始实现日志条目序列，日志条目序列主要有以下两个实现。

（1）基于内存的 MemoryEntrySequence。

（2）基于文件的 FileEntrySequence。

两者都继承同一个父类 AbstractEntrySequence，父类抽象了大部分和存储无关的方法。下面先从抽象实现开始，讲解日志条目序列的实现。

5.3.1　抽象实现AbstractEntrySequence

日志条目序列有以下两个索引。

（1）logIndexOffset，日志索引偏移。

（2）nextLogIndex，下一条日志的索引。

图 5-1 展示了索引之间的关系。

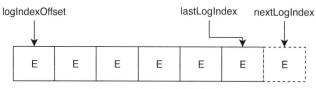

图 5-1 日志与索引的关系

日志索引偏移在当前的日志条目序列不是从 1 开始时，比如有日志快照时，现在暂时可以理解为这是第一条日志的索引，不管第一条日志是否存在。初始情况如下。

$$日志索引偏移 = 下一条日志的索引 = 1$$

从上面的等式可以推导出，当日志索引偏移等于下一条日志的索引时，当前日志条目序列为空。

基于上述分析，日志条目序列索引相关方法的实现如下。

```java
abstract class AbstractEntrySequence implements EntrySequence {
    int logIndexOffset;
    int nextLogIndex;
    // 构造函数，默认为空日志条目序列
    AbstractEntrySequence(int logIndexOffset) {
        this.logIndexOffset = logIndexOffset;
        this.nextLogIndex = logIndexOffset;
    }
    // 判断是否为空
    public boolean isEmpty() {
        return logIndexOffset == nextLogIndex;
    }
    // 获取第一条日志的索引，为空的话抛错
    public int getFirstLogIndex() {
        if (isEmpty()) {
            throw new EmptySequenceException();
        }
        return doGetFirstLogIndex();
    }
    // 获取日志索引偏移
    int doGetFirstLogIndex() {
        return logIndexOffset;
    }
    // 获取最后一条的索引，为空的话抛错
    public int getLastLogIndex() {
        if (isEmpty()) {
            throw new EmptySequenceException();
        }
```

```
        return doGetLastLogIndex();
    }
    // 获取最后一条日志的索引
    int doGetLastLogIndex() {
        return nextLogIndex - 1;
    }
    // 获取下一条日志的索引
    public int getNextLogIndex() {
        return nextLogIndex;
    }
    // 判断日志条目是否存在
    public boolean isEntryPresent(int index) {
        return !isEmpty() && index >= doGetFirstLogIndex() && index <=
doGetLastLogIndex();
    }
}
```

代码本身并不复杂,主要是区间和索引的判断。

接下来是随机获取日志条目相关方法的抽象实现,所有相关方法最终都委托到一个叫作 doGetEntry 的方法上。doGetEntry 方法的实现涉及从存储读取日志条目的逻辑,所以交给子类来实现。

```
abstract class AbstractEntrySequence implements EntrySequence {
    // 获取指定索引的日志条目
    public Entry getEntry(int index) {
        if (!isEntryPresent(index)) {
            return null;
        }
        return doGetEntry(index);
    }
    // 获取指定索引的日志条目元信息
    public EntryMeta getEntryMeta(int index) {
        Entry entry = getEntry(index);
        return entry != null ? entry.getMeta() : null;
    }
    // 获取最后一条日志条目
    public Entry getLastEntry() {
        return isEmpty() ? null : doGetEntry(doGetLastLogIndex());
    }
    // 获取指定索引的日志条目(抽象方法)
    protected abstract Entry doGetEntry(int index);
}
```

113

日志条目序列子视图的方法委托给一个叫作 doSubList 的方法，doSubList 同样需要访问存储中的日志条目。

```
abstract class AbstractEntrySequence implements EntrySequence {
    // 获取一个子视图，不指定结束索引
    public List<Entry> subList(int fromIndex) {
        if (isEmpty() || fromIndex > doGetLastLogIndex()) {
            return Collections.emptyList();
        }
        return subList(Math.max(fromIndex, doGetFirstLogIndex()),
nextLogIndex);
    }
    // 获取一个子视图，指定结束索引
    public List<Entry> subList(int fromIndex, int toIndex) {
        if (isEmpty()) {
            throw new EmptySequenceException();
        }
        // 检查索引
        if (fromIndex < doGetFirstLogIndex() ||
                toIndex > doGetLastLogIndex() + 1 ||
                fromIndex > toIndex) {
            throw new IllegalArgumentException(
                "illegal from index " + fromIndex + " or to index " +
toIndex);
        }
        return doSubList(fromIndex, toIndex);
    }
    // 获取一个子视图（抽象方法）
    protected abstract List<Entry> doSubList(int fromIndex, int toIndex);
}
```

剩下的方法分别委托给 doAppend 和 doRemoveAfter 方法，这两个方法都需要操作现有日志存储介质。

```
abstract class AbstractEntrySequence implements EntrySequence {
    // 追加多条日志
    public void append(List<Entry> entries) {
        for (Entry entry : entries) {
            append(entry);
        }
    }
    // 追加单条日志
    public void append(Entry entry) {
```

```
        // 保证新日志的索引是当前序列的下一条日志索引
        if (entry.getIndex() != nextLogIndex) {
            throw new IllegalArgumentException("entry index must be " +
nextLogIndex);
        }
        doAppend(entry);
        // 递增序列的日志索引
        nextLogIndex++;
    }
    // 追加日志（抽象方法）
    protected abstract void doAppend(Entry entry);
    // 移除指定索引后的日志条目
    public void removeAfter(int index) {
        if (isEmpty() || index >= doGetLastLogIndex()) {
            return;
        }
        doRemoveAfter(index);
    }
    // 移除指定索引后的日志条目（抽象方法）
    protected abstract void doRemoveAfter(int index);
}
```

设计日志条目序列需要考虑一个问题，日志的索引是类似于数据库表的自增列一样由序列自行管理，还是独立于序列每次生成。由于日志条目的抽象实现 AbstractEntry 中，日志的索引是一个必须在构造日志条目时决定的参数，因此不能使用自增列的方案。

本书实际使用的方案中并没有放宽日志条目的索引在构造时的限制，而是通过日志条目序列的 getNextLogIndex 提前获取下一条日志的索引，然后在 addEntry 方法中检查 Entry 的索引是否和当前 nextLogIndex 一致，如果不一致则抛异常（上面代码中的粗体部分）。这样既可以提前获取需要的日志条目索引，也可以保证实际加入的日志索引是连续的。同样的方法也可以处理来自 Leader 节点的新日志。因为新日志肯定是已经构建好的数据，无法简单地和自增列共存，所以通过检查后递增的方法可以有效保证数据的正确性。

5.3.2　基于内存的MemoryEntrySequence

在抽象实现的基础上，基于内存的具体实现类叫作 MemoryEntrySequence。基于内存的日志条目序列使用 ArrayList<Entry> 作为操作对象，而不使用链表 LinkedList 的主要原因是，EntrySequence 有一些方法需要随机访问日志序列，但是链表的随机访问性能比较低。

由于 MemoryEntrySequence 只需要操作内存中的列表，整体代码逻辑比较简单，具体实现如下。

```java
public class MemoryEntrySequence extends AbstractEntrySequence {
    private final List<Entry> entries = new ArrayList<>();
    private int commitIndex = 0;
    // 构造函数，日志索引偏移 1
    public MemoryEntrySequence() {
        this(1);
    }
    // 构造函数，指定日志索引偏移
    public MemoryEntrySequence(int logIndexOffset) {
        super(logIndexOffset);
    }
    // 获取子视图
    protected List<Entry> doSubList(int fromIndex, int toIndex) {
        return entries.subList(fromIndex - logIndexOffset, toIndex -
logIndexOffset);
    }
    // 按照索引获取日志条目
    protected Entry doGetEntry(int index) {
        return entries.get(index - logIndexOffset);
    }
    // 追加日志条目
    protected void doAppend(Entry entry) {
        entries.add(entry);
    }
    // 提交，检验由外层处理
    public void commit(int index) {
        commitIndex = index;
    }
    // 获取提交索引
    public int getCommitIndex() {
        return commitIndex;
    }
    // 移除指定索引后的日志条目
    protected void doRemoveAfter(int index) {
        if (index < doGetFirstLogIndex()) {
            entries.clear();
            nextLogIndex = logIndexOffset;
        } else {
            entries.subList(index - logIndexOffset + 1, entries.size()).
clear();
            nextLogIndex = index + 1;
        }
```

```
    }
    // 关闭
    public void close() {
    }
    @Override
    public String toString() {
        return "MemoryEntrySequence{" +
                "logIndexOffset=" + logIndexOffset +
                ", nextLogIndex=" + nextLogIndex +
                ", entries.size=" + entries.size() +
                '}';
    }
}
```

注意，对于 MemoryEntrySequence，日志条目追加时就等于提交了，所以 commit 方法不会对日志条目做更多的事情。同理，由于基于内存的实现，close 方法什么也不会做。

5.3.3　基于文件的FileEntrySequence

基于文件的实现要复杂一些，实现 FileEntrySequence 主要涉及三部分内容。

（1）日志条目文件 EntriesFile。

（2）日志条目索引文件 EntryIndexFile。

（3）等待写入的日志条目缓冲 pendEntries，类型为 LinkedList<Entry>。

日志条目文件是一个包含全部日志条目内容的二进制文件，文件按照顺序从第一条日志条目连续存放到最后一条。文件允许每条日志条目的长度不一样（普通日志的负载长度不固定）。这主要是由于 Raft 算法中日志的特性，对过去的日志只有从某个索引开始移除的操作，不存在修改中间单条日志的操作，所以不会改变已写入日志条目的长度。

日志条目索引文件同样是一个二进制文件，只包含日志条目的元信息，即 index、term、kind 命令和在 EntriesFile 中的数据偏移。假如把 EntriesFile 理解为一个数据库表文件，使用 RandomAccessFile 随机访问，那么 EntryIndexFile 就是数据库表的索引。可以通过索引间接找到某条日志条目的数据偏移，然后访问并获取数据。对于一些只需要知道日志条目元信息的操作，甚至不需要访问日志条目文件，直接通过日志条目索引文件即可。

对于未写入文件的日志条目，被放在一个叫作 pendingEntries 的链表中。此处使用链表而不是 ArrayList 的原因是，提交日志时会从 pendingEntries 的前面移除日志，此操作可能比较频繁，所以用链表比较合适。虽然随机访问仍然存在，但是一般来说只有小部分日志条目存放在 pendingEntries 中，性能损耗可控。

图 5-2 是 EntriesFile 的文件结构。

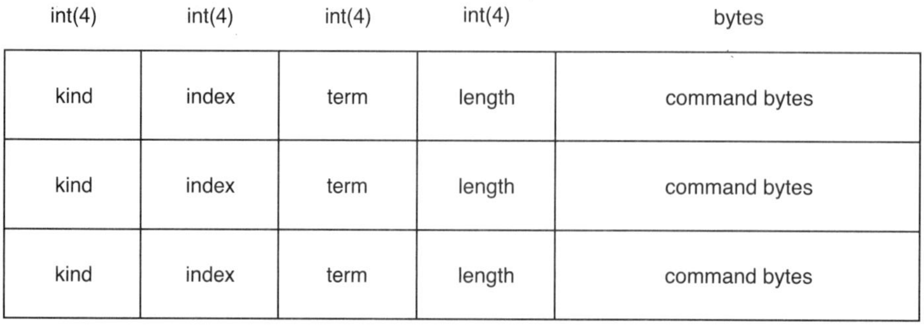

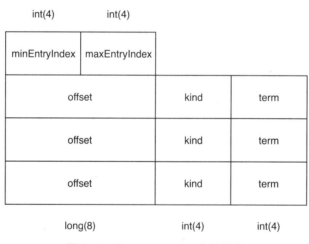

图 5-2 EntriesFile 文件结构

EntriesFile 按照记录行的方式组织文件。每一行记录的内容有日志条目类型（4 个字节）、日志索引（4 个字节）、日志 term（4 个字节）、命令长度（4 个字节）和具体命令内容（变长）。EntriesFile 没有文件头之类的结构，快速访问依赖日志条目索引文件 EntryIndexFile，图 5-3 是 EntryIndexFile 的文件结构。

图 5-3 EntryIndexFile 文件结构

以 EntryIndexFile 开头的是起始索引和结束索引。接下来就是日志条目的元信息，包括在 EntriesFile 中的位置偏移、日志类型和日志 term。日志索引不包括在内，因为日志索引可以计算出来。比如第一条日志条目元信息的索引为 minEntryIndex，之后一条为 minEntryIndex + 1，最后一条日志条目元信息的索引为 maxEntryIndex。

在没有任何日志时，EntriesFile 和 EntryIndexFile 两者均为空文件，没有任何内容。另外，EntryIndexFile 可以用 EntriesFile 重建，也就是说只要记录文件还在，索引就可以重建。

通过把日志序列分成两个文件，对应代码也可以分成两个类。同时，为了提高性能，日志索引可以从一开始就加载到内存中，而具体日志条目的负载在需要的时候通过索引快速定位到偏移位置并加载。

EntriesFile 和 EntryIndexFile 的实现都使用了 RandomAccessFile。为了更方便地测试，这里把

用到的 RandomAccessFile 方法抽象出来，设计了一个叫作 SeekableFile 的接口，SeekableFile 接口代码如下。

```
public interface SeekableFile {
    // 获取当前位置
    long position() throws IOException;
    // 移动到指定位置
    void seek(long position) throws IOException;
    // 写入整数
    void writeInt(int i) throws IOException;
    // 写入长整数
    void writeLong(long l) throws IOException;
    // 写入字节数组
    void write(byte[] b) throws IOException;
    // 读取整数
    int readInt() throws IOException;
    // 读取长整数
    long readLong() throws IOException;
    // 读取字节数组，返回读取的长度
    int read(byte[] b) throws IOException;
    // 获取文件大小
    long size() throws IOException;
    // 裁剪到指定大小
    void truncate(long size) throws IOException;
    // 获取从指定位置开始的输入流
    InputStream inputStream(long start) throws IOException;
    // 强制输出到磁盘
    void flush() throws IOException;
    // 关闭文件
    void close() throws IOException;
}
```

大部分方法和 RandomAccessFile 一样，部分方法有专门的用途。比如 truncate 用于在日志冲突时删除某个索引后的日志数据，inputStream 方法用于之后的日志快照。

有了这个接口，就可以设计一个像 ByteArrayInputStream 或 ByteArrayOutputStream 一样的基于内存的字节数组的实现。涉及文件的测试一般都比较麻烦，通过加入一个间接层可以解决部分问题。

测试用的 SeekableFile 实现会在之后的测试部分中给出，以下是实际运行时使用的基于 RandomAccessFile 的实现，基本上 SeekableFile 接口的每个方法都直接与 RandomAccessFile 的某个方法对应。

```
public class RandomAccessFileAdapter implements SeekableFile {
    private final File file;
```

```java
    private final RandomAccessFile randomAccessFile;
    // 构造函数
    public RandomAccessFileAdapter(File file) throws FileNotFoundException {
        this(file, "rw");
    }
    // 构造函数，指定模式
    public RandomAccessFileAdapter(File file, String mode) throws
FileNotFoundException {
        this.file = file;
        randomAccessFile = new RandomAccessFile(file, mode);
    }
    // 定位
    public void seek(long position) throws IOException {
        randomAccessFile.seek(position);
    }
    // 写入整数
    public void writeInt(int i) throws IOException {
        randomAccessFile.writeInt(i);
    }
    // 写入长整数
    public void writeLong(long l) throws IOException {
        randomAccessFile.writeLong(l);
    }
    // 写入字节数据
    public void write(byte[] b) throws IOException {
        randomAccessFile.write(b);
    }
    // 读取整数
    public int readInt() throws IOException {
        return randomAccessFile.readInt();
    }
    // 读取长整数
    public long readLong() throws IOException {
        return randomAccessFile.readLong();
    }
    // 读取字节数据，返回读取的字节数
    public int read(byte[] b) throws IOException {
        return randomAccessFile.read(b);
    }
    // 获取文件大小
    public long size() throws IOException {
        return randomAccessFile.length();
```

```
    }
    // 裁剪文件大小
    public void truncate(long size) throws IOException {
        randomAccessFile.setLength(size);
    }
    // 获取从某个位置开始的输入流
    public InputStream inputStream(long start) throws IOException {
        FileInputStream input = new FileInputStream(file);
        if (start > 0) { input.skip(start); }
        return input;
    }
    // 获取当前位置
    public long position() throws IOException {
        return randomAccessFile.getFilePointer();
    }
    // 刷新
    public void flush() throws IOException {
    }
    // 关闭文件
    public void close() throws IOException {
        randomAccessFile.close();
    }
}
```

接下来是基于 SeekableFile 的 EntriesFile 的具体实现，EntriesFile 本身只支持以下几个方法。

（1）追加日志条目。

（2）加载指定位置偏移的日志条目。

（3）获取文件大小。

（4）裁剪文件大小，包括清空，主要用于日志的 removeAfter 操作。

以下是具体代码。

```
public class EntriesFile {
    private final SeekableFile seekableFile;
    // 构造函数，普通文件
    public EntriesFile(File file) throws FileNotFoundException {
        this(new RandomAccessFileAdapter(file));
    }
    // 构造函数，SeekableFile
    public EntriesFile(SeekableFile seekableFile) {
        this.seekableFile = seekableFile;
    }
    // 追加日志条目
```

```java
public long appendEntry(Entry entry) throws IOException {
    long offset = seekableFile.size();
    seekableFile.seek(offset);
    seekableFile.writeInt(entry.getKind());
    seekableFile.writeInt(entry.getIndex());
    seekableFile.writeInt(entry.getTerm());
    byte[] commandBytes = entry.getCommandBytes();
    seekableFile.writeInt(commandBytes.length);
    seekableFile.write(commandBytes);
    return offset;
}
// 从指定偏移加载日志条目
public Entry loadEntry(long offset, EntryFactory factory) throws
IOException {
    if (offset > seekableFile.size()) {
        throw new IllegalArgumentException("offset > size");
    }
    seekableFile.seek(offset);
    int kind = seekableFile.readInt();
    int index = seekableFile.readInt();
    int term = seekableFile.readInt();
    int length = seekableFile.readInt();
    byte[] bytes = new byte[length];
    seekableFile.read(bytes);
    return factory.create(kind, index, term, bytes);
}
// 获取大小
public long size() throws IOException {
    return seekableFile.size();
}
// 清除所有内容
public void clear() throws IOException {
    truncate(0L);
}
// 裁剪到指定大小, 偏移由调用者提供
public void truncate(long offset) throws IOException {
    seekableFile.truncate(offset);
}
// 关闭文件
public void close() throws IOException {
    seekableFile.close();
}
}
```

EntriesFile 在初始化时不会读取文件内容，换句话说，EntriesFile 是按需读取的。

在追加日志条目的操作 appendEntry 中，先定位到文件末尾，然后按照 kind、index、term 命令长度等负载内容的顺序写入文件。

在加载操作 loadEntry 中，定位到有效的位置偏移后，按照顺序读取日志条目内容，并交给 EntryFactory 实例化日志条目。

EntryFactory 代码比较简单，就是一个普通的 Factory 实现，根据输入的参数构造对应的日志条目 Entry 的实例。

```java
public class EntryFactory {
    public Entry create(int kind, int index, int term, byte[] commandBytes) {
        switch (kind) {
            case Entry.KIND_NO_OP:
                return new NoOpEntry(index, term);
            case Entry.KIND_GENERAL:
                return new GeneralEntry(index, term, commandBytes);
            default:
                throw new IllegalArgumentException("unexpected entry
kind " + kind);
        }
    }
}
```

至此，EntriesFile 的介绍结束。

与 EntriesFile 相比，EntryIndexFile 要复杂一些，先是初始化和加载的部分。

```java
public class EntryIndexFile implements Iterable<EntryIndexItem> {
    // 最大条目索引的偏移
    private static final long OFFSET_MAX_ENTRY_INDEX = Integer.BYTES;
    // 单条日志条目元信息的长度
    private static final int LENGTH_ENTRY_INDEX_ITEM = 16;

    private final SeekableFile seekableFile;
    private int entryIndexCount; // 日志条目数
    private int minEntryIndex; // 最小日志索引
    private int maxEntryIndex; // 最大日志索引
    private Map<Integer, EntryIndexItem> entryIndexMap = new HashMap<>();
    // 构造函数，普通文件
    public EntryIndexFile(File file) throws IOException {
        this(new RandomAccessFileAdapter(file));
    }
    // 构造函数，SeekableFile
    public EntryIndexFile(SeekableFile seekableFile) throws IOException {
        this.seekableFile = seekableFile;
```

```
        load();
    }
    // 加载所有日志元信息
    private void load() throws IOException {
        if (seekableFile.size() == 0L) {
            entryIndexCount = 0;
            return;
        }
        minEntryIndex = seekableFile.readInt();
        maxEntryIndex = seekableFile.readInt();
        updateEntryIndexCount();
        // 逐条加载
        long offset;
        int kind;
        int term;
        for (int i = minEntryIndex; i <= maxEntryIndex; i++) {
            offset = seekableFile.readLong();
            kind = seekableFile.readInt();
            term = seekableFile.readInt();
            entryIndexMap.put(i, new EntryIndexItem(i, offset, kind, term));
        }
    }
    // 更新日志条目数量
    private void updateEntryIndexCount() {
        entryIndexCount = maxEntryIndex - minEntryIndex + 1;
    }
}
```

加载主要在 load 方法中。对于空文件，设置 entryIndexCount 为 0 并结束。和日志条目序列抽象实现 AbstractEntrySequence 不同，日志条目元信息文件 EntryIndexFile 判断内容是否为空时并不使用 minEntryIndex 和 maxEntryIndex，因为此时最小和最大索引没有意义，单独设置一个条目数直接判断可能更好。entryIndexCount 用于在日志条目遍历时进行简单的修改检验。

如果文件不为空，按照之前介绍的结构读取文件，日志条目元信息被放在一个叫作 EntryIndexItem 的类中。

追加日志条目元信息的代码如下。

```
public void appendEntryIndex(int index, long offset, int kind, int term)
throws IOException {
    if (seekableFile.size() == 0L) {
        // 如果文件为空，则写入 minEntryIndex
        seekableFile.writeInt(index);
        minEntryIndex = index;
```

```
        } else {
            // 索引检查
            if (index != maxEntryIndex + 1) {
                throw new IllegalArgumentException(
                    "index must be " + (maxEntryIndex + 1) + ", but was " + index);
            }
            seekableFile.seek(OFFSET_MAX_ENTRY_INDEX); // 跳过 minEntryIndex
        }
        // 写入 maxEntryIndex
        seekableFile.writeInt(index);
        maxEntryIndex = index;
        updateEntryIndexCount();
        // 移动到文件最后
        seekableFile.seek(getOffsetOfEntryIndexItem(index));
        seekableFile.writeLong(offset);
        seekableFile.writeInt(kind);
        seekableFile.writeInt(term);
        entryIndexMap.put(index, new EntryIndexItem(index, offset, kind, term));
    }
    // 获取指定索引的日志的偏移
    private long getOffsetOfEntryIndexItem(int index) {
        return (index - minEntryIndex) * LENGTH_ENTRY_INDEX_ITEM + Integer.
BYTES * 2;
    }
```

方法要处理文件为空和已有条目的情况。文件为空或者说 entryIndexCount 为 0 时，使用当前的日志索引作为 minEntryIndex 和 maxEntryIndex，然后从文件末尾追加数据，追加完成后更新自身的缓存。

appendEntry 只允许顺序追加，这是 Raft 算法中的日志操作的特点。

最后是针对日志 removeAfter 操作的移除元信息的代码，如下所示。

```
    // 清除全部
    public void clear() throws IOException {
        seekableFile.truncate(0L);
        entryIndexCount = 0;
        entryIndexMap.clear();
    }
    // 移除某个索引之后的数据
    public void removeAfter(int newMaxEntryIndex) throws IOException {
        // 判断是否为空
        if (isEmpty() || newMaxEntryIndex >= maxEntryIndex) {
            return;
        }
```

```
    // 判断新的 maxEntryIndex 是否比 minEntryIndex 小
    // 如果是则全部移除
    if (newMaxEntryIndex < minEntryIndex) {
        clear();
        return;
    }
    // 修改 maxEntryIndex
    seekableFile.seek(OFFSET_MAX_ENTRY_INDEX);
    seekableFile.writeInt(newMaxEntryIndex);
    // 裁剪文件
    seekableFile.truncate(getOffsetOfEntryIndexItem(newMaxEntryIndex + 1));
    // 移除缓存中的元信息
    for (int i = newMaxEntryIndex + 1; i <= maxEntryIndex; i++) {
        entryIndexMap.remove(i);
    }
    maxEntryIndex = newMaxEntryIndex;
    entryIndexCount = newMaxEntryIndex - minEntryIndex + 1;
}
```

clear 操作比较简单，直接删除所有数据。removeAfter 操作需要裁剪文件，删除部分缓存等。

除了以上操作之外，EntryIndexFile 还实现了 Iteratable<EntryIndexItem> 接口，从外部可以直接遍历 EntryIndexFile 中所有的日志条目元信息。

```
public Iterator<EntryIndexItem> iterator() {
    // 索引是否为空
    if (isEmpty()) {
        return Collections.emptyIterator();
    }
    return new EntryIndexIterator(entryIndexCount, minEntryIndex);
}

private class EntryIndexIterator implements Iterator<EntryIndexItem> {
    private final int entryIndexCount; // 条目总数
    private int currentEntryIndex; // 当前索引
    // 构造函数
    EntryIndexIterator(int entryIndexCount, int minEntryIndex) {
        this.entryIndexCount = entryIndexCount;
        this.currentEntryIndex = minEntryIndex;
    }
    // 是否存在下一条
    public boolean hasNext() {
        checkModification();
        return currentEntryIndex <= maxEntryIndex;
```

```
    }
    // 检查是否修改
    private void checkModification() {
        if (this.entryIndexCount != EntryIndexFile.this.entryIndexCount) {
            throw new IllegalStateException("entry index count changed");
        }
    }
    // 获取下一条
    public EntryIndexItem next() {
        checkModification();
        return entryIndexMap.get(currentEntryIndex++);
    }
}
```

　　EntriesFile、EntryIndexFile 再加上日志条目缓冲 pendingEntries，构成了 FileEntrySequence，以下是 FileEntrySequence 初始化时的代码。

```
public class FileEntrySequence extends AbstractEntrySequence {
    private final EntryFactory entryFactory = new EntryFactory();
    private final EntriesFile entriesFile;
    private final EntryIndexFile entryIndexFile;
    private final LinkedList<Entry> pendingEntries = new LinkedList<>();
    // Raft 算法中定义初始 commitIndex 为 0，和日志是否持久化无关
    private int commitIndex = 0;
    // 构造函数，指定目录
    public FileEntrySequence(LogDir logDir, int logIndexOffset) {
        // 默认 logIndexOffset 由外部决定
        super(logIndexOffset);
        try {
            this.entriesFile = new EntriesFile(logDir.getEntriesFile());
            this.entryIndexFile = new EntryIndexFile(logDir.
getEntryOffsetIndexFile());
            initialize();
        } catch (IOException e) {
            throw new LogException("failed to open entries file or entry
index file", e);
        }
    }
    // 构造函数，指定文件
    public FileEntrySequence(EntriesFile entriesFile,
                        EntryIndexFile entryIndexFile, int logIndexOffset) {
        // 默认 logIndexOffset 由外部决定
        super(logIndexOffset);
```

```
            this.entriesFile = entriesFile;
            this.entryIndexFile = entryIndexFile;
            initialize();
    }
    // 初始化
    private void initialize() {
        if (entryIndexFile.isEmpty()) {
            return;
        }
        // 使用日志索引文件的 minEntryIndex 作为 logIndexOffset
        logIndexOffset = entryIndexFile.getMinEntryIndex();
        // 使用日志索引文件的 maxEntryIndex 加 1 作为 nextLogOffset
        nextLogIndex = entryIndexFile.getMaxEntryIndex() + 1;
    }
    // 获取 commitIndex
    public int getCommitIndex() {
        return commitIndex;
    }
}
```

初始化过程中，EntryIndexFile 的最小日志索引和最大日志索引分别用来计算抽象父类的 logIndexOffset 和 nextLogIndex。日志为空时，logIndexOffset 由构造函数的参数指定。

第一个构造函数中的 LogDir 是一个抽象化的获取指定文件地址的接口，单独设计接口是为了避免直接在 FileEntrySequence 中硬编码文件名，LogDir 接口如下。

```
public interface LogDir {
    // 初始化目录
    void initialize();
    // 是否存在
    boolean exists();
    // 获取 EntriesFile 对应的文件
    File getEntriesFile();
    // 获取 EntryIndexFile 对应的文件
    File getEntryOffsetIndexFile();
    // 获取目录
    File get();
    // 重命名目录
    boolean renameTo(LogDir logDir);
}
```

LogDir 的实现很简单，只是一个 java.io.File 加上预设文件名的封装，在之后日志快照的部分会详细介绍。

FileEntrySequence 中用于获取日志条目或者日志条目视图的代码如下。

```java
    protected List<Entry> doSubList(int fromIndex, int toIndex) {
        // 结果分为来自文件的与来自缓冲的两部分
        List<Entry> result = new ArrayList<>();
        // 从文件中获取日志条目
        if (!entryIndexFile.isEmpty() && fromIndex <= entryIndexFile.
getMaxEntryIndex()) {
            int maxIndex = Math.min(entryIndexFile.getMaxEntryIndex() + 1,
toIndex);
            for (int i = fromIndex; i < maxIndex; i++) {
                result.add(getEntryInFile(i));
            }
        }
        // 从日志缓冲中获取日志条目
        if (!pendingEntries.isEmpty() && toIndex > pendingEntries.getFirst().
getIndex()) {
            Iterator<Entry> iterator = pendingEntries.iterator();
            Entry entry;
            int index;
            while (iterator.hasNext()) {
                entry = iterator.next();
                index = entry.getIndex();
                if (index >= toIndex) {
                    break;
                }
                if (index >= fromIndex) {
                    result.add(entry);
                }
            }
        }
        return result;
    }
    // 获取指定位置的日志条目
    protected Entry doGetEntry(int index) {
        if (!pendingEntries.isEmpty()) {
            int firstPendingEntryIndex = pendingEntries.getFirst().getIndex();
            if (index >= firstPendingEntryIndex) {
                return pendingEntries.get(index - firstPendingEntryIndex);
            }
        }
        assert !entryIndexFile.isEmpty();
        return getEntryInFile(index);
    }
    // 获取日志元信息
```

```
    public EntryMeta getEntryMeta(int index) {
        if (!isEntryPresent(index)) {
            return null;
        }
        if (!pendingEntries.isEmpty()) {
            int firstPendingEntryIndex = pendingEntries.getFirst().getIndex();
            if (index >= firstPendingEntryIndex) {
                return pendingEntries.get(index - firstPendingEntryIndex).
getMeta();
            }
        }
        return entryIndexFile.get(index).toEntryMeta();
    }
    // 按照索引获取文件中的日志条目
    private Entry getEntryInFile(int index) {
        long offset = entryIndexFile.getOffset(index);
        try {
            return entriesFile.loadEntry(offset, entryFactory);
        } catch (IOException e) {
            throw new LogException("failed to load entry " + index, e);
        }
    }
    // 获取最后一条日志
    public Entry getLastEntry() {
        if (isEmpty()) {
            return null;
        }
        if (!pendingEntries.isEmpty()) {
            return pendingEntries.getLast();
        }
        assert !entryIndexFile.isEmpty();
        return getEntryInFile(entryIndexFile.getMaxEntryIndex());
    }
```

基本上所有操作都要同时考虑日志文件和日志缓冲。如果想要获取最终文件中的日志条目，需要调用 getEntryInFile，通过 EntriesFile 获取指定索引的日志条目。如果想要获取缓冲中的日志条目，则通过链表 pendingEntries 的 get 方法内部遍历获取。

FileEntrySequence 中追加日志条目和 removeAfter 操作的代码如下。其中追加操作比较简单，就是将日志条目追加到日志缓冲中。

```
    // 追加日志条目
    protected void doAppend(Entry entry) {
        pendingEntries.add(entry);
```

```
    }
    // 移除指定索引之后的日志条目
    protected void doRemoveAfter(int index) {
        // 只需要移除缓冲中的日志
        if (!pendingEntries.isEmpty() && index >= pendingEntries.getFirst().
getIndex() - 1) {
            // 移除指定数量的日志条目
            // 循环方向是从小到大，但是移除是从后往前
            // 最终移除指定数量的日志条目
            for (int i = index + 1; i <= doGetLastLogIndex(); i++) {
                pendingEntries.removeLast();
            }
            nextLogIndex = index + 1;
            return;
        }
        try {
            if (index >= doGetFirstLogIndex()) {
                // 索引比日志缓冲中的第一条日志小
                pendingEntries.clear();
                entriesFile.truncate(entryIndexFile.getOffset(index + 1));
                entryIndexFile.removeAfter(index);
                nextLogIndex = index + 1;
                commitIndex = index;
            } else {
                // 如果索引比第一条日志的索引都小，则清除所有数据
                pendingEntries.clear();
                entriesFile.clear();
                entryIndexFile.clear();
                nextLogIndex = logIndexOffset;
                commitIndex = logIndexOffset - 1;
            }
        } catch (IOException e) {
            throw new LogException(e);
        }
    }
```

doRemoveAfter 方法中，需要判断移除的日志索引是否在日志缓冲中。如果在，那么就只需要从后往前移除日志缓冲中的部分日志即可，否则需要整体清除日志缓冲，文件需要裁剪。

最后展示一下 commit 操作的代码。

```
public void commit(int index) {
    // 检查 commitIndex
    if (index < commitIndex) {
```

```
            throw new IllegalArgumentException("commit index < " + commitIndex);
        }
        if (index == commitIndex) {
            return;
        }
        // 如果 commitIndex 在文件内，则只更新 commitIndex
        if (!entryIndexFile.isEmpty() && index <= entryIndexFile.
getMaxEntryIndex()) {
            commitIndex = index;
            return;
        }
        // 检查 commitIndex 是否在日志缓冲的区间内
        if (pendingEntries.isEmpty() ||
                pendingEntries.getFirst().getIndex() > index ||
                pendingEntries.getLast().getIndex() < index) {
            throw new IllegalArgumentException("no entry to commit or commit
index exceed");
        }
        long offset;
        Entry entry = null;
        try {
            for (int i = pendingEntries.getFirst().getIndex(); i <= index; i++) {
                entry = pendingEntries.removeFirst();
                offset = entriesFile.appendEntry(entry);
                entryIndexFile.appendEntryIndex(i, offset, entry.getKind(),
entry.getTerm());
                commitIndex = i;
            }
        } catch (IOException e) {
            throw new LogException("failed to commit entry " + entry, e);
        }
    }
```

    commit 操作的主要目的是，把日志缓冲中的日志条目写入日志文件和日志条目索引中。不过由于 Raft 算法的特性，启动时把 commitIndex 设定为 0，理论上有可能新的 commitIndex 仍在文件中。比如集群中的 Follower 节点突然重启，假设重启的这段时间内没有新日志，Follower 节点收到来自 Leader 节点的心跳消息并更新自己的 commitIndex，很明显此时的 commitIndex 仍在文件中。对于 commit 方法来说，此时只需要更新 commitIndex 即可。

    一般情况下，新的 commitIndex 在日志缓冲中，commit 方法需要逐个把日志条目写入文件，并设置新的 commitIndex。

5.4　日志实现

日志条目序列实现之后，接下来考虑如何和日志接口对接。和日志条目序列一样，日志实现分为基于内存的 MemoryLog 和基于文件的 FileLog 两个类，这两个类拥有同一个父类 AbstractLog。

父类 AbstractLog 负责把 EntrySequence 接口和 Log 的大部分接口方法对接起来。理论上只要有 EntrySequence 即可完整实现 Log 接口，但实际上根据存储部分的具体逻辑（如基于文件、基于内存），需要做特殊处理，比如初始化和之后会讲解的日志快照。

对使用者来说，Log 接口的实现只需要知道 MemoryLog 和 FileLog 即可。MemoryLog 所对应的日志条目序列 MemoryEntrySequence，以及 FileLog 对应的 FileEntrySequence 作为内部实现并不公开。

日志实现主要集中在 AbstractLog 内，部分特化的逻辑将在之后讲解。

5.4.1　抽象实现AbstractLog

AbstractLog 没有设置构造函数，也就是只有默认的构造函数。AbstractLog 所依赖的日志条目序列 EntrySequence 虽然可以作为必要参数通过构造函数传入，但是子类在构造日志条目序列时需要的步骤比较多，所以这里放松了要求，允许子类在构造函数中构造日志条目序列，而不是通过父类的构造函数传入。

下面的代码用于构造 RequestVote 消息内容和 AppendEntries 消息的接口实现。

```
abstract class AbstractLog implements Log {
    private static final Logger logger = LoggerFactory.getLogger(AbstractLog.
class);
    protected EntrySequence entrySequence;
    // 获取最后一条日志的元信息
    public EntryMeta getLastEntryMeta() {
        if (entrySequence.isEmpty()) {
            return new EntryMeta(Entry.KIND_NO_OP, 0, 0);
        }
        return entrySequence.getLastEntry().getMeta();
    }
    // 创建 AppendEntries 消息
    public AppendEntriesRpc createAppendEntriesRpc(int term, NodeId selfId,
                                        int nextIndex, int maxEntries) {
        // 检查 nextIndex
        int nextLogIndex = entrySequence.getNextLogIndex();
        if (nextIndex > nextLogIndex) {
            throw new IllegalArgumentException("illegal next index " +
nextIndex);
```

```
        }
        AppendEntriesRpc rpc = new AppendEntriesRpc();
        rpc.setTerm(term);
        rpc.setLeaderId(selfId);
        rpc.setLeaderCommit(commitIndex);
        // 设置前一条日志的元信息，有可能不存在
        Entry entry = entrySequence.getEntry(nextIndex - 1);
        if(entry != null) {
            rpc.setPrevLogIndex(entry.getIndex());
            rpc.setPrevLogTerm(entry.getTerm());
        }
        // 设置 entries
        if (!entrySequence.isEmpty()) {
            int maxIndex = (maxEntries == ALL_ENTRIES ?
                nextLogIndex : Math.min(nextLogIndex, nextIndex + maxEntries));
            rpc.setEntries(entrySequence.subList(nextIndex, maxIndex));
        }
        return rpc;
    }
}
```

RequestVote 消息只需要获取最后一条日志的元信息即可。对于空日志，返回一个空日志条目，索引和 term 都为 0（此处也可以返回一个 null 提示日志为空，但是上层代码需要检查）。

由于 AppendEntries 消息涉及的日志数据比较多，比如前一条日志、字段 entries 的多条日志，之后还会涉及日志快照，所以整体选择在 Log 中构建。

方法参数 maxEntries 表示最大读取的日志条数。Raft 算法中没有提及 AppendEntries 消息中日志条目的数量，但是假如传输全部日志条目，有可能会导致网络拥堵。为了限制日志条目数量，本书增加了 maxEntries 参数。maxEntries 默认为 -1，表示传输从 nextLog 到最后的全部日志条目。

以下是用于 RequestVote 中投票检查的 isNewerThan 方法。按照 Raft 算法的要求，取出最后一条日志条目的元信息，先判断 term 再判断索引。

```
public boolean isNewerThan(int lastLogIndex, int lastLogTerm) {
    EntryMeta lastEntryMeta = getLastEntryMeta();
    logger.debug("last entry ({}, {}), candidate ({}, {})",
                lastEntryMeta.getIndex(), lastEntryMeta.getTerm(),
lastLogIndex, lastLogTerm);
    return lastEntryMeta.getTerm() > lastLogTerm || lastEntryMeta.
getIndex() > lastLogIndex;
}
```

追加日志条目的 appendEntry 方法实现如下。

```
    // 追加 NO-OP 日志
    public NoOpEntry appendEntry(int term) {
        NoOpEntry entry = new NoOpEntry(entrySequence.getNextLogIndex(),
term);
        entrySequence.append(entry);
        return entry;
    }
    // 追加一般日志
    public GeneralEntry appendEntry(int term, byte[] command) {
        GeneralEntry entry = new GeneralEntry(entrySequence.
getNextLogIndex(), term, command);
        entrySequence.append(entry);
        return entry;
    }
```

两个 appendEntry 代码类似，都是先从 EntrySequence 获取下一条日志的索引，然后追加并返回，之前日志条目序列的部分中有提到这么做的原因。

AbstractLog 中最复杂的应该是 appendEntriesFromLeader 方法。从名称上看，这个方法仅追加日志条目，但实际上在追加之前还需要移除不一致的日志条目。移除时从最后一条匹配的日志条目开始，之后所有冲突的日志条目都会被移除。理论上移除冲突日志的情况很少发生，但是发生时是否能正确处理很重要，建议编写足够的测试来保证处理的正确性。

```
    public boolean appendEntriesFromLeader(int prevLogIndex, int prevLogTerm,
                                    List<Entry> leaderEntries) {
        // 检查前一条日志是否匹配
        if (!checkIfPreviousLogMatches(prevLogIndex, prevLogTerm)) {
            return false;
        }
        // Leader 节点传递过来的日志条目为空
        if (leaderEntries.isEmpty()) {
            return true;
        }
        // 移除冲突的日志条目并返回接下来要追加的日志条目（如果还有的话）
        EntrySequenceView newEntries =
                    removeUnmatchedLog(new EntrySequenceView(leaderEntries));
        // 仅追加日志
        appendEntriesFromLeader(newEntries);
        return true;
    }
```

appendEntriesFromLeader 先检查从 Leader 节点过来的 prevLogIndex 和 prevLogTerm 是否匹配本地日志。如果不匹配，则返回 false，即追加失败。

参数中的 prevLogIndex 不一定对应最后一条日志，Leader 节点会从后往前找到第一个匹配的日志，所以此处需要随机访问 EntrySequence 来获取日志条目的元信息。

```java
private boolean checkIfPreviousLogMatches(int prevLogIndex, int prevLogTerm) {
    // 检查指定索引的日志条目
    EntryMeta meta = entrySequence.getEntryMeta(prevLogIndex);
    // 日志不存在
    if (meta == null) {
        logger.debug("previous log {} not found", prevLogIndex);
        return false;
    }
    int term = meta.getTerm();
    if (term != prevLogTerm) {
        logger.debug("different term of previous log, local {}, remote {}", term, prevLogTerm);
        return false;
    }
    return true;
}
```

检查结果如果是匹配，则判断 leaderEntries 是否为空。如果为空，则有可能是来自 Leader 节点的心跳信息，或者日志同步完毕，不管是哪一种，都不需要进一步操作，直接返回结果 true。

接下来按照先移除后追加的方式操作日志。EntrySequenceView 是一个方便操作的类，提供了类似于 EntrySequence 的按照日志索引获取、根据子视图检查等实用功能，用来代替直接操作 Entry 数组，EntrySequenceView 的具体实现如下。

```java
private static class EntrySequenceView implements Iterable<Entry> {
    private final List<Entry> entries;
    private int firstLogIndex = -1;
    private int lastLogIndex = -1;
    // 构造函数
    EntrySequenceView(List<Entry> entries) {
        this.entries = entries;
        if (!entries.isEmpty()) {
            firstLogIndex = entries.get(0).getIndex();
            lastLogIndex = entries.get(entries.size() - 1).getIndex();
        }
    }
    // 获取指定位置的日志条目
    Entry get(int index) {
        if (entries.isEmpty() || index < firstLogIndex || index > lastLogIndex) {
            return null;
```

```
        }
        return entries.get(index - firstLogIndex);
    }
    // 判断是否为空
    boolean isEmpty() {
        return entries.isEmpty();
    }
    // 获取第一条记录的索引，此处没有非空校验
    int getFirstLogIndex() {
        return firstLogIndex;
    }
    // 获取最后一条记录的索引，此处没有非空校验
    int getLastLogIndex() {
        return lastLogIndex;
    }
    // 获取子视图
    EntrySequenceView subView(int fromIndex) {
        if (entries.isEmpty() || fromIndex > lastLogIndex) {
            return new EntrySequenceView(Collections.emptyList());
        }
        return new EntrySequenceView(
                entries.subList(fromIndex - firstLogIndex, entries.size())
        );
    }
    // 遍历用
    @Override
    @Nonnull
    public Iterator<Entry> iterator() {
        return entries.iterator();
    }
}
```

比起操作原来数组的 index，EntrySequenceView 可以直接传入日志条目的索引操作，这也是使用 EntrySequenceView 的主要目的。

移除不一致的操作 removeUnmatchedLog，先尝试找到第一个不一致的日志条目，然后按移除之后的日志条目的方式执行，具体代码如下。

```
private EntrySequenceView removeUnmatchedLog(EntrySequenceView leaderEntries) {
    // Leader 节点过来的 entries 不应该为空
    assert !leaderEntries.isEmpty();
    // 找到第一个不匹配的日志索引
    int firstUnmatched = findFirstUnmatchedLog(leaderEntries);
    // 没有不匹配的日志
```

```
    if(firstUnmatched < 0) {
        return new EntrySequenceView(Collections.emptyList());
    }
    // 移除不匹配的日志索引开始的所有日志
    removeEntriesAfter(firstUnmatched - 1);
    // 返回之后追加的日志条目
    return leaderEntries.subView(firstUnmatched);
}
// 查找第一条不匹配的日志
private int findFirstUnmatchedLog(EntrySequenceView leaderEntries) {
    int logIndex;
    EntryMeta followerEntryMeta;
    // 从前往后遍历 leaderEntries
    for (Entry leaderEntry : leaderEntries) {
        logIndex = leaderEntry.getIndex();
        // 按照索引查找日志条目元信息
        followerEntryMeta = entrySequence.getEntryMeta(logIndex);
        // 日志不存在或者 term 不一致
        if (followerEntryMeta == null || followerEntryMeta.getTerm() !=
leaderEntry.getTerm()) {
            return logIndex;
        }
    }
    // 否则没有不一致的日志条目
    return -1;
}
```

寻找第一个不一致日志条目的 findFirstUnmatchedLog 方法会遍历 leaderEntries，按照 logIndex 随机访问本地日志序列中的日志元信息，如果本地不存在或者日志的 term 不一致，则认为当前 logIndex 对应的日志为第一条冲突日志。如果没找到不一致的日志，则返回 -1。

如果存在有冲突的日志条目，则 removeUnmatchedLog 会调用 removeEntriesAfter 移除最后一个匹配的日志之后的所有日志。注意，removeEntriesAfter 的参数为 firstUnmatched −1，也就是最后一个匹配的日志条目的索引。

```
private void removeEntriesAfter(int index) {
    if (entrySequence.isEmpty() || index >= entrySequence.getLastLogIndex()) {
        return;
    }
    // 注意，此处如果移除了已经应用的日志，需要从头开始重新构建状态机
    logger.debug("remove entries after {}", index);
    entrySequence.removeAfter(index);
}
```

removeEntriesAfter 先判断是否需要移除日志，如果本地日志为空或者对应最后一条日志的索引，则不需要进行任何操作。接下来委托给 EntrySequence 的 removeAfter 方法。

注意，移除操作会影响状态机以及 EntrySequence 中的 commitIndex。上面的注释中也提到，如果移除了已经被应用的日志，必须从头开始重新构建状态机。移除被 commit 的日志，理论上是有可能的，此时需要回退到最后一个有效的日志的 index。由于现在尚未实现服务的状态机，因此先不讲解这种可能。

移除操作完成后，leaderEntries 中的一部分或者全部日志将按照要求被追加到本地日志中。在 removeUnmatchedLog 方法的最后，leaderEntries.subView(firstUnmatched) 表示本地没有的日志条目序列。

```
private void appendEntriesFromLeader(EntrySequenceView leaderEntries) {
    if (leaderEntries.isEmpty()) {
        return;
    }
    logger.debug("append entries from leader from {} to {}",
                leaderEntries.getFirstLogIndex(), leaderEntries.
getLastLogIndex());
    for (Entry leaderEntry : leaderEntries) {
        entrySequence.append(leaderEntry);
    }
}
```

appendEntriesFromLeader 简单地检查一下来自 Leader 节点的日志条目序列是否为空，如果不为空，则顺序追加日志条目。

AbstractLog 中一个相对复杂的内容是推进 commitIndex 的方法。方法实现如下。

```
public void advanceCommitIndex(int newCommitIndex, int currentTerm) {
    if (!validateNewCommitIndex(newCommitIndex, currentTerm)) {
        return;
    }
    logger.debug("advance commit index from {} to {}", commitIndex,
newCommitIndex);
    entrySequence.commit(newCommitIndex);
    // advanceApplyIndex();
}
// 检查新的 commitIndex
private boolean validateNewCommitIndex(int newCommitIndex, int currentTerm) {
    // 小于当前的 commitIndex
    if (newCommitIndex <= entrySequence.getCommitIndex()) {
        return false;
    }
    EntryMeta meta = entrySequence.getEntryMeta(newCommitIndex);
```

```
    if (meta == null) {
        logger.debug("log of new commit index {} not found", newCommitIndex);
        return false;
    }
    // 日志条目的 term 必须是当前 term, 才可推进 commitIndex
    if (meta.getTerm() != currentTerm) {
        logger.debug("log term of new commit index != current term ({}
!= {})",
                    entry.getTerm(), currentTerm);
        return false;
    }
    return true;
}
```

按照 Raft 算法，推进 commitIndex 需要检查日志的 term 是否与当前 term 一致，validateNew CommitIndex 方法实现了这一检查。如果通过了检查，则调用日志条目序列的 EntrySequence 的 commit 方法推进 commitIndex。

advanceApplyIndex 涉及状态机的操作，现阶段不展开讲解。

5.4.2 基于内存的MemoryLog

在抽象实现 AbstractLog 的基础上，MemoryLog 代码如下。

```
public class MemoryLog extends AbstractLog {
    // 构造函数，无参数
    public MemoryLog() {
        this(new MemoryEntrySequence());
    }
    // 构造函数，针对测试
    MemoryLog(EntrySequence entrySequence) {
        this.entrySequence = entrySequence;
    }
}
```

MemoryLog 只公开了无参数的构造函数，另一个可见的构造函数主要针对测试，MemoryLog 的其他代码沿用抽象实现 AbstractLog。

理论上，基于内存的日志在重启后数据会丢失。换句话说，MemoryLog 启动时，系统的日志为空，这个特性在测试中很有用。

MemoryLog 初始化时使用的 MemoryEntrySequence 方法中，logIndexOffset 和 nextLogIndex 默认均为 1。

5.4.3　基于文件的FileLog

FileLog 的初始化过程稍微复杂一些，代码如下。

```
public class FileLog extends AbstractLog {
    private final RootDir rootDir;
    // 构造函数
    public FileLog(File baseDir) {
        rootDir = new RootDir(baseDir);
        // 获取最新的日志代
        LogGeneration latestGeneration = rootDir.getLatestGeneration();
        if (latestGeneration != null) {
            // 日志存在
            entrySequence = new FileEntrySequence(
                latestGeneration, latestGeneration.getLogIndexOffset()
            );
        } else {
            // 日志不存在
            LogGeneration firstGeneration = rootDir.createFirstGeneration();
            entrySequence = new FileEntrySequence(firstGeneration, 1);
        }
    }
}
```

baseDir 表示日志目录的根目录，根目录下存在多个日志的分代（generation）。

```
log-root
    |-log-1
    |    |-entries.bin
    |    /-entries.idx
    /-log-100
        |-entries.bin
        /-entries.idx
```

上面的文件树中，log-root 为 baseDir，下面的 log-1、log-100 是两个日志代。文件夹名称中的数字是日志索引偏移（logIndexOffset）。第一个日志代因为 logIndexOffsetw 为 1，所以对应文件夹 log-1。日志代的日志索引偏移越大，表示此日志代越新。划分为多个分代主要是为了之后的日志快照。日志代目录里的 entries.bin 对应 EntriesFile，entries.idx 对应 EntryIndexFile。

FileLog 初始化时，读取日志根目录下最新的日志分代。日志分代 LogGeneration 会比较目录名中的日志索引偏移，目录名中 logIndexOffset 最大的就是最新的日志分代。如果没有找到任何日志分代，则创建一个，并设置日志索引偏移为 1。

至此，日志部分的实现基本完成。接下来将给出如何对接选举部分的分析。

5.5 与选举部分对接

本节从构造核心组件开始讲解对接，然后是核心组件中的每个事件和消息。关联组件的修改本节并没有列出，比如 RPC 组件中需要增加针对日志条目的序列化和反序列化处理。

对接后，默认设定日志为基于内存的日志，原有测试应该仍能正常运行，如果有问题，请按照错误提示修改。

5.5.1 NodeContext和NodeBuilder

取消 NodeContext 中 Log 的注释，并在 NodeBuilder 中增加 Log 字段，允许外部设置 Log 以及 build 时默认使用 MemroyLog。

```
private NodeContext buildContext() {
    NodeContext context = new NodeContext();
    // ...
    context.setLog(log != null ? log : new MemoryLog());
    return context;
}
```

添加了上述代码后，既有代码就不会出现空指针异常。

5.5.2 选举超时

使用 electionTimeout 发送 RequestVote 消息时，需要设置 lastLogIndex 和 lastLogTerm。实现了 Log 之后，可以通过 Log 的 getLastEntryMeta 方法获取最后一条日志的元信息，并设置最后一条日志的索引和 term。

```
EntryMeta lastEntryMeta = context.log().getLastEntryMeta();
RequestVoteRpc rpc = new RequestVoteRpc();
// ...
rpc.setLastLogIndex(lastEntryMeta.getIndex());
rpc.setLastLogTerm(lastEntryMeta.getTerm());
```

之前实现 getLastEntryMeta 时，如果碰到没有日志的情况，返回的是一个索引和 term 都为 0 的 EntryMeta 实例，而不是一个 null，所以此处代码不需要检查返回值 lastEntryMeta 是否为 null。

5.5.3 收到RequestVote消息

在收到其他节点发来的 RequestVote 时，需要比较自己最后一条日志与消息中的最后一条日志的元信息。可以直接使用 Log 的 isNewerThan 方法，也就是只要修改一行代码即可。逻辑上是否投票要看对方是否比自己新，所以这里需要取反（本地不比对方新）。

```
boolean voteForCandidate = !context.log().isNewerThan(
                    rpc.getLastLogIndex(), rpc.getLastLogTerm());
```

5.5.4　发送AppendEntries消息

AppendEntries 消息理论上主要有两种，一种是成为 Leader 节点后的心跳消息，另一种是普通的日志复制消息。前者传输的日志条目数量为 0。本书并没有刻意区分这两种消息，具体发送多少条日志条目由日志复制进度决定。第一次传输时，由于 nextIndex 指向 Leader 节点接下来的一条日志索引，因此自动传输 0 条日志。

发送 AppendEntries 消息对接日志组件比较简单。由于涉及多个日志数据，因此日志组件直接提供了 createAppendEntriesRpc 的方法。

```
private void doReplicateLog(GroupMember member, int maxEntries) {
    AppendEntriesRpc rpc = context.log().createAppendEntriesRpc(
                role.getTerm(), context.selfId(), member.getNextIndex(),
maxEntries);
    context.connector().sendAppendEntries(rpc, member.getEndpoint());
}
```

maxEntries 需要外部传入，默认为 -1，即从 nextIndex 到最后一条日志。也可以把它作为一个配置参数，启动时从配置文件中读取。

5.5.5　收到AppendEntries消息

之前 appendEntries 的实现只是返回 true，现在有了日志组件，可以对接日志组件的 appendEntriesFromLeader 方法。

```
private boolean appendEntries(AppendEntriesRpc rpc) {
    boolean result = context.log().appendEntriesFromLeader(
                rpc.getPrevLogIndex(), rpc.getPrevLogTerm(), rpc.getEntries());
    if (result) {
        context.log().advanceCommitIndex(
            Math.min(rpc.getLeaderCommit(), rpc.getLastEntryIndex()),
rpc.getTerm());
    }
    return result;
}
```

当追加成功时，Follower 节点需要根据 Leader 节点的 commitIndex 决定是否推进本地的 commitIndex。

5.5.6 收到AppendEntries响应

Leader 服务器收到 AppendEntries 的响应，除了更新日志复制进度之外，还需要计算新的 commitIndex，具体代码如下。

```
private void doProcessAppendEntriesResult(AppendEntriesResultMessage
resultMessage) {
    // ...
    NodeId sourceNodeId = resultMessage.getSourceNodeId();
    GroupMember member = context.group().getMember(sourceNodeId);
    // 没有指定的成员
    if (member == null) {
        logger.info(
            "unexpected append entries result from node {}, node maybe
removed", sourceNodeId);
        return;
    }
    AppendEntriesRpc rpc = resultMessage.getRpc();
    if (result.isSuccess()) {
        // 回复成功
        // 推进 matchIndex 和 nextIndex
        if (member.advanceReplicatingState(rpc.getLastEntryIndex())) {
            // 推进本地的 commitIndex
            context.log().advanceCommitIndex(
                context.group().getMatchIndexOfMajor(), role.getTerm());
        }
    } else {
        // 对方回复失败
        if (!member.backOffNextIndex()) {
            logger.warn("cannot back off next index more, node {}",
sourceNodeId);
        }
    }
}
```

在收到成功响应的分支中，member 的 advanceReplicatingState 负责把节点的 matchIndex 更新为消息中最后一条日志的索引，nextIndex 更新为 matchIndex + 1。如果 matchIndex 和 nextIndex 没有变化，则 advanceReplicatingState 方法返回 false。

对于 result 不成功的响应，Leader 服务器需要回退 nextIndex。如果回退失败，也就是无法回退（比如 nextIndex 为 1，就不能回退为 0，这种情况理论上不会出现），则打印警告日志。

group 的 getMatchIndexOfMajor 是服务器成员组件用于计算过半 commitIndex 的方法，具体代码如下。

```
int getMatchIndexOfMajor() {
    List<NodeMatchIndex> matchIndices = new ArrayList<>();
    for (GroupMember member : memberMap.values()) {
        if (!member.idEquals(selfId)) {
            matchIndices.add(new NodeMatchIndex(member.getId(), member.
getMatchIndex()));
        }
    }
    int count = matchIndices.size();
    // 没有节点的情况
    if (count == 0) {
        throw new IllegalStateException("standalone or no major node");
    }
    Collections.sort(matchIndices);
    logger.debug("match indices {}", matchIndices);
    // 取排序后的中间位置的 matchIndex
    return matchIndices.get(count / 2).getMatchIndex();
}
```

getMatchIndexOfMajor 方法收集除了自己以外节点的 matchIndex，排序并取中间位置的 matchIndex 为过半 matchIndex。以下用奇数和偶数个节点的集群为例，证明代码的正确性。

比如 5 服务器节点集群 A、B、C、D 和 E，节点 A 为 Leader 服务器，matchIndex 分别如下。

（1）节点 A：4。

（2）节点 B：2。

（3）节点 C：4。

（4）节点 D：3。

（5）节点 E：4。

去除节点 A 之后，排序得到（B:2）、（D:3）、（C:4）、（E:4）。中间位置为 4/2 即 2，取（C：4）中的 4 作为过半 matchIndex。

又如 4 服务器节点集群 A、B、C 和 D，节点 A 为 Leader 服务器，matchIndex 分别如下。

（1）节点 A：4。

（2）节点 B：2。

（3）节点 C：4。

（4）节点 D：3。

去掉节点 A 排序后得到（B：2）、（D：3）、（C：4）。中间位置为 3/2 即 1，取（D：3）中的 3 作为过半 matchIndex。

设计类 NodeMatchIndex 只是为了同时记录节点 ID 和 matchIndex，NodeMatchIndex 在比较时只比较 matchIndex。如果不需要在日志中同时显示节点 ID 和 matchIndex，则可以省略节点 ID 直接操作 matchIndex。

145

```
private static class NodeMatchIndex implements Comparable<NodeMatchIndex> {
    private final NodeId nodeId;
    private final int matchIndex;
    // 构造函数
    NodeMatchIndex(NodeId nodeId, int matchIndex) {
        this.nodeId = nodeId;
        this.matchIndex = matchIndex;
    }
    // 获取 matchIndex
    int getMatchIndex() {
        return matchIndex;
    }
    @Override
    public int compareTo(@Nonnull NodeMatchIndex o) {
        return Integer.compare(this.matchIndex, o.matchIndex);
    }
    @Override
    public String toString() {
        return "<" + nodeId + ", " + matchIndex + ">";
    }
}
```

至此，日志组件和选举部分对接完成。

5.6 测试

由于日志组件涉及的文件等相比于选举部分要复杂一些，而且日志作为基础组件比较难以集成测试。因此，建议在有足够的单元测试保证正确性之后，再和选举部分对接。

由于 MemoryEntrySequence 和 FileEntrySequence 共享了大部分 AbstractEntrySequence 的代码，因此测试 MemoryEntrySequence 可以间接测试大部分 FileEntrySequence 的逻辑。同样地，MemoryLog 和 FileLog 也共享了大部分逻辑，因此本书着重测试 MemoryLog，只测试部分和文件相关的 FileEntrySequence 和 FileLog。

5.6.1 MemoryEntrySequence的基本操作

日志条目追加操作的代码如下。代码追加了一条 NO-OP 日志，term 为 1，然后检查 nextLogIndex 和 lastLogIndex。

```java
public class MemoryEntrySequenceTest {
    @Test
    public void testAppendEntry() {
        MemoryEntrySequence sequence = new MemoryEntrySequence();
        sequence.append(new NoOpEntry(sequence.getNextLogIndex(), 1));
        Assert.assertEquals(2, sequence.getNextLogIndex());
        Assert.assertEquals(1, sequence.getLastLogIndex());
    }
}
```

日志条目随机访问操作的代码如下。

```java
public class MemoryEntrySequenceTest {
    // 随机访问日志条目
    @Test
    public void testGetEntry() {
        MemoryEntrySequence sequence = new MemoryEntrySequence(2);
        sequence.append(Arrays.asList(
                new NoOpEntry(2, 1),
                new NoOpEntry(3, 1)
        ));
        Assert.assertNull(sequence.getEntry(1));
        Assert.assertEquals(2, sequence.getEntry(2).getIndex());
        Assert.assertEquals(3, sequence.getEntry(3).getIndex());
        Assert.assertNull(sequence.getEntry(4));
    }
    // 随机访问日志条目元信息
    @Test
    public void testGetEntryMeta() {
        MemoryEntrySequence sequence = new MemoryEntrySequence(2);
        Assert.assertNull(sequence.getEntry(2));
        sequence.append(new NoOpEntry(2, 1));
        EntryMeta meta = sequence.getEntryMeta(2);
        Assert.assertNotNull(meta);
        Assert.assertEquals(2, meta.getIndex());
        Assert.assertEquals(1, meta.getTerm());
    }
}
```

子序列操作的代码如下。

```java
public class MemoryEntrySequenceTest {
    @Test
    public void testSubListOneElement() {
```

```
        MemoryEntrySequence sequence = new MemoryEntrySequence(2);
        sequence.append(Arrays.asList(
                new NoOpEntry(2, 1),
                new NoOpEntry(3, 1)
        ));
        List<Entry> subList = sequence.subList(2, 3);
        Assert.assertEquals(1, subList.size());
        Assert.assertEquals(2, subList.get(0).getIndex());
    }
}
```

移除操作的代码如下。

```
public class MemoryEntrySequenceTest {
    @Test
    public void testRemoveAfterPartial() {
        MemoryEntrySequence sequence = new MemoryEntrySequence(2);
        sequence.append(Arrays.asList(
                new NoOpEntry(2, 1),
                new NoOpEntry(3, 1)
        ));
        sequence.removeAfter(2);
        Assert.assertEquals(2, sequence.getLastLogIndex());
        Assert.assertEquals(3, sequence.getNextLogIndex());
    }
}
```

5.6.2 FileEntrySequence的基本操作

FileEntrySequence 依赖 EntriesFile 和 EntryIndexFile。文件相关的测试比较困难，但是本书设计了一个 SeekableFile 的接口，可以用字节数组代替实际的文件进行 EntriesFile 和 EntryIndexFile 的测试，以下是测试用的 SeekableFile 的实现。

writeXXX 全部委托给 write 方法。以下是构造函数和 writeXXX 的实现。

```
import com.google.common.primitives.Ints;
import com.google.common.primitives.Longs;

public class ByteArraySeekableFile implements SeekableFile {
    private byte[] content;
    private int size;
    private int position;
    // 构造函数
    public ByteArraySeekableFile() {
```

```java
        this(new byte[0]);
    }
    // 构造函数，指定内容
    public ByteArraySeekableFile(byte[] content) {
        this.content = content;
        this.size = content.length;
        this.position = 0;
    }
    // 检查偏移
    private void checkPosition(long position) {
        if (position < 0 || position > size) {
            throw new IllegalArgumentException("offset < 0 or offset >
size");
        }
    }
    @Override
    public void writeInt(int i) throws IOException { write(Ints.
toByteArray(i));}
    // 确保空间大小
    private void ensureCapacity(int capacity) {
        int oldLength = content.length;
        if (position + capacity <= oldLength) {
            return;
        }
        if (oldLength == 0) {
            content = new byte[capacity];
            return;
        }
        int newLength = (oldLength >= capacity ? oldLength * 2 : oldLength +
capacity);
        byte[] newContent = new byte[newLength];
        System.arraycopy(content, 0, newContent, 0, oldLength);
        content = newContent;
    }
    @Override
    public void writeLong(long l) throws IOException {
        write(Longs.toByteArray(l));
    }
    @Override
    public void write(byte[] b) throws IOException {
        int n = b.length;
        ensureCapacity(n);
```

```
            System.arraycopy(b, 0, content, position, n);
            size = Math.max(position + n, size);
            position += n;
        }
    }
```

同样地，readXXX 全部委托给 read 方法，以下是 readXXX 和其他剩余方法的实现。

```
Public class ByteArraySeekableFile implements SeekableFile {
    // 定位
    public void seek(long position) throws IOException {
        checkPosition(position);
        this.position = (int) position;
    }
    public int readInt() throws IOException {
        byte[] buffer = new byte[4];
        read(buffer);
        return Ints.fromByteArray(buffer);
    }
    public long readLong() throws IOException {
        byte[] buffer = new byte[8];
        read(buffer);
        return Longs.fromByteArray(buffer);
    }
    public int read(byte[] b) throws IOException {
        int n = Math.min(b.length, size - position);
        if (n > 0) {
            System.arraycopy(content, position, b, 0, n);
            position += n;
        }
        return n;
    }
    // 获取大小
    public long size() throws IOException {
        return size;
    }
    // 裁剪
    public void truncate(long size) throws IOException {
        if (size < 0) {
            throw new IllegalArgumentException("size < 0");
        }
        this.size = (int) size;
        if (position > this.size) {
```

```
            position = this.size;
        }
    }
    // 获取从指定位置开始的输入流
    public InputStream inputStream(long start) throws IOException {
        checkPosition(start);
        return new ByteArrayInputStream(content, (int) start, (int) (size -
start));
    }
    // 获取当前位置
    public long position() {
        return position;
    }
    // 刷新
    public void flush() throws IOException {
    }
    // 关闭
    public void close() throws IOException {
    }
}
```

基于 ByteArraySeekableFile 的 EntriesFile 测试代码如下。

```
public class EntriesFileTest {
    // 测试追加日志条目
    @Test
    public void testAppendEntry() throws IOException {
        ByteArraySeekableFile seekableFile = new ByteArraySeekableFile();
        EntriesFile file = new EntriesFile(seekableFile);
        Assert.assertEquals(0L, file.appendEntry(new NoOpEntry(2, 3)));
        seekableFile.seek(0);
        Assert.assertEquals(Entry.KIND_NO_OP, seekableFile.readInt());
        Assert.assertEquals(2, seekableFile.readInt()); // index
        Assert.assertEquals(3, seekableFile.readInt()); // term
        Assert.assertEquals(0, seekableFile.readInt()); // command bytes
length
        byte[] commandBytes = "test".getBytes();
        Assert.assertEquals(16L, file.appendEntry(new GeneralEntry(3, 3,
commandBytes)));
        seekableFile.seek(16L);
        Assert.assertEquals(Entry.KIND_GENERAL, seekableFile.readInt());
        Assert.assertEquals(3, seekableFile.readInt()); // index
        Assert.assertEquals(3, seekableFile.readInt()); // term
```

```
        Assert.assertEquals(4, seekableFile.readInt()); // command bytes
length
        byte[] buffer = new byte[4];
        seekableFile.read(buffer);
        Assert.assertArrayEquals(commandBytes, buffer);
    }
    // 测试加载日志条目
    @Test
    public void testLoadEntry() throws IOException {
        ByteArraySeekableFile seekableFile = new ByteArraySeekableFile();
        EntriesFile file = new EntriesFile(seekableFile);
        Assert.assertEquals(0L, file.appendEntry(new NoOpEntry(2, 3)));
        Assert.assertEquals(16L, file.appendEntry(new GeneralEntry(3, 3,
"test".getBytes())));
        Assert.assertEquals(36L, file.appendEntry(new GeneralEntry(4, 3,
"foo".getBytes())));
        EntryFactory factory = new EntryFactory();

        Entry entry = file.loadEntry(0L, factory);
        Assert.assertEquals(Entry.KIND_NO_OP, entry.getKind());
        Assert.assertEquals(2, entry.getIndex());
        Assert.assertEquals(3, entry.getTerm());
        entry = file.loadEntry(36L, factory);
        Assert.assertEquals(Entry.KIND_GENERAL, entry.getKind());
        Assert.assertEquals(4, entry.getIndex());
        Assert.assertEquals(3, entry.getTerm());
        Assert.assertArrayEquals("foo".getBytes(), entry.getCommandBytes());
    }
    // 测试裁剪
    @Test
    public void testTruncate() throws IOException {
        ByteArraySeekableFile seekableFile = new ByteArraySeekableFile();
        EntriesFile file = new EntriesFile(seekableFile);
        file.appendEntry(new NoOpEntry(2, 3));
        Assert.assertTrue(seekableFile.size() > 0);
        file.truncate(0L);
        Assert.assertEquals(0L, seekableFile.size());
    }
}
```

基于 ByteArraySeekableFile 的 EntryIndexFile 测试代码如下。

```
public class EntryIndexFileTest {
```

```
    // 构造文件内容
private ByteArraySeekableFile makeEntryIndexFileContent(
        int minEntryIndex, int maxEntryIndex) throws IOException {
        ByteArraySeekableFile seekableFile = new ByteArraySeekableFile();
        seekableFile.writeInt(minEntryIndex);
        seekableFile.writeInt(maxEntryIndex);
        for (int i = minEntryIndex; i <= maxEntryIndex; i++) {
            seekableFile.writeLong(10L * i); // offset
            seekableFile.writeInt(1); // kind
            seekableFile.writeInt(i); // term
        }
        seekableFile.seek(0L);
        return seekableFile;
    }
    // 测试加载
    @Test
    public void testLoad() throws IOException {
        ByteArraySeekableFile seekableFile = makeEntryIndexFileContent(3, 4);
        EntryIndexFile file = new EntryIndexFile(seekableFile);
        Assert.assertEquals(3, file.getMinEntryIndex());
        Assert.assertEquals(4, file.getMaxEntryIndex());
        Assert.assertEquals(2, file.getEntryIndexCount());
        EntryIndexItem item = file.get(3);
        Assert.assertNotNull(item);
        Assert.assertEquals(30L, item.getOffset());
        Assert.assertEquals(1, item.getKind());
        Assert.assertEquals(3, item.getTerm());
        item = file.get(4);
        Assert.assertNotNull(item);
        Assert.assertEquals(40L, item.getOffset());
        Assert.assertEquals(1, item.getKind());
        Assert.assertEquals(4, item.getTerm());
    }
    // 测试追加
    @Test
    public void testAppendEntryIndex() throws IOException {
        ByteArraySeekableFile seekableFile = new ByteArraySeekableFile();
        EntryIndexFile file = new EntryIndexFile(seekableFile);
        file.appendEntryIndex(10, 100L, 1, 2);
        Assert.assertEquals(1, file.getEntryIndexCount());
        Assert.assertEquals(10, file.getMinEntryIndex());
        Assert.assertEquals(10, file.getMaxEntryIndex());
```

```
        seekableFile.seek(0L);
        Assert.assertEquals(10, seekableFile.readInt()); // min entry index
        Assert.assertEquals(10, seekableFile.readInt()); // max entry index
        Assert.assertEquals(100L, seekableFile.readLong()); // offset
        Assert.assertEquals(1, seekableFile.readInt()); // kind
        Assert.assertEquals(2, seekableFile.readInt()); // term
        EntryIndexItem item = file.get(10);
        Assert.assertNotNull(item);
        Assert.assertEquals(100L, item.getOffset());
        Assert.assertEquals(1, item.getKind());
        Assert.assertEquals(2, item.getTerm());
        file.appendEntryIndex(11, 200L, 1, 2);
        Assert.assertEquals(2, file.getEntryIndexCount());
        Assert.assertEquals(10, file.getMinEntryIndex());
        Assert.assertEquals(11, file.getMaxEntryIndex());
        seekableFile.seek(24L); // skip min/max and first entry index
        Assert.assertEquals(200L, seekableFile.readLong()); // offset
        Assert.assertEquals(1, seekableFile.readInt()); // kind
        Assert.assertEquals(2, seekableFile.readInt()); // term
    }
    // 测试清除
    @Test
    public void testClear() throws IOException {
        ByteArraySeekableFile seekableFile = makeEntryIndexFileContent(5, 6);
        EntryIndexFile file = new EntryIndexFile(seekableFile);
        Assert.assertFalse(file.isEmpty());
        file.clear();
        Assert.assertTrue(file.isEmpty());
        Assert.assertEquals(0, file.getEntryIndexCount());
        Assert.assertEquals(0L, seekableFile.size());
    }
    // 测试移除
    @Test
    public void testRemoveAfter() throws IOException {
        ByteArraySeekableFile seekableFile = makeEntryIndexFileContent(5, 6);
        long oldSize = seekableFile.size();
        EntryIndexFile file = new EntryIndexFile(seekableFile);
        file.removeAfter(6);
        Assert.assertEquals(5, file.getMinEntryIndex());
        Assert.assertEquals(6, file.getMaxEntryIndex());
        Assert.assertEquals(oldSize, seekableFile.size());
        Assert.assertEquals(2, file.getEntryIndexCount());
    }
```

```java
    // 测试获取
    @Test
    public void testGet() throws IOException {
        EntryIndexFile file = new EntryIndexFile(makeEntryIndexFileContent
(3, 4));
        EntryIndexItem item = file.get(3);
        Assert.assertNotNull(item);
        Assert.assertEquals(1, item.getKind());
        Assert.assertEquals(3, item.getTerm());
    }
    // 测试遍历
    @Test
    public void testIterator() throws IOException {
        EntryIndexFile file = new EntryIndexFile(makeEntryIndexFileContent
(3, 4));
        Iterator<EntryIndexItem> iterator = file.iterator();
        Assert.assertTrue(iterator.hasNext());
        EntryIndexItem item = iterator.next();
        Assert.assertEquals(3, item.getIndex());
        Assert.assertEquals(1, item.getKind());
        Assert.assertEquals(3, item.getTerm());
        Assert.assertTrue(iterator.hasNext());
        item = iterator.next();
        Assert.assertEquals(4, item.getIndex());
        Assert.assertFalse(iterator.hasNext());
    }
}
```

在 EntriesFile 和 EntryIndexFile 的基础上，FileEntrySequence 的初始化测试代码如下。

```java
public class FileEntrySequenceTest {
    private EntriesFile entriesFile;
    private EntryIndexFile entryIndexFile;

    @Before
    public void setUp() throws IOException {
        entriesFile = new EntriesFile(new ByteArraySeekableFile());
        entryIndexFile = new EntryIndexFile(new ByteArraySeekableFile());
    }

    @Test
    public void testInitialize() throws IOException {
        entryIndexFile.appendEntryIndex(1, 0L, 1, 1);
        entryIndexFile.appendEntryIndex(2, 20L, 1, 1);
```

```
        FileEntrySequence sequence = new FileEntrySequence(entriesFile,
entryIndexFile, 1);
        Assert.assertEquals(3, sequence.getNextLogIndex());
        Assert.assertEquals(1, sequence.getFirstLogIndex());
        Assert.assertEquals(2, sequence.getLastLogIndex());
        Assert.assertEquals(2, sequence.getCommitIndex());
    }
}
```

日志条目追加操作相对简单，测试代码如下。

```
public class FileEntrySequenceTest {
    @Test
    public void testAppendEntry() {
        FileEntrySequence sequence = new FileEntrySequence(entriesFile,
entryIndexFile, 1);
        Assert.assertEquals(1, sequence.getNextLogIndex());
        sequence.append(new NoOpEntry(1, 1));
        Assert.assertEquals(2, sequence.getNextLogIndex());
        Assert.assertEquals(1, sequence.getLastEntry().getIndex());
    }
}
```

随机获取操作的测试代码如下。

```
public class FileEntrySequenceTest {
    private void appendEntryToFile(Entry entry) throws IOException {
        long offset = entriesFile.appendEntry(entry);
        entryIndexFile.appendEntryIndex(entry.getIndex(), offset, entry.
getKind(), entry.getTerm());
    }

    @Test
    public void testGetEntry() throws IOException {
        appendEntryToFile(new NoOpEntry(1, 1));
        FileEntrySequence sequence = new FileEntrySequence(entriesFile,
entryIndexFile, 1);
        sequence.append(new NoOpEntry(2, 1));
        Assert.assertNull(sequence.getEntry(0));
        Assert.assertEquals(1, sequence.getEntry(1).getIndex());
        Assert.assertEquals(2, sequence.getEntry(2).getIndex());
        Assert.assertNull(sequence.getEntry(3));
    }
}
```

子序列操作的测试代码如下，这里测试文件加缓冲的模式。

```java
public class FileEntrySequenceTest {
    @Test
    public void testSubList2() throws IOException {
        appendEntryToFile(new NoOpEntry(1, 1)); // 1
        appendEntryToFile(new NoOpEntry(2, 2)); // 2
        FileEntrySequence sequence = new FileEntrySequence(entriesFile,
entryIndexFile, 1);
        sequence.append(new NoOpEntry(sequence.getNextLogIndex(), 3)); // 3
        sequence.append(new NoOpEntry(sequence.getNextLogIndex(), 4)); // 4

        List<Entry> subList = sequence.subView(2);
        Assert.assertEquals(3, subList.size());
        Assert.assertEquals(2, subList.get(0).getIndex());
        Assert.assertEquals(4, subList.get(2).getIndex());
    }
}
```

最后测试 removeAfter 操作，这里同时移除文件和缓冲内的日志条目，测试代码如下。

```java
public class FileEntrySequenceTest {
    @Test
    public void testRemoveAfterEntriesInFile2() throws IOException {
        appendEntryToFile(new NoOpEntry(1, 1)); // 1
        appendEntryToFile(new NoOpEntry(2, 1)); // 2
        FileEntrySequence sequence = new FileEntrySequence(entriesFile,
entryIndexFile, 1);
        sequence.append(new NoOpEntry(3, 2)); // 3
        Assert.assertEquals(1, sequence.getFirstLogIndex());
        Assert.assertEquals(3, sequence.getLastLogIndex());
        sequence.removeAfter(1);
        Assert.assertEquals(1, sequence.getFirstLogIndex());
        Assert.assertEquals(1, sequence.getLastLogIndex());
    }
}
```

5.6.3　MemoryLog与FileLog

测试创建 AppendEntries 消息的方法，代码如下。

```java
public class MemoryLogTest {
    @Test
    public void testCreateAppendEntriesRpcStartFromOne() {
```

```
        MemoryLog log = new MemoryLog();
        log.appendEntry(1); // 1
        log.appendEntry(1); // 2
        AppendEntriesRpc rpc = log.createAppendEntriesRpc(
                1, new NodeId("A"), 1, Log.ALL_ENTRIES
        );
        Assert.assertEquals(1, rpc.getTerm());
        Assert.assertEquals(0, rpc.getPrevLogIndex());
        Assert.assertEquals(0, rpc.getPrevLogTerm());
        Assert.assertEquals(2, rpc.getEntries().size());
        Assert.assertEquals(1, rpc.getEntries().get(0).getIndex());
    }
}
```

appendEntriesFromLeader 方法比较复杂，实际测试用例比较多，这里只给出一个正常的和一个冲突的用例，正常情况的代码如下。

```
public class MemoryLogTest {
    // (index, term)
    // follower: (1, 1), (2, 1)
    // leader  :         (2, 1), (3, 2)
    @Test
    public void testAppendEntriesFromLeaderSkip() {
        MemoryLog log = new MemoryLog();
        log.appendEntry(1); // 1
        log.appendEntry(1); // 2
        List<Entry> leaderEntries = Arrays.asList(
                new NoOpEntry(2, 1),
                new NoOpEntry(3, 2)
        );
        Assert.assertTrue(log.appendEntriesFromLeader(1, 1, leaderEntries));
    }
}
```

冲突情况的代码如下。

```
public class MemoryLogTest {
    // follower: (1, 1), (2, 1)
    // leader  :         (2, 2), (3, 2)
    @Test
    public void testAppendEntriesFromLeaderConflict1() {
        MemoryLog log = new MemoryLog();
        log.appendEntry(1); // 1
        log.appendEntry(1); // 2
```

```
        List<Entry> leaderEntries = Arrays.asList(
                new NoOpEntry(2, 2),
                new NoOpEntry(3, 2)
        );
        Assert.assertTrue(log.appendEntriesFromLeader(1, 1, leaderEntries));
    }
}
```

代码没有对 EntrySequence 进行断言，理论上应该给 MemoryLog 传入一个 MemoryEntrySequence，这样可以从外部断言 MemoryEntrySequence 的状态。

另一个比较重要的方法 advanceCommitIndex 由于涉及状态机，这里暂时不讲解。日志主体部分的测试到此结束。

5.7　本章小结

本章从日志实现要求开始，给出日志实现中具体关注的条目类型、存储选型等。实现日志组件时，使用了基于自定义文件格式的形式，用了比较多的篇幅讲解如何实现 Raft 算法中的日志组件。本章除了给出基于文件的实现之外，还提供了用于单元和集成测试的 MemoryLog，并给出了日志组件与选举部分对接时需要修改的代码。构建完成后，使用单元测试保证代码的正确性。

至此，Raft 算法服务端的核心部分基本实现完成，剩下最后一部分必须实现的基础组件是 RPC 组件，接下来的章节将分析如何实现支持 Raft 算法协议的通信组件。

第6章
通信实现

　　对于分布式系统来说，通信是很基础也很重要的一部分内容。使用什么方式、什么框架在节点间通信，间接决定了系统的访问能力、吞吐量等（因为吞吐量还依赖于业务系统自身）。

　　例如，传统的阻塞式IO方式使用ServerSocket接受连接，每个连接对应一个线程处理，同时可接受的连接数由系统的线程数决定。相比之下，基于NIO的Netty理论上可以同时接受非常多的客户端请求，而且经常可以在高性能中间件中看到它。

　　接下来将从Raft算法的通信接口开始分析，然后讲解序列化技术的选型、具体代码的实现，最后讲解测试。

6.1 通信接口分析

Raft 算法中的通信消息主要有两种：RequestVote 和 AppendEntries。第 4 章选举部分的实现中讲过消息的建模，这里重新以表格的形式给出消息和响应的字段描述。

6.1.1 RequestVote消息和响应

RequestVote 消息和响应的字段如表 6-1 和表 6-2 所示。

表 6-1　RequestVote 消息字段

字段	描述	类型
term	Candidate 节点的 term	整数
candidateId	Candidate 节点的 id	NodeId
lastLogIndex	Candidate 节点最新的日志条目的 index（索引号）	整数
lastLogTerm	Candidate 节点最新的日志条目的 term	整数

RequestVote 消息一般是某个节点向集群中其他节点发送的消息，用 candidateId 表示来自哪个节点。

表 6-2　RequestVote 响应字段

字段	描述	类型
term	当前 term，帮助 Candidate 节点更新自己的 term	整数
voteGranted	如果为 true，表示 Candidate 节点获取了选票	布尔型（boolean）

RequestVote 响应中的 term 一方面可以告诉 Candidate 节点当前最新的 term，也可以避免系统受过去 term 消息的影响。比如节点在 term1 时变成了 Candidate 节点，没有收到响应，则再次变成 Candidate 节点，发送 term2 的 RequestVote 消息，此时收到 term1 的 RequestVote 响应时会直接忽略，因为响应中的 term1 比当前 term（即 term2）小。

响应中没有接受者的字段。这可以理解为在 Raft 算法中，通信是按照一个节点对应一个线程的同步通信方式进行的，收到的响应肯定是发送消息的目标节点，所以不需要在响应中包含接受者。如果使用 NIO，需要注意记录远程节点的 ID。

6.1.2 AppendEntries消息和响应

AppendEntries 消息和响应的字段如表 6-3 和表 6-5 所示。

表 6-3　AppendEntries 消息字段

字段	描述	类型
term	Leader 节点的 term	整数

字段	描述	类型
leaderId	Leader 节点的 id	字符串
prevLogIndex	新增日志条目的前一条日志的 index	整数
prevLogTerm	新增日志条目的前一条日志的 term	整数
entries[]	多个日志条目	Entry 数组
leaderCommit	Leader 节点的 commit index	整数

AppendEntries 是 Leader 节点和 Follower 节点之间进行日志同步的消息。由于每个 Follower 节点的进度不同，Leader 节点按节点分别同步。也就是说，AppendEntries 是一对一单独发送的消息。

entries 是日志条目数组，日志条目内部字段如表 6-4 所示。

表 6-4　Entry 字段

字段	描述	推断类型
index	索引	整数
kind	日志条目类型	整数
term	term	整数
data	日志内容	字节数组（byte[]）

表 6-5　AppendEntries 响应字段

字段	描述	类型
term	当前 term，帮助 Leader 节点更新自己的 term	整数
success	如果为 true，表示 Follower 节点已经添加完日志条目，或者本来就有	布尔型

AppendEntries 响应中没有字段记录回复是来自哪个节点的。另外，由于处理 AppendEntries 响应时信息不足，因此需要记录发送的 AppendEntries 消息。

例如，节点回复追加成功，需要推进复制进度的 matchIndex 或 nextIndex 字段，具体推进到什么位置，依赖于 AppendEntries 消息中 entries 日志条目数组的最后一条记录的索引（考虑到 entries 有可能不是全部日志条目）。

在节点线程一对一的同步通信模型里，因为发送出去的 AppendEntries 消息可以获取到，所以问题不大。但如果使用 NIO，需要记录发送出去的 AppendEntries 消息。

6.2　序列化与反序列化

不管是同步 IO 还是异步 IO，用什么形式传输数据都是一个需要考虑的问题，也就是如何序

列化和反序列化。常见的序列化方式有结构化文本和二进制两种。其中结构化文本包括 JSON、
XML 等。二进制方式包括 Java 语言的序列化、二进制化 JSON 的 msgpack、Protocol Buffer、
thrift 等。其中 thrift 既提供了序列化与反序列化的功能，也包含服务端与客户端的代码生成，是
一个开箱即用的，并且与语言无关的 RPC 工具。而且 thrift 生成的服务端代码可以用一次同步一
个请求的方式，也可以用 NIO 的方式来启动。如果想以最快的方式写通信的部分，那么 thrift 是
一个不错的选择。

回到序列化方式的选择上。从效率上来说，二进制方式比文本方式好，但是调试时相对会麻烦
一些。在二进制的序列化方式中，笔者个人建议使用工具自动生成或者协助转换的二进制序列化
方式。

本书使用 Protocol Buffer 作为通信的序列化与反序列化协议。选择 Protocol Buffer 的主要原因
是，它也可以用于日志条目的序列化。关于日志条目的序列化，除了上一章介绍的一般日志条目和
NO-OP 日志条目之外，之后的服务器成员管理章节中会增加新的日志条目类型，届时会详细介绍
如何序列化和反序列化日志条目。

以下是用于通信部分的 Protocol Buffer 的定义文件（IDL 文件）。

```
syntax = "proto3";
// 指定输出包为 raft.core
option java_package = "raft.core";
// 指定输出包装类名为 Protos, 合起来输出类为 raft.core.Protos
option java_outer_classname = "Protos";
// RequestVote 消息
message RequestVoteRpc {
    int32 term = 1;
    string candidate_id = 2;
    int32 last_log_index = 3;
    int32 last_log_term = 4;
}
// RequestVote 响应
message RequestVoteResult {
    int32 term = 1;
    bool vote_granted = 2;
}
// AppendEntries 消息
message AppendEntriesRpc {
    int32 term = 2;
    string leader_id = 3;
    int32 prev_log_index = 4;
    int32 prev_log_term = 5;
    int32 leader_commit = 6;
```

```
    message Entry {
        int32 kind = 1;
        int32 index = 2;
        int32 term = 3;
        bytes data = 4;
    }

    repeated Entry entries = 7;
}
// AppendEntries 响应
message AppendEntriesResult {
    int32 term = 2;
    bool success = 3;
}
```

定义文件使用 Protocol Buffer v3 的格式。定义输出的 java package 为 rafe.core，输出的包装类名为 Protos。这里的包装类指的是 rafe.core.Xxx.RequestVoteRpc 中的 Xxx 部分。Protocol Buffer 允许把所有序列化与反序列化时使用的类以内部类的形式放在一个类文件中，方便管理和维护。

定义文件中定义了 4 个 message，分别是 RequestVote 的请求和响应，以及 AppendEntries 的请求和响应。message 字段的类型和之前的分析基本一致，字段的右边是字段的编号。假如之后有新的字段，并且保证编号在现在字段之后，那么新旧消息的序列化和反序列化都不会出现问题，也就是新旧消息的处理兼容。

注意，本书没有使用生成的消息类后面的模型类。有读者可能会问，通信组件是否有必要有自己的通信模型（这里是序列化用的模型），业务逻辑是否有自己的模型类？或者说，是否可以用 IDL 生成的类作为模型类？

笔者的理解是，如果改用 Protocol Buffer 以外的方式序列化，就会发现用序列化生成的类作为模型类会导致大范围的修改，也就是说生成类和实现耦合在了一起。为以后的扩展性考虑，建议将通信组件用的模型和核心模型分开。

准备好定义文件之后，使用 protoc 生成具体类文件。protoc 是 Protocol Buffer 从 IDL 文件生成具体类文件的命令行工具。

```
$ protoc --java_out=src/main/java rpc.proto
```

java_out 参数表示输出到 src/main/java 目录下，加上 IDL 内指定的 java_ 开头的选项，实际的类文件位置如下。

```
src/main/java/raft/core/Protos.java
```

有了 Protos.java 之后，可以用如下方式序列化，以 RequestVote 消息为例。

```
Protos.RequestVoteRpc message =
        Protos.RequestVoteRpc.newBuilder()
```

```
                              .setTerm(3)
                              .setCandidateId("A")
                              .setLastLogIndex(10)
                              .setLastLogTerm(3)
                              .build();
ByteArrayOutputStream byteOutput = new ByteArrayOutputStream();
message.writeTo(byteOutput);
```

序列化后的数据被存放在 byteOutput 中，理论上可以用上述方法写入任何实现了 OutputStream
接口的地方。

相对地，可以用如下方式反序列化。

```
Protos.RequestVoteRpc message =
          Protos.RequestVoteRpc.parseFrom(byteOutput.toBytes());
System.out.println(message.getTerm());       // 3
System.out.println(message.getCandidateId()); // A
System.out.println(message.getLastLogIndex()); // 10
System.out.println(message.getLastLogTerm()); // 3
```

parseFrom 方法支持任何实现 InputStream 接口的输入。

6.3　通信实现分析

接下来的内容不仅适用于 Raft 算法，也适用于其他网络程序。Raft 算法也好，Paxos 算法也好，
依赖的都是一种任意两个节点之间可以通信的网络环境。当然，算法本身考虑了由于网络导致的通
信失败，以及不确定结果状态的网络超时。

要让任意两个节点可以通信，要先确定节点的网络位置。在 Raft 算法中，集群信息一开始就
是确定的，即使中间增加或减少了节点，也会同步到集群中的服务器，所以不需要探测集群中有哪
些服务器。

另外，Raft 算法是一种稳定时单向，不稳定（比如选举）时双向通信的算法。Raft 算法中的稳
定指的是 Leader 节点被选出，Follower 节点收到 Leader 节点心跳消息之后开始到下一次选举开始
的这段时间。这段时间内只有 Leader 节点给 Follower 节点发送日志同步消息，Follower 节点回复
的单向通信。而不稳定时就有任意两个节点通信的可能。

6.3.1　TCP还是UDP

先考虑任意两点之间的通信使用什么网络协议。TCP 和 UDP 协议的主要区别如表 6-6 所示。

表 6-6　TCP 和 UDP 的主要区别

区别	TCP	UDP
是否有连接	有	无
是否会自动重传	有	无
是否有半包 / 粘包问题	有	无
速度如何	中	快

UDP 没有连接的概念，以数据包为单位传输，网络丢包了也不会重传，是一种不太可靠的网络协议。TCP 有连接的概念，基于流传输，有半包或粘包问题（应用层收到一半或者超过一个的数据包），丢包了会重传，作为一种可靠的网络协议，速度相对于 UDP 会慢一些。

对于一般的网络程序来说，除非应用层或者通信组件本身能够处理丢包，否则不建议使用 UDP。使用 UDP 的例子有，基于 GOSSIP 协议的网络程序、游戏中 UDP 加可靠化算法的组合等。

很明显，简单实现 Raft 算法时使用 TCP 比较好。

6.3.2　TCP的重复连接问题

对于 TCP 连接来说，节点 A 到节点 B，和节点 B 到节点 A 是两个不同的连接。这两个连接都可以相互通信，理论上是重复连接。要解决重复连接，可以采用以下方法。

对于节点 A 和节点 B，A < B，则只允许 A 到 B 的连接，如图 6-1 所示。

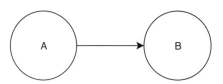

图 6-1　只允许 A 到 B 的连接

节点 A 和节点 B 的比较方式，可以是节点 ID 的字典排序或者其他方式。通过限制连接方向，禁止了 B 到 A 的连接，防止了重复连接。

以上方法的一个问题是，如果节点 B 没有和节点 A 建立连接，但是节点 B 想要向节点 A 发送消息，该怎么办呢？例如，节点 B 变成 Candidate 节点后向节点 A 发送 RequestVote 消息，这时无法期待节点 A 作为 Follower 节点主动向其他节点发起连接，所以上述要求太过严格，实际能够做到的规则如下。

对于节点 A 和节点 B，A < B，则最终只允许 A 到 B 的连接。

通过增加"最终"，允许一小段时间内存在重复的连接。如图 6-2 所示，当节点 A 收到来自节点 B 的连接后，主动发起从节点 A 到节点 B 的连接，并关闭节点 B 到节点 A 的连接，最终只允许 A 到 B 的连接。

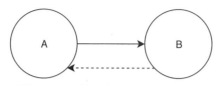

图 6-2　最终只允许 A 到 B 的连接

对于任意两个节点之间的重复连接问题，上述方法都可以很好地解决。但是 Raft 算法在稳定状态下，Follower 节点与 Follower 节点之间没有连接，所以理论上针对稳定状态下的 Raft 集群还有更好的解决方案。

（1）集群中的节点在变成 Leader 节点之后，执行连接重置操作，即关闭所有从其他节点到自己的入口连接（Inbound）。

（2）集群中的节点在变成 Follower 节点之后，执行连接重置操作，即关闭所有自己到其他节点的出口连接（Outbound），并只保留 Leader 节点到自己的入口连接。

例如，对于一个 3 节点（节点 A、B 和 C）集群，节点 A 成了 Leader 节点，那么经过上述操作后，最终只剩下两个连接。

（1）A -> B。

（2）A -> C。

理论上这是最优解，实际运行时也只需要这两个连接。

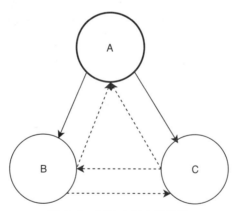

图 6-3　理论上最少的连接

图 6-3 中展示了全部连接中，最终只需要两个从 Leader 节点到 Follower 节点的连接。其余连接（虚线）可以在节点 A 成为 Leader 节点时关闭。

6.3.3　TCP半包/粘包问题

粗略地讲，TCP 半包问题是在接收一个数据包时只收到了一半，剩下的需要再一次甚至多次接收才能完全收到。粘包问题指的是接收时拿到了超过一个的数据包，比如说一个数据包加后一个数据包的一半。

严格来说，TCP 没有数据包的概念，但是 UDP 里有数据包。TCP 是基于流的网络协议，在保证可靠性的同时，数据包的切分需要应用层自己处理。

半包 / 粘包问题最简单的解决方案是，在发送的数据前加一个长度字段，接收者先收到长度字段，然后不断接收后续数据，直到达到指定长度的数据，具体如图 6-4 所示。

图 6-4　消息设计

图 6-4 是一个数据包，消息前面的 4 个字节是长度字段，代表之后负载（PAYLOAD）的长度。接收者先读取 4 个字节或更多并记录负载长度，然后读取后续数据到指定长度，此时应用可以反序列化指定长度的负载为数据包并进行处理。

6.3.4　同步IO还是异步IO

最后一个需要考虑的问题是，选择使用同步 IO 还是异步 IO。一般来说，同步 IO 编程简单，但是伸缩性不好，在碰到大量连接时性能可能会下降。相比之下，异步 IO 可以用较少的线程处理非常多的连接，但是编程会比较复杂。

从实现的角度来说，可以采用先同步 IO 再异步 IO 的方式，保证在可以运行的情况下切换实现通信的方式。或者可以使用 Netty 等成熟的 NIO 框架，快速建立基于异步 IO 的通信方式。

本书采用基于 NIO 的 Netty 作为实现通信的方式。主要原因是，对接上层服务的客户端可能会比较多，单机情况下，相比于同步 IO，异步 IO 的性能会更好。

对于那些没有接触过 Netty 的读者，下一节会介绍 Netty 下的 NIO 编程模型。如果有 Netty 经验，可以跳过下一节中 Netty 的部分。

6.4　通信组件的实现

通信组件的入口是 Connector 接口，选举的章节有介绍过通信组件的接口 Connector，以下是代码。

```java
public interface Connector {
    // 初始化
    void initialize();
    // 发送 RequestVote 给多个节点
    void sendRequestVote(RequestVoteRpc rpc,
```

```
                              Collection<NodeEndpoint> destinationEndpoints);
    // 回复 RequestVote 消息
    void replyRequestVote(RequestVoteResult result,
                          NodeEndpoint destinationEndpoint);
    // 发送 AppendEntries 消息给单个节点
    void sendAppendEntries(AppendEntriesRpc rpc,
                           NodeEndpoint destinationEndpoint);
    // 回复 AppendEntries 消息
    void replyAppendEntries(AppendEntriesResult result,
                            NodeEndpoint destinationEndpoint);
    // 重置连接
    void resetChannels();
    // 关闭通信组件
    void close();
}
```

以 send 和 reply 开头的方法中，除了 sendRequestVote 方法外，其他方法的参数都是单个目标地址。

resetChannel 方法对应之前解决重复连接的部分中提到的，节点在变成 Leader 节点之后，通过重置连接来减少重复连接的方案。

下一小节将简单介绍基于 NIO 开发的实用框架 ——Netty。

6.4.1　NIO与Netty简介

一般来说，开发基于 NIO 的网络程序需要如下步骤。

（1）创建一个 Selector 并监听某个端口。

（2）轮询 Selector 并根据事件类型（连接、读取、写入等）执行不同的操作，如图 6-5 所示。

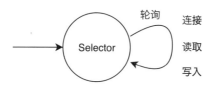

图 6-5　NIO 的 Selector

和传统的 ServerSocket 方式不同，ServerSocket 方式收到连接后一般会开启一个线程单独处理连接（Socket），而 NIO 把所有连接、读取和写入全部交给同一个 Selector。NIO 中能称为"连接"的是一个叫作 Channel 的接口，由于 Channel 没有要求在单独的一个线程中处理，因此要想区分 Channel，就必须把数据放在 Channel 的 attachments 中。

在线程模型中，可以用轮询单个 Selector 的方式处理所有逻辑，也就是用 Redis 这种单线程加一个 Selector 的方式。但单线程模型无法利用多核的优势，所以有了多个线程配合一个 Selector 的方式,这些线程被称为 IO 线程。由于 NIO 下的 Selector 可以同时处理连接、读取和写入,因此 NIO 实际上可以使用固定数量的线程来同时处理超过线程数量的连接,这也是 NIO 优于传统阻塞式 IO 的地方。

处理模型的变化,特别是从单线程改成多线程,会对处理逻辑有很大的影响,而且 JDK 的 NIO 相对低层,如果想要编写相对安全、完整、健壮的 NIO 网络程序,建议还是使用封装好的针对 NIO 的网络库,比如 Netty。

简单来说,Netty 是一个在 JDK 所提供的 NIO 的 API 上隐藏了复杂性,特别是 NIO 的编程复杂性的网络框架。上述单线程模型与多线程模型通过简单的配置就可以快速切换,不会对处理框架有太大影响。

Netty 同样有一个 Channel 模型,而且可以直接调用 Channel 实例的 write 方法写入,不用担心线程安全问题。

Netty 特有的一个设计是 Pipeline,如图 6-6 所示。如果有 Web 开发经验,那么可以将其理解为 Servlet 中的 Filter。Pipeline 主要分为 Inbound Processor 和 Outbound Processor,请求通过入口处理器(Inbound Processor)的处理链,然后再通过出口处理器(Outbound Processor)的处理链。这样的好处是可以把前置、后置、协议之类的处理分离,简化为主要处理逻辑。

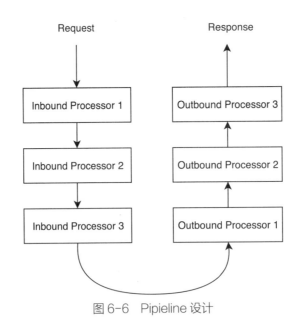

图 6-6 Pipieline 设计

例如,网络程序中的 SSL 加密、模型序列化和反序列化、安全校验等处理,通过把常见前置和后置逻辑从网络程序中抽出来并模块化,主体业务逻辑就会变得更加简单和清晰。

在 Pipeline 中,处理链在每次创建新的 Channel 时会实例化一个新的处理链(准确来说是调用 ChannelInitializer 的 initChannel 方法),间接为每个 Channel 创建了单独的入口处理器和出口处理器。这样即使针对每个 Channel 在入口处理器或出口处理器中保存了可变的数据,在 Netty 的处理链设计中也不会有线程安全问题。

除了 Netty 的核心设计外，Netty 的周边库还提供了网络程序开发过程中的常见问题的解决方案，比如之前提到的半包 / 粘包问题，在 Netty 中可以用以下解析器来处理请求。

（1）用 LineBasedFrameDecoder 来解析基于行的文本协议。

（2）用 DelimiterBasedFrameDecoder 来解析有指定分隔符的协议。

（3）用 LengthFieldBasedFrameDecoder 来解析具有长度头的协议。

Netty 的周边库还提供了很多开箱即用的协议实现，比如 HTTP，可以用 Netty 很快地实现一个简单的基于 NIO 的 HTTP 服务器。

更多关于 Netty 的介绍请参照 Netty 的官方网站，同时推荐 *Netty in Action* 一书，此书从实际角度介绍了 Netty 的用法。

接下来正式讲解通信组件的实现。

6.4.2　组件的初始化和关闭

通信组件实现类 NioConnector 的初始化和关闭的逻辑很简单，主要是服务端 Netty 的初始化和关闭。

通信组件的字段和构造函数代码如下。

```
private static final Logger logger = LoggerFactory.getLogger(NioConnector.class);
// Selector 的线程池，此处为单线程
private final NioEventLoopGroup bossNioEventLoopGroup = new NioEventLoopGroup(1);
// IO 线程迟，此处为固定数量多线程
private final NioEventLoopGroup workerNioEventLoopGroup;
// 是否和上层服务等共享 IO 线程池
private final boolean workerGroupShared;
private final EventBus eventBus;
// 节点间通信端口
private final int port;
// 入口 Channel 组
private final InboundChannelGroup inboundChannelGroup = new InboundChannelGroup();
// 出口 Channel 组
private final OutboundChannelGroup outboundChannelGroup;
// 构造函数
public NioConnector(
    NioEventLoopGroup workerNioEventLoopGroup,
    boolean workerGroupShared,
    NodeId selfNodeId, EventBus eventBus, int port) {

    this.workerNioEventLoopGroup = workerNioEventLoopGroup;
    this.workerGroupShared = workerGroupShared;
    this.eventBus = eventBus;
```

```
        this.port = port;
        outboundChannelGroup = new OutboundChannelGroup(
                            workerNioEventLoopGroup, eventBus, selfNodeId);
    }
```

bossNioEventLoopGroup 和 workerNioEventLoopGroup 是分别用于 Selector 和工作线程的线程池。一般情况下，Selector 只需要一个线程，工作线程数可以设置为 CPU 的核数乘以 2。考虑到上层服务也会使用 Netty 监听服务端口，因此为了复用工作线程池，允许工作线程池作为构造函数的参数一并传进来，并通过变量 workerGroupShared 来区分是否与上层服务共享工作线程池。

构造函数的参数中，selfNodeId 是当前节点的 NodeId，eventBus 是为了解决核心组件和通信组件之间双向依赖问题的 PubSub 工具，最后一个参数 port 是 Raft 算法的服务端口。

成员变量 inboundChannelGroup 和 outboundChannelGroup 分别表示分组入口与出口连接，在之后的 resetChannels 中使用。

通信组件的 initialize 方法负责设置并启动 Netty，代码如下。

```
public void initialize() {
    ServerBootstrap serverBootstrap = new ServerBootstrap()
            .group(bossNioEventLoopGroup, workerNioEventLoopGroup)
            .channel(NioServerSocketChannel.class)
            .childHandler(new ChannelInitializer<SocketChannel>() {
                protected void initChannel(SocketChannel ch) throws Exception {
                    // pipeline 和处理器
                    ChannelPipeline pipeline = ch.pipeline();
                    pipeline.addLast(new Decoder());
                    pipeline.addLast(new Encoder());
                    pipeline.addLast(
                        new FromRemoteHandler(eventBus, inboundChannelGroup));
                }
            });
    logger.debug("node listen on port {}", port);
    try {
        serverBootstrap.bind(port).sync();
    } catch (InterruptedException e) {
        throw new ConnectorException("failed to bind port", e);
    }
}
```

ServerBootstrap 是 Netty 用于启动服务端的一个类似于构造器（Builder）模式的类。Channel 类型被设置为 NioServerSocketChannel，表明这是一个 NIO 的服务端。初始化 Pipeline 时，添加了以下 3 个处理器。

（1）Decoder，用于解析请求的类。

（2）Encoder，用于编码响应的类。

（3）FromRemoteHandler，主体逻辑，针对入口连接。

请求是按照 Pipeline 中的处理器添加顺序进行处理的，即按照（1）（2）（3）的顺序，所以 Decoder 要在主体逻辑之前，主体逻辑要在 Encoder 之后，3 个处理器的具体内容会在之后讲解。

ServerBootstrapd 的 bing 方法返回一个 ChannelFuture，允许异步获取结果。此处通过调用 sync 强制同步，如果绑定过程中出现问题，会直接抛出异常。

通信组件中用于关闭的代码如下。

```
public void close() {
    logger.debug("close connector");
    inboundChannelGroup.closeAll();
    outboundChannelGroup.closeAll();
    bossNioEventLoopGroup.shutdownGracefully();
    if (!workerGroupShared) {
        workerNioEventLoopGroup.shutdownGracefully();
    }
}
```

代码按照顺序一个一个关闭涉及的资源。对于可能共享的工作线程池，检查是否被共享后关闭。如果工作线程池被共享，则按照规则由上层服务关闭。

6.4.3　序列化和反序列化处理器

序列化处理器（Encoder）负责把对象转换为二进制数据，反序列化处理器（Decoder）则负责把二进制数据还原为对象。如果不追求极致性能，建议使用现成的序列化和反序列化库，而不是自己手写。

本书使用的序列化和反序列工具是 Protocol Buffer，并且节点间通信的消息类和序列化模型类是分开的，所以序列化处理器和反序列化处理器需要在服务的对象和序列化模型之间进行转换。

TCP 协议下的反序列化处理器必须考虑半包 / 粘包问题。之前分析的时候提到过，半包 / 粘包问题可以通过数据长度字段加上数据内容的方法来解决。但这需要序列化和反序列处理器特别处理数据长度字段，而不仅仅是转换数据。

序列化和反序列化时还需要考虑的一个问题是，如何区分不同类型的消息，比如 RequestVote 和 AppendEntries 消息。Protocol Buffer 没有提供从一段二进制数据中解析不同类型的消息的方法，所以需要考虑该怎么做。一个简单的方案是，在数据长度字段之前再加一个消息类型字段，如图 6-7 所示。

图 6-7　消息格式

把类型放在最前面，是考虑到 Protocol Buffer 也提供了类似于长度加后续内容的写入和读取方法。除此之外，类型和长度谁在前区别不大。

以下是基于上述消息格式的序列化处理器 Decoder。

```java
class Encoder extends MessageToByteEncoder<Object> {
    // 序列化
    protected void encode(ChannelHandlerContext ctx, Object msg, ByteBuf out)
                        throws Exception {
        // 判断消息类型
        if (msg instanceof NodeId) {
            this.writeMessage(out,
            MessageConstants.MSG_TYPE_NODE_ID, ((NodeId) msg).getValue().
getBytes());
        } else if (msg instanceof RequestVoteRpc) {
            RequestVoteRpc rpc = (RequestVoteRpc) msg;
            Protos.RequestVoteRpc protoRpc = Protos.RequestVoteRpc.newBuilder()
                    .setTerm(rpc.getTerm())
                    .setCandidateId(rpc.getCandidateId().getValue())
                    .setLastLogIndex(rpc.getLastLogIndex())
                    .setLastLogTerm(rpc.getLastLogTerm())
                    .build();
            this.writeMessage(out,
            MessageConstants.MSG_TYPE_REQUEST_VOTE_RPC, protoRpc);
        }
    }
    // 写入消息（1）
    private void writeMessage(ByteBuf out, int messageType, MessageLite
message)
                            throws IOException {
        // 先写入消息类型
        out.writeInt(messageType);
        ByteArrayOutputStream byteOutput = new ByteArrayOutputStream();
        message.writeTo(byteOutput);
        this.writeBytes(out, byteOutput.toByteArray());
    }
    // 写入消息（2）
    private void writeMessage(ByteBuf out, int messageType, byte[] bytes) {
        // 4 + 4 + VAR
        out.writeInt(messageType);
        this.writeBytes(out, bytes);
    }
    // 写入消息（3）
```

```
private void writeBytes(ByteBuf out, byte[] bytes) {
    // 写入长度
    out.writeInt(bytes.length);
    // 写入负载
    out.writeBytes(bytes);
    }
}
```

这里给出了针对两种消息的处理，NodeId 和 RequestVoteRpc（NodeId 消息会在之后说明）。两种消息通过不同的 messageType 来区分。NodeId 没有使用 Protocol Buffer 序列化，因为 NodeId 只是字符串的一个简单封装。消息写入时，为了确定数据长度，使用 ByteArrayOutputStream 作为缓冲。

但使用缓冲有一个问题是，如果消息比较大、数据比较多，就会浪费内存空间。一个解决方法是，使用 Protocol Buffer 提供的 getSerializedSize 方法预先计算一次大小。预先计算会计算所有字段的长度，然后返回总和，这在序列化大消息时比较有用。另一种方法是使用 Protocol Buffer 的 writeDelimitedTo 方法，此方法会写入一个数据长度和消息内容。Netty 在输出数据时使用的是 ByteBuf，需要进行适配处理，修改后的写入消息代码如下。

```
private void writeMessage(ByteBuf out, int messageType, MessageLite message)
                    throws IOException {
    out.writeInt(messageType);
    ByteBufOutputStream bbOut = new ByteBufOutputStream(out);
    message.writeDelimitedTo(bbOut);
}
```

反序列化处理器相比序列化处理器要复杂一些。处理上要对应序列化处理器写入的数据，而且必须考虑没有读取到完整数据的情况。比如收到一个长度字段为 32 的消息，那么反序列化处理器必须等待 32 字节或者更多的数据达到了，才能正式开始二进制数据的反序列化，代码如下。

```
public class Decoder extends ByteToMessageDecoder {
    // 反序列化
    protected void decode(ChannelHandlerContext ctx, ByteBuf in, List<Object> out)
                    throws Exception {
        // 预读 8 个字节（消息类型加负载长度）
        int availableBytes = in.readableBytes();
        if (availableBytes < 8) {
            return;
        }
        // 记录当前的起始位置
        in.markReaderIndex();
        int messageType = in.readInt();
        int payloadLength = in.readInt();
        // 消息尚未完全可读（半包状态）
```

```
        if (in.readableBytes() < payloadLength) {
            // 回到起始位置
            in.resetReaderIndex();
            return;
        }
        // 消息可读
        byte[] payload = new byte[payloadLength];
        in.readBytes(payload);
        // 根据消息类型反序列化
        switch (messageType) {
            case MessageConstants.MSG_TYPE_NODE_ID:
                out.add(new NodeId(new String(payload)));
                break;
            case MessageConstants.MSG_TYPE_REQUEST_VOTE_RPC:
                Protos.RequestVoteRpc protoRVRpc =
                            Protos.RequestVoteRpc.parseFrom(payload);
                RequestVoteRpc rpc = new RequestVoteRpc();
                rpc.setTerm(protoRVRpc.getTerm());
                rpc.setCandidateId(new NodeId(protoRVRpc.getCandidateId()));
                rpc.setLastLogIndex(protoRVRpc.getLastLogIndex());
                rpc.setLastLogTerm(protoRVRpc.getLastLogTerm());
                out.add(rpc);
                break;
        }
    }
}
```

decode 方法先判断可以读取的数据字节数。前 8 个字节中，4 个字节是消息类型，4 个字节是消息长度。在读取到消息长度之后，判断后续数据长度是否达到负载长度，如果没有，则重置读取的索引，等待下一次读取。

在有足够的数据长度之后，把数据内容读取到一个缓冲中，然后由 Protocol Buffer 负责解析，把解析完的数据放入 Netty 的处理器链模型 out 中，然后数据会传递给下一个处理器 FromRemoteHandler。

那么，反序列化处理器有没有办法避免使用缓冲呢？虽然现有的 NodeId 的关系难以一并处理，但是 Protocol Buffer 同样提供了一个从输入流读取长度加负载的方法，即 parseDelimitedFrom(InputStream)，对应之前讲的 writeDelimitedTo 方法。在 Decoder 中可以使用如下代码。

```
int startIndex = in.readerIndex();
int messageType = in.readInt();
int payloadLength = in.readInt();
if (in.readableBytes() < payloadLength) {
    in.readerIndex(startIndex);
```

```
    return;
}
// 跳过一开始的消息类型，从长度开始
in.readerIndex(startIndex + 4);
Protos.RequestVoteRpc.parseDelimitedFrom(new ByteBufInputStream(in));
```

注意，上述代码可能无法运行，因为 Protocol Buffer 实际上并不是一个 4 字节的长度字段加负载的类型。除非序列化处理器使用了 writeDelimitedTo 方法，否则反序列化处理器不能使用 parseDelimitedFrom。

6.4.4　FromRemoteHandler和简易应用层协议

FromRemoteHandler 是接受来自外部连接时的处理器。接受外部连接时有一个问题，就是服务器不知道连接是由哪个节点发起的。

一种解决方法是分析远程地址，来匹配集群中的成员服务器。匹配有一个问题是，如果是通过代理等方式连接的，就会无法匹配到正确的成员服务器。另一个问题是，对于单台服务器的多个服务端口的支持不好，比如使用 localhost 搭建的 3 节点集群，连接的远程地址都是 localhost（连接时用的端口和对外服务的端口不同，不能参与匹配），无法区分是由哪个节点发起的连接。

另一种解决区分连接来源节点的方法是，制定一个简单的应用层协议，如图 6-8 所示。

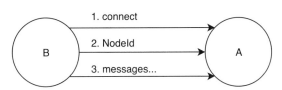

图 6-8　简单的应用层协议

（1）节点 B 向节点 A 发起连接后，先发送自己的 NodeId。

（2）节点 A 收到来自其他节点的连接后，接受的第一个消息必须是 NodeId。收到 NodeId 后，记录在当前 Channel 或者 Handler 中。在没有收到 NodeId 的前提下收到其他消息，则抛异常。

FromRemoteHandler 中实现上述协议接收端（A）的代码如下。

```
class FromRemoteHandler extends AbstractHandler {
    private static final Logger logger = LoggerFactory.getLogger
(FromRemoteHandler.class);
    // 入口连接组
    private final InboundChannelGroup channelGroup;
    // 构造函数
    FromRemoteHandler(EventBus eventBus, InboundChannelGroup channelGroup) {
        super(eventBus);
        this.channelGroup = channelGroup;
    }
```

```
    // Decoder 解析完成后被调用
    public void channelRead(ChannelHandlerContext ctx, Object msg) throws
Exception {
        if (msg instanceof NodeId) {
            remoteId = (NodeId) msg;
            NioChannel nioChannel = new NioChannel(ctx.channel());
            channel = nioChannel;
            channelGroup.add(remoteId, nioChannel);
            return;
        }
        super.channelRead(ctx, msg);
    }
}
```

channelRead 方法先判断 msg 的类型，如果类型是 NodeId，则表示当前消息是节点标示消息。将其从 Object 转换为 NodeId 并设置到 remoteId 变量中，然后把当前的 channel 包装为 NioChannel，并加入到入口连接组 InboundChannelGroup 中。NioChannel 是通信组件中一个用于限制发送消息类型的类。如果不是 NodeId 消息，则 channelRead 调用超类 AbstractHandler 的 channelRead 方法，超类的 channelRead 方法负责处理除 NodeId 类型以外的消息。

上述代码中，设置 remoteId 的步骤并不严格。如果远程节点再次发送 NodeId 类型的消息，remoteId 会被二次设置。一个简单的解决方法是，检查 remoteId 是否已经被设置，如果已被设置则抛错。

AbstractHandler 使用 EventBus 解决核心组件和 RPC 组件之间的双向依赖问题，把收到的消息转发给订阅者，AbstractHandler 的实现代码如下。

```
abstract class AbstractHandler extends ChannelDuplexHandler {
    private static final Logger logger = LoggerFactory.getLogger
(AbstractHandler.class);
    protected final EventBus eventBus;
    NodeId remoteId; // 远程节点 ID
    // RPC 组件中的 Channel，非 Netty 的 Channel
    protected Channel channel;
    // 最后发送的 AppendEntriesRpc 消息
    private AppendEntriesRpc lastAppendEntriesRpc;
    // 构造函数
    AbstractHandler(EventBus eventBus) {
        this.eventBus = eventBus;
    }
    @Override
    public void channelRead(ChannelHandlerContext ctx, Object msg)
throws Exception {
```

```
        assert remoteId != null;
        assert channel != null;
        // 判断类型后转发消息
        if (msg instanceof RequestVoteRpc) {
            RequestVoteRpc rpc = (RequestVoteRpc) msg;
            eventBus.post(new RequestVoteRpcMessage(rpc, remoteId, channel));
        } else if (msg instanceof RequestVoteResult) {
            eventBus.post(msg);
        } else if (msg instanceof AppendEntriesResult) {
            AppendEntriesResult result = (AppendEntriesResult) msg;
            if (lastAppendEntriesRpc == null) {
                logger.warn("no last append entries rpc");
            } else {
                eventBus.post(new AppendEntriesResultMessage(
                                result, remoteId, lastAppendEntriesRpc));
                lastAppendEntriesRpc = null;
            }
        }
    }
    // 发送前记录最后一个 AppendEntries 消息
    public void write(ChannelHandlerContext ctx, Object msg,
ChannelPromise promise)
                throws Exception {
        if (msg instanceof AppendEntriesRpc) {
            lastAppendEntriesRpc = (AppendEntriesRpc) msg;
        }
        super.write(ctx, msg, promise);
    }
}
```

AbstractHandler 继承自 ChannelDuplexHandler，是一个同时管理入口与出口的处理器。AbstractHandler 的 channelRead 方法把 Decoder 解析出来的对象封装为一个消息，通过 EventBus 发送给订阅者，即核心组件。

这里特别说明一下 lastAppendEntriesRpc 的处理。AbstractHandler 通过覆写 write 方法，在发送 AppendEntriesRpc 之前记录最后发送出去的 AppendEntriesRpc。这么做的主要原因是，AppendEntries 响应只有一个表示响应成功与否的 success 字段，缺少一些处理用的字段，解决方法有多种。一种方法是扩展响应的字段，加上复制进度跟踪的数据，除了 Raft 算法中的 nextIndex 和 matchIndex，再加上一个 lastReplicatedIndex 之类的字段，用于表示日志复制消息中 entries 字段的最后一条日志的索引。另一种方法是在 RPC 组件里记录最后一次发送出去的 AppendEntries 消息，在收到 AppendEntries 响应时一并传给订阅者，这也是上面的代码所实现的方法。

注意，以上两种解决方法都存在一个问题，即当远程节点不按照顺序回复结果时，处理器中记录的最后发送的 AppendEntrisRpc 会和实际不一致的响应匹配起来，或者只响应没有发送的 AppendEntrisRpc，从而导致各种错误。如果想要进一步解决这个问题，可以给消息增加一个随机的 UUID 或者顺序的编号，丢弃编号不一致的结果，依靠 Raft 算法中日志复制的重传来保证后续处理的正确性。

6.4.5 连接远程节点

Raft 算法中的节点既作为服务端也作为客户端，所以除了上面服务端的设置之外，通信组件中还有从本地向远程发起连接的处理，通信组件中用于创建客户端连接的代码如下。

```java
private NioChannel connect(NodeId nodeId, Address address) throws InterruptedException {
    Bootstrap bootstrap = new Bootstrap()
            .group(workerGroup)
            .channel(NioSocketChannel.class)
            .option(ChannelOption.TCP_NODELAY, true)
            .handler(new ChannelInitializer<SocketChannel>() {
                @Override
                protected void initChannel(SocketChannel ch) throws Exception {
                    ChannelPipeline pipeline = ch.pipeline();
                    pipeline.addLast(new Decoder());
                    pipeline.addLast(new Encoder());
                    pipeline.addLast(
                            new ToRemoteHandler(eventBus, nodeId, selfNodeId));
                }
            });
    ChannelFuture future = bootstrap.connect(address.getHost(), address.getPort()).sync();
    // 同步等待连接完成
    if (!future.isSuccess()) {
        throw new ChannelException("failed to connect", future.cause());
    }
    logger.debug("channel OUTBOUND-{} connected", nodeId);
    Channel nettyChannel = future.channel();
    // 连接关闭后从组里删除
    nettyChannel.closeFuture().addListener((ChannelFutureListener) cf -> {
        logger.debug("channel OUTBOUND-{} disconnected", nodeId);
        channelMap.remove(nodeId);
    });
    return new NioChannel(nettyChannel);
}
```

与之前的 ServerBootstrap 不同，这里使用的是 Bootstrap。workerGroup 可以复用服务端的工作线程组。处理链 Pipeline 的设置里，除了之前讲的 Decoder 和 Encoder 之外，还用了一个叫作 ToRemoteHandler 的处理器。

ToRemoteHandler 是用于连接远程节点的处理器，除了基本的转发远程节点回复的消息之外，还需要在连接之后马上发送自己的 NodeId。在 Netty 中，连接后立刻发送 NodeId 消息可以通过重载方法 channelActive 来实现，以下是 ToRemoteHandler 的代码。

```
class ToRemoteHandler extends AbstractHandler {
    private static final Logger logger = LoggerFactory.getLogger
(ToRemoteHandler.class);
    private final NodeId selfNodeId;
    // 构造函数
    ToRemoteHandler(EventBus eventBus, NodeId remoteId, NodeId selfNodeId) {
        super(eventBus);
        this.remoteId = remoteId;
        this.selfNodeId = selfNodeId;
    }
    // 连接成功后发送自己的节点 ID
    public void channelActive(ChannelHandlerContext ctx) {
        ctx.write(selfNodeId);
        channel = new NioChannel(ctx.channel());
    }
}
```

ToRemoteHandler 和 FromRemoteHandler 一样继承自 AbstractHandler，所以收到回复的消息转发由父类 AbstractHandler 处理。ToRemoteHandler 预先知道要连接的远程服务器节点的 ID，所以直接在构造函数中设置。

6.4.6　发送消息

通信组件的 NioConnector 实现中，除了初始化和关闭方法之外，剩下的都是发送或者回复消息，这些方法的实现基本相同，都是和远程节点连接后发送消息，比如发送请求投票消息的 sendRequestVote 方法，其代码如下。

```
public void sendRequestVote(RequestVoteRpc rpc,
                            Collection<NodeEndpoint> destinationEndpoints) {
    for (NodeEndpoint endpoint : destinationEndpoints) {
        try {
            getChannel(endpoint).writeRequestVoteRpc(rpc);
        } catch (Exception e) {
            logger.warn("failed to send RequestVoteRpc", e);
        }
```

```
    }
}
// 按照节点 ID 创建或者获取连接
private Channel getChannel(NodeEndpoint endpoint) {
    return outboundChannelGroup.getOrConnect(endpoint.getId(), endpoint.
getAddress());
}
```

OutboundChannelGroup 是一个管理出口连接的组。getChannel 方法负责根据 Endpoint 查找可用的连接，如果找不到就新建一个连接。这是一个惰性连接方法，以下是 OutboundChannelGroup 中 getOrConnect 方法的实现。

```
class OutboundChannelGroup {
    private static final Logger logger = LoggerFactory.
getLogger(OutboundChannelGroup.class);
    private final EventLoopGroup workerGroup;
    private final EventBus eventBus;
    private final NodeId selfNodeId;
    private final ConcurrentMap<NodeId, Future<NioChannel>> channelMap =
                                        new ConcurrentHashMap<>();
    // 构造函数
    OutboundChannelGroup(EventLoopGroup workerGroup,
                        EventBus eventBus, NodeId selfNodeId) {
        this.workerGroup = workerGroup;
        this.eventBus = eventBus;
        this.selfNodeId = selfNodeId;
    }
    // 获取已有的出口连接或者新建连接
    NioChannel getOrConnect(NodeId nodeId, Address address) {
        Future<NioChannel> future = channelMap.get(nodeId);
        if (future == null) {
            FutureTask<NioChannel> newFuture =
                    new FutureTask<>(() -> connect(nodeId, address));
            future = channelMap.putIfAbsent(nodeId, newFuture);
            if (future == null) {
                future = newFuture;
                // 在当前线程执行 connect 方法
                newFuture.run();
            }
        }
        // 等待其他线程执行完毕或者自己执行到这一步
        try {
            return future.get();
```

```
            } catch (Exception e) {
                channelMap.remove(nodeId);
                if (e instanceof ExecutionException) {
                    Throwable cause = e.getCause();
                    if (cause instanceof ConnectException) {
                        throw new ChannelConnectException(
                                "failed to get channel to node " + nodeId +
                                ", cause " + cause.getMessage(), cause);
                    }
                }
                throw new ChannelException("failed to get channel to node "
+ nodeId, e);
            }
        }
    }
```

getOrConnect 实现了一个线程安全的惰性连接方法。但由于这部分中 Future 加 ConcurrentHashMap 的代码是基于《Java 并发编程实践》中线程安全的缓存编写的，本书不会做详细分析。核心组件用的是单线程模型，也可以替换为简单的非线程安全版本，代码如下。

```
Map<NodeId, NioChannel> channelMap = new HashMap();

NioChannel getOrConnect(NodeId nodeId, Address address) {
    if(!channelMap.contains(nodeId)) {
        channelMap.put(nodeId, connect(nodeId, address));
    }
    return channelMap.get(nodeId);
}
```

之前讲解 connect 方法时没有涉及的一个问题是，惰性连接的第一次连接应该是同步的还是异步的（Netty 允许默认连接是异步操作，除非手动转为同步操作）。如果做成异步连接，组件本身可能在没有连接上的情况下发送消息导致出错，而核心组件根本就不知道。所以本书的选择是同步连接，一方面这样简单，另一方面连接基本上只有一次，connect 方法中同步连接的代码如下。

```
ChannelFuture future = bootstrap.connect(address.getHost(), address.
getPort()).sync();
    if (!future.isSuccess()) {
        throw new ChannelException("failed to connect", future.cause());
    }
```

isSuccess 方法连接失败时会发生阻塞。这里的阻塞会影响主线程，但理论上影响很小。getOrConnect 中如果连接失败，失败的连接会被自动移除，所以极端情况下，多次连接失败会导致多次阻塞，进而影响主线程的吞吐量。

如果比较在意这种情况，可以设计一个消息缓冲或消息转发，配合异步的 Channel 按照顺序发送消息。但这会使实现变得非常复杂，本书没有采用。

本书在发送消息时并没有直接使用 Netty 的 Channel 接口，而是单独设置一个只能发送指定类型消息的 Channel 接口，代码如下。

```java
public interface Channel {
    // 发送 RequestVote 消息
    void writeRequestVoteRpc(RequestVoteRpc rpc);
    // 发送 RequestVote 响应
    void writeRequestVoteResult(RequestVoteResult result);
    // 发送 AppendEntries 消息
    void writeAppendEntriesRpc(AppendEntriesRpc rpc);
    // 发送 AppendEntries 响应
    void writeAppendEntriesResult(AppendEntriesResult result);
    // 关闭
    void close();
}
```

这么做一方面可以限制传输的消息类型，防止 Encoder 不能处理的消息出现。另一方面，如果想要实现消息缓冲、消息转发之类的功能，可以在这个 Channel 中实现。从这个角度来说，通信组件的 Channel 接口提供了一定的扩展性。

默认 NioChannel 的实现如下，代码很简单，只是 Netty 的 Channel 的包装。

```java
class NioChannel implements Channel {
    private final io.netty.channel.Channel nettyChannel;
    // 构造函数
    NioChannel(io.netty.channel.Channel nettyChannel) {
        this.nettyChannel = nettyChannel;
    }
    // 写入 RequestVote 消息
    public void writeRequestVoteRpc(RequestVoteRpc rpc) {
        nettyChannel.writeAndFlush(rpc);
    }
    // 写入 RequestVote 响应
    public void writeRequestVoteResult(RequestVoteResult result) {
        nettyChannel.writeAndFlush(result);
    }
    // 写入 AppendEntries 消息
    public void writeAppendEntriesRpc(AppendEntriesRpc rpc) {
        nettyChannel.writeAndFlush(rpc);
    }
    // 写入 AppendEntries 响应
    public void writeAppendEntriesResult(AppendEntriesResult result) {
```

```
            nettyChannel.writeAndFlush(result);
        }
        // 关闭
        public void close() {
            try {
                nettyChannel.close().sync();
            } catch (InterruptedException e) {
                throw new ChannelException("failed to close", e);
            }
        }
        // 获取底层 Netty 的 Channel
        io.netty.channel.Channel getDelegate() {
            return nettyChannel;
        }
    }
```

6.4.7　InboundChannelGroup

通信组件中最后一个要讲解的部分是负责入口连接的容器 InboundChannelGroup。这个容器和 OutboundChannelGroup 不同，不需要按照 NodeId 查找连接，只需要记录来自远程节点的所有连接，并且在当前节点变成 Leader 节点时重置所有入口连接，即关闭所有入口连接。

InboundChannelGroup 的代码不是很复杂，由于不需要查找操作，InboundChannelGroup 使用了一个 CopyOnWriteArrayList 来管理入口连接。同时，由于会收到来自外部的连接，因此此处必须使用线程安全的容器。代码本身是参考 Netty 的 ChannelGroup 编写的，有兴趣的读者可以阅读 Netty 的 ChannelGroup 的代码。

```
class InboundChannelGroup {
    private static final Logger logger = LoggerFactory.
getLogger(InboundChannelGroup.class);
    private final List<NioChannel> channels = new CopyOnWriteArrayList<>();
    // 增加入口连接
    public void add(NodeId remoteId, NioChannel channel) {
        logger.debug("channel INBOUND-{} connected", remoteId);
        channel.getDelegate().closeFuture().addListener((ChannelFuture
Listener) future -> {
            // 连接关闭时移除
            logger.debug("channel INBOUND-{} disconnected", remoteId);
            remove(channel);
        });
    }
    // 移除连接
```

```
    private void remove(NioChannel channel) {
        channels.remove(channel);
    }
    // 关闭所有连接
    void closeAll() {
        logger.debug("close all inbound channels");
        for (NioChannel channel : channels) {
            channel.close();
        }
    }
}
```

6.5 测试

尽管通信组件相比核心和日志组件来说要独立很多，但是不太可能在单元测试中绑定端口然后尝试连接，所以接下来的测试主要关注几个 Handler 的逻辑正确性。测试中涉及 Netty 部分 API 的使用，本书不会做详细讲解，有兴趣的读者可以查阅相关文档。

6.5.1 Encoder

以最简单的 NodeId 和 RequestVoteRpc 为例，主要测试编码后消息是否可以正确还原，测试代码如下。

```
public class EncoderTest {
    @Test
    public void testNodeId() throws Exception {
        Encoder encoder = new Encoder();
        ByteBuf buffer = Unpooled.buffer();
        encoder.encode(null, NodeId.of("A"), buffer);
        assertEquals(MessageConstants.MSG_TYPE_NODE_ID, buffer.readInt());
        assertEquals(1, buffer.readInt());
        assertEquals((byte) 'A', buffer.readByte());
    }

    @Test
    public void testRequestVoteRpc() throws Exception {
        Encoder encoder = new Encoder();
        ByteBuf buffer = Unpooled.buffer();
        RequestVoteRpc rpc = new RequestVoteRpc();
```

```
        rpc.setLastLogIndex(2);
        rpc.setLastLogTerm(1);
        rpc.setTerm(2);
        rpc.setCandidateId(NodeId.of("A"));
        encoder.encode(null, rpc, buffer);
        assertEquals(MessageConstants.MSG_TYPE_REQUEST_VOTE_RPC, buffer.
readInt());
        buffer.readInt(); // skip length
        Protos.RequestVoteRpc decodedRpc =
            Protos.RequestVoteRpc.parseFrom(new
ByteBufInputStream(buffer));
        assertEquals(rpc.getLastLogIndex(), decodedRpc.getLastLogIndex());
        assertEquals(rpc.getLastLogTerm(), decodedRpc.getLastLogTerm());
        assertEquals(rpc.getTerm(), decodedRpc.getTerm());
        assertEquals(rpc.getCandidateId().getValue(), decodedRpc.
getCandidateId());
    }
}
```

6.5.2　Decoder

Decoder 的测试与 Encoder 类似，这里同样以 NodeId 和 RequestVoteRpc 为例，测试代码如下。

```
public class DecoderTest {
    @Test
    public void testNodeId() throws Exception {
        ByteBuf buffer = Unpooled.buffer();
        buffer.writeInt(MessageConstants.MSG_TYPE_NODE_ID);
        buffer.writeInt(1);
        buffer.writeByte((byte) 'A');
        Decoder decoder = new Decoder();
        List<Object> out = new ArrayList<>();
        decoder.decode(null, buffer, out);
        assertEquals(NodeId.of("A"), out.get(0));
    }

    @Test
    public void testRequestVoteRpc() throws Exception {
        Protos.RequestVoteRpc rpc = Protos.RequestVoteRpc.newBuilder()
                .setLastLogIndex(2)
                .setLastLogTerm(1)
                .setTerm(2)
```

```
                .setCandidateId("A")
                .build();
    ByteBuf buffer = Unpooled.buffer();
    buffer.writeInt(MessageConstants.MSG_TYPE_REQUEST_VOTE_RPC);
    byte[] rpcBytes = rpc.toByteArray();
    buffer.writeInt(rpcBytes.length);
    buffer.writeBytes(rpcBytes);
    Decoder decoder = new Decoder();
    List<Object> out = new ArrayList<>();
    decoder.decode(null, buffer, out);
    RequestVoteRpc decodedRpc = (RequestVoteRpc) out.get(0);
    assertEquals(rpc.getLastLogIndex(), decodedRpc.getLastLogIndex());
    assertEquals(rpc.getLastLogTerm(), decodedRpc.getLastLogTerm());
    assertEquals(rpc.getTerm(), decodedRpc.getTerm());
    assertEquals(NodeId.of(rpc.getCandidateId()), decodedRpc.
getCandidateId());
    }
}
```

6.6 本章小结

通信组件作为网络程序中的基础组件，其重要性不言而喻，很多时候通信组件决定了系统的吞吐量上限。虽然用 Java 语言可以很方便地进行网络编程，但 NIO 对于很多人来说还是比较陌生。借助 Netty 等成熟的网络编程框架，可以相对容易地实现基于 NIO 的网络程序。

本章讲解了通信接口分析、序列化与反序列化、通信实现分析、通信组件的实现等内容，最后给出了 Encoder、Decoder 的测试代码。

至此，Raft 算法的核心服务端的实现基本完成。在正式测试前，还剩上层服务和客户端两部分内容未讲解。接下来的章节会在 Raft 算法的核心服务端的基础上，详细分析如何实现上层服务，以及独立于 Raft 算法的核心服务端之外的交互式服务客户端。

第7章
基于Raft算法的KV服务

Raft算法是一种分布式环境下数据一致性的解决方案，与大部分基于单机的服务（如状态机）相比，有很大的不同。

由于Raft算法本身的复杂性，如果想把单机服务改造为支持强分布式一致性的服务，从设计上很难简单地通过继承某个超类，或者实现某些特定方法来完成改造。服务本身必须做一些修改，而且服务的执行方式会和单机服务有所不同。

本章以KV服务为例，介绍一种基于Raft算法的服务实现方式。本章主要以通过测试为目的，实现上以简单、够用为标准。如果想要在生产环境使用，建议进一步设计和完善。

7.1 服务设计

即使没有自己设计过 KV 服务，肯定也用过 KV 服务，比如 Memcache、Redis。Memcache 和 Redis 很多时候被用作缓存服务，因为这些软件大部分时候只操作内存，并不实时将数据写入磁盘。与用作缓存的 Memcache 或者 Redis 不同，本书要设计的 KV 服务是基于 Raft 算法的强一致性数据服务。除了被写入磁盘之外，数据通过 Raft 算法在节点之间同步传输，以保证单台机器宕机不影响集群对外服务。

7.1.1 整体设计

图 7-1 是 KV 服务的概览图。

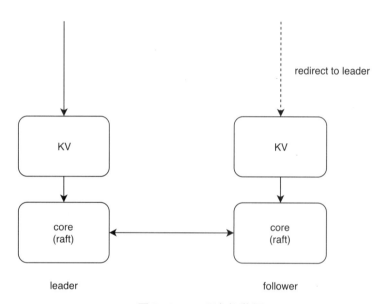

图 7-1 KV 服务概览图

概览图要传达的信息主要有以下几个。

（1）KV 服务层之间不交换信息，由核心组件负责节点间的数据同步。

（2）只有 Leader 节点接受请求，Follower 节点接受到请求后会要求客户端重定向到 Leader 节点，让客户端重新请求 Leader 节点。

（3）KV 服务收到的请求会传递到核心组件。

因为 Follower 节点没有复制日志到其他节点的机制，所以不能提供服务，特别是修改数据的命令。

这里考虑一个问题，假设是只读命令，是否可以放宽要求，让 Follower 节点提供服务？

答案是，由于 Follower 节点难以保证自己拥有的数据一定是最新的，所以不建议让 Follower 节点对外提供服务。

有两种转发实现方式，一种是告诉客户端 Leader 节点地址，让客户端向 Leader 节点地址再发起一次请求。另一种是由 Follower 节点连接 Leader 节点，代理发送请求。前者比较简单，后者适合客户端无法直接访问 Leader 节点的场景。具体选择哪种，依赖于服务本身和服务所在的网络环境。一般来说两者都是可以的，但由于后者实现起来会比较复杂，本书并没有实现，有兴趣的读者可以思考一下如何设计。

这一点不难理解，如果 KV 服务层之间可以交换信息，就不需要核心组件所在的层了。反过来说，因为第（1）点的存在，KV 服务层相比核心组件要简单，因为它只需要关注外部的请求，也就是只需要做服务端的逻辑即可（相比之下核心组件既要作为服务端，也要作为客户端）。

KV 服务的请求需要通过某种方法传递到与服务无关的 Raft 算法的核心组件中，具体怎么传递依赖于核心组件的实现。根据笔者的经验，无侵入地对接上层服务还是比较困难的。

7.1.2　服务接口设计

以下是 KV 服务的主要命令，每个命令包括请求和响应。

GET 请求，传入关键字 key，代码如下。

```
public class GetCommand  {
    private final String key;
    // 构造函数
    public GetCommand(String key) {
        this.key = key;
    }
    // 获取 key
    public String getKey() {
        return key;
    }
    public String toString() {
        return "GetCommand{" +
                "key='" + key + '\'' +
                '}';
    }
}
```

正常的 GET 响应，返回关键字对应的值，代码如下。

```
public class GetCommandResponse {
    private final boolean found;
    private final byte[] value;
    // 构造函数
    public GetCommandResponse(byte[] value) {
        this(value != null, value);
```

```
    }
    // 构造函数，指定是否找到
    public GetCommandResponse(boolean found, byte[] value) {
        this.found = found;
        this.value = value;
    }
    // 是否存在
    public boolean isFound() {
        return found;
    }
    // 获取 value
    public byte[] getValue() {
        return value;
    }
    public String toString() {
        return "GetCommandResponse{found=" + found + '}';
    }
}
```

GetCommandResponse 里除了具体的值之外，还设置了一个布尔变量 found，表示是否找到数据。单独设置一个 found 的原因是方便区分 null 和没有找到数据的情况。假如 KV 服务允许 value 为 null 的关键字，那么客户端必须使用 found 来区分找到还是没找到数据。相反，如果 KV 服务不需要区分这两种情况，那么可以去掉 found 字段。

value 字段的类型被设置为二进制数组，因为 KV 服务不知道实际存储的是数字、字符串还是复杂类型，所以用更为一般化的二进制数组来表示。

异常情况下的 GET 响应，或者说涉及的通用响应有两种，一种是处理异常的情况，代码如下。

```
public class Failure {
    private final int errorCode;
    private final String message;
    // 构造函数
    public Failure(int errorCode, String message) {
        this.errorCode = errorCode;
        this.message = message;
    }
    // 获取错误码
    public int getErrorCode() {
        return errorCode;
    }
    // 获取描述
    public String getMessage() {
        return message;
```

```
    }
    public String toString() {
        return "Failure{" +
                "errorCode=" + errorCode +
                ", message='" + message + '\'' +
                '}';
    }
}
```

内容有异常码和异常消息。一般来说异常码由服务自行定义，本书中 KV 服务的异常码如表 7-1 所示。

表 7-1　KV 服务异常码

异常码	描述
100	通用异常
101	超时

另一种通用的响应是重定向响应，代码如下。

```
public class Redirect {
    private final String leaderId;
    // 构造函数，类型 NodeId
    public Redirect(NodeId leaderId) {
        this(leaderId != null ? leaderId.getValue() : null);
    }
    // 构造函数，类型字符串
    public Redirect(String leaderId) {
        this.leaderId = leaderId;
    }
    // 获取 leader 的 ID
    public String getLeaderId() {
        return leaderId;
    }

    public String toString() {
        return "Redirect{" + "leaderId=" + leaderId + '}';
    }
}
```

要求客户端重定向时，可以提供 Leader 节点的 NodeId 或者网络地址。前者比较简单，后者在集群成员变更时很有用。本书考虑到易于读者理解，使用前者。注意，字段 leaderId 有可能为 null，在刚启动的情况下，leaderId 尚未确定，非 Leader 节点只能返回 null。客户端在 leaderId 为 null 时，可以随机选择剩下的节点中的一个，或者重试。

KV 服务中还有一个命令是 SET 命令，代码如下。

```
public class SetCommand {
    private final String requestId;
    private final String key;
    private final byte[] value;
    // 构造函数, 无请求 ID
    public SetCommand(String key, byte[] value) {
        this(UUID.randomUUID().toString(), key, value);
    }
    // 构造函数
    public SetCommand(String requestId, String key, byte[] value) {
        this.requestId = requestId;
        this.key = key;
        this.value = value;
    }
    // 获取请求 ID
    public String getRequestId() {
        return requestId;
    }
    // 获取 key
    public String getKey() {
        return key;
    }
    // 获取 value
    public byte[] getValue() {
        return value;
    }
    @Override
    public String toString() {
        return "SetCommand{" +
                "key='" + key + '\'' +
                ", requestId='" + requestId + '\'' +
                '}';
    }
}
```

SET 命令除了基本的 key 和二进制数组类型的 value 外，还有一个字符串类型的请求 ID。每次请求都自动分配一个随机的请求 ID（UUID），请求之间不重复。请求 ID 在之后的请求处理流程中是一个很重要的字段，用于关联请求、SET 命令和客户端。

SET 的响应除了之前的通用响应（即 Failure 和 Redirect）外，还有一个正常情况下的通用响应 Success，代码非常简单。

```
public class Success {
    public static final Success INSTANCE = new Success();
    // 私有构造函数
    private Success() {
    }
}
```

Success 类私有化了默认构造函数，代码中只能使用单例 Success.INSTANCE，不能任意构造
Success 的其他实例。

7.1.3 命令执行流程

基于 Raft 算法的分布式一致性服务和一般的单机服务在执行命令时最大的不同在于，开始执
行到实际操作数据中间有时间差。这个时间差是日志同步所导致的，而且在日志没有被复制到过半
节点时，数据不会被操作，客户端只能无限等待下去。图 7-2 是正常情况下的命令执行流程。

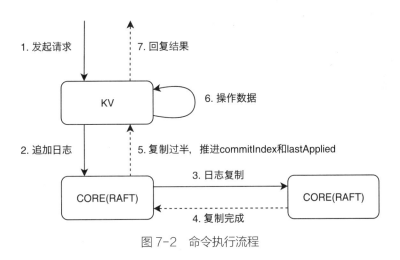

图 7-2 命令执行流程

从客户端发起请求到 KV 组件最终回复结果为止，总共有以下 7 个步骤。

（1）客户端发起请求。

（2）核心组件追加日志。

（3）Leader 节点和 Follower 节点之间的日志复制。

（4）等待过半节点复制完成。

（5）过半节点复制完成后，推进 commitIndex，间接推进 lastApplied。

（6）推进 lastApplied 时，服务的状态机操作服务的数据。

（7）状态机回复客户端结果。

步骤（3）（4）和（5）的实际次数根据节点的数量会有变化。

注意 KV 组件和核心组件之间的调用关系，步骤（5）并不是步骤（2）的直接响应，所以核心

组件需要调用（准确来说是回调）KV 组件。也就是说，KV 组件和核心组件之间存在"双向调用"关系。在整体设计时提到过针对核心组件和通信组件之间的双向调用的解决方案，这里使用了回调方案，具体细节会在之后客户端交互的小节中进行分析。

7.1.4　KV组件处理模型

KV 组件的处理模型包括两部分，一部分是命令作为日志追加到回调的处理，另一部分是 KV 服务的通信部分到 KV 服务的处理，先看一下命令的处理模型。

从图 7-2 中可以看出，日志在核心组件中追加时，回调数据的操作是按照追加顺序进行的。而这限制了 KV 组件的处理，最多只能是用异步单线程处理。这是 Raft 算法本身的限制，无法通过上层服务改变这一点，异步单线程处理的模型如图 7-3 所示。

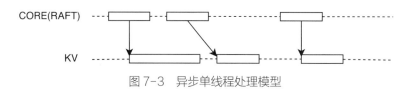

图 7-3　异步单线程处理模型

当核心组件推进 commitIndex 时，同时推进表示服务应用到的日志索引 lastApplied。通过异步化，推进 lastApplied 并应用日志（即操作 KV 服务的数据），这部分操作可以在 KV 线程中单独执行，避免占据核心组件的执行时间。简单起见，也可以在核心组件的线程中操作 KV 服务的数据，不单独给 KV 设置线程。

通信部分到 KV 服务的处理中，主要关注通过核心组件追加日志时，核心组件是否可以并发处理。在本书最开始的整体分析中，对于核心组件的处理选择了异步单线程的处理模型，所以对于在外部调用核心组件的 KV 服务来说，追加日志也会在主线程中异步执行。换句话说，KV 服务层不用太担心核心组件的线程安全问题，直接由通信部分调用核心组件，核心组件内部负责转移到主线程处理，图 7-4 展示了分层调用模型中核心组件以上的分层时，可以直接多线程调用。

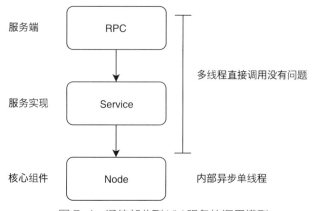

图 7-4　通信部分到 KV 服务的调用模型

7.1.5　命令的序列化和反序列化

命令的序列化和反序列化包含两部分，一部分是 KV 客户端和 KV 服务端之间的通信，另一部分是命令到日志中二进制数据部分的转换。和 Raft 算法通信部分的实现一样，本书使用 Protocol Buffer 来实现命令的序列化和反序列化。以下是定义文件，定义文件的内容基本和之前服务接口设计的代码一致。

```
syntax = "proto3";
// 输出 package 为 raft.kvstore
option java_package = "raft.kvstore";
// 输出包装类名为 Protos
option java_outer_classname = "Protos";
// 重定向
message Redirect {
    string leader_id = 1;
}
// 成功
message Success {}
// 失败
message Failure {
    int32 error_code = 1;
    string message = 2;
}
// SET 命令
message SetCommand {
    string request_id = 1;
    string key = 2;
    bytes value = 3;
}
// GET 命令
message GetCommand {
    string key = 1;
}
// GET 命令响应
message GetCommandResponse {
    bool found = 1;
    bytes value = 2;
}
```

基于上述定义文件，序列化和反序列化 SetCommand 到日志条目的代码如下。

```
public class SetCommand {
    private final String requestId;
```

```
    private final String key;
    private final byte[] value;
    // 构造函数
    public SetCommand(String requestId, String key, byte[] value) {
        this.requestId = requestId;
        this.key = key;
        this.value = value;
    }
    // 从二进制数组中恢复 SetCommand
    public static SetCommand fromBytes(byte[] bytes) {
        try {
            Protos.SetCommand protoCommand = Protos.SetCommand.
parseFrom(bytes);
            return new SetCommand(
                    protoCommand.getRequestId(),
                    protoCommand.getKey(),
                    protoCommand.getValue().toByteArray()
            );
        } catch (InvalidProtocolBufferException e) {
            throw new IllegalStateException("failed to deserialize set
command", e);
        }
    }
    // 转换为二进制数组
    public byte[] toBytes() {
        return Protos.SetCommand.newBuilder()
                .setRequestId(this.requestId)
                .setKey(this.key)
                .setValue(ByteString.copyFrom(this.value)).build().
toByteArray();
    }
}
```

KV 服务通信部分的序列化和反序列化将在之后讲解。

7.1.6 客户端交互

最后一个必须要考虑的问题是，如何保证客户端 A 发送的命令，在可以回复结果时发送给客户端 A。从 7.1.3 小节的图 7-2 中可以看到，KV 组件接受到来自客户端的请求时，不能立刻回复结果，必须等待核心组件的回调。但是回调时的参数肯定不会包含与客户端的连接，因为连接本身就属于重型对象，无法把连接序列化到日志条目中。

一个解决方法是，给日志条目增加一个临时的回调方法。临时在这里指的是写入文件时会被丢弃，从文件中读取日志时不会有回调函数。当日志被 commit 时，核心组件会间接应用日志条目，然后在状态机中调用日志条目上的回调函数，回复结果给客户端。此方法的前提是，必须保持一个内存中的日志条目直到 commit。

本书采用的是另一种方法，在请求中增加一个 requestId 字段，即请求 ID 字段。如图 7-5 所示，在追加日志之前，记录 requestId 与连接的映射。在核心组件回调 KV 组件时，按照日志中的 requestId 查找客户端连接，然后回复结果。

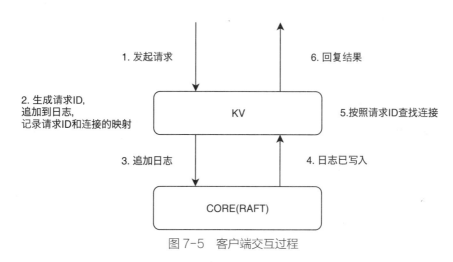

图 7-5　客户端交互过程

使用请求 ID 之后，日志条目就不需要再增加临时的回调函数。同时，这个请求 ID 可以泛化为 sessionId，即和某个客户端的连接中所用的上下文 ID。当然，使用请求 ID 也是有代价的，就是需要一个线程安全的 Map 容器来持有请求 ID 和连接的映射。一般来说，使用 JDK 8 自带的 ConcurrentHashMap 即可满足要求，类似于如下方式。

```
ConcurrentHashMap<String, Command> pendingCommands;
```

在使用请求 ID 的前提下，核心组件调用 KV 组件的具体方式也可以基本确定。具体来说，KV 组件可以实现核心组件所要求的某个接口，然后把自己注册到核心组件中，核心组件负责调用相应的接口方法，间接调用 KV 组件。这个接口在本书的代码中被称为 StateMachine，即之前介绍过的状态机接口，大致代码如下。

```
// 状态机接口
interface StateMachine {
    void applyEntry(Entry entry);
}
// KV 服务实现
class Service implements StateMachine {
    public Service(Node node) {
        node.registerStateMachine(this);
```

```
    }
    // 应用日志
    public void applyLog(Entry entry) {
        // apply entry
    }
}
// 核心组件实现
class NodeImpl implements Node {
    private StateMachine StateMachine;
    // 注册状态机
    public void registerStateMachine(StateMachine stateMachine) {
        this.stateMachine = stateMachine;
    }
    // 推进 commitIndex
    public void advanceCommitIndex() {
        Entry entry = ...;
        stateMachine.applyLog(entry);
    }
}
```

7.2 服务实现

　　相比 Raft 算法，上层服务的实现要简单一些，但是要依赖核心组件的接口。如果不了解核心组件提供的接口，很难进行上层服务的开发。所以本节先回顾之前提到的和上层服务相关的接口，然后按照前面的设计实现 KV 服务。

7.2.1 Node和状态机接口

　　从设计上来说，上层服务拥有 Raft 算法的核心组件（即 Node）的实例，Node 暴露给上层服务的接口如下。

```
public interface Node {
    // 注册状态机
    void registerStateMachine(StateMachine stateMachine);
    // 启动
    void start();
    // 追加日志
    void appendLog(byte[] commandBytes);
    // 关闭
```

```
        void stop() throws InterruptedException;
    }
```

其中 start 和 stop 比较简单，在上层服务启动和关闭时被调用。

appendLog 是真正参与命令执行的方法，上层服务提供二进制数组格式的命令内容之后，核心组件负责追加日志、节点间的复制等操作。

registerStateMachine 方法在服务启动时调用。上层服务将自己注册到核心组件中，核心组件负责在写入日志到文件之后回调上层服务。

状态机接口如下。

```
public interface StateMachine {
    // 获取 lastApplied
    int getLastApplied();
    // 应用日志
    void applyLog(StateMachineContext context, int index, byte[]
commandBytes, int firstLogIndex);
    // 关闭状态机
    void shutdown();
}
```

请注意 getLastApplied 方法，本书并没有让日志组件管理 lastApplied，而是让状态机的实现，即上层服务自身来管理 lastApplied。这样做的好处是，上层服务不用访问核心组件也可以知道 lastApplied，对于一些依赖 lastApplied 的逻辑或者优化来说更容易实现。当然，也可以把 lastApplied 下降到日志组件中，就现在的代码来说，不会有太大的问题。

applyLog 方法是日志组件回调上层服务的主要方法，提供了状态机上下文、日志的索引、命令的二进制数据，以及第一条日志的索引，上层服务在 applyLog 方法的实现中应用命令、修改数据，并进行回复客户端等操作。

现阶段不用太关心 StateMachineContext 和 firstLogIndex，这两个参数与日志快照有关，在之后的日志快照章节会进一步讲解。

最后一个关闭方法比较简单，只是单纯提供一个生命周期的钩子方法。

7.2.2　Service 和请求包装类

服务实现中另外两个比较重要的类是 Service 本身和 CommandRequest 泛型类。按照之前的讲解，Service（即服务类）持有 Node 类的实例，以下是 Service 类的字段和构造函数。

```
public class Service {
    private static final Logger logger = LoggerFactory.getLogger(Service.
class);
    private final Node node;
    // 请求 ID 和 CommandRequest 的映射类
```

```
    private final ConcurrentMap<String, CommandRequest<?>> pendingCommands =
                        new ConcurrentHashMap<>();
    // KV 服务的数据
    private Map<String, byte[]> map = new HashMap<>();
    // 构造函数
    public Service(Node node) {
        this.node = node;
        // 注册状态机到 Node 实例
        this.node.registerStateMachine(new StateMachineImpl());
    }
}
```

Service 的构造函数保存了参数中核心组件 node 的引用，并且用一个 StateMachineImpl 实例注册状态机到核心组件中。StateMachineImpl 是 Service 中的一个内部类。比起直接让 Service 实现 StateMachine 接口，本书更推荐使用内部类单独实现。因为服务类自身也有一些方法，使用内部类可以区分开来，而且也可以处理状态机接口方法和服务类自身方法重名的问题（假如有的话）。

Service 的字段中，pendingCommands 是之前提到的请求 ID 和连接的映射。因为网络 IO 线程和核心组件回调时的线程会同时访问这个映射，所以映射的类型是 ConcurrentHashMap，支持并发访问和修改。除此之外，映射值的部分不是直接使用连接，而是一个包装了命令和客户端的 CommandRequest 类，包装类代码如下。

```
public class CommandRequest<T> {
    private final T command;
    private final Channel channel;
    // 构造函数
    public CommandRequest(T command, Channel channel) {
        this.command = command;
        this.channel = channel;
    }
    // 响应结果
    public void reply(Object response) {
        this.channel.writeAndFlush(response);
    }
    // 关闭时的监听器
    public void addCloseListener(Runnable runnable) {
        this.channel.closeFuture().addListener((ChannelFutureListener)
future -> runnable.run());
    }
    // 获取命令
    public T getCommand() {
        return command;
```

```
        }
    }
```

包装类里除了连接还有命令，并且增加了两个实用方法，一个 reply 方法用于响应结果，另一个 addCloseListener 方法用于添加关闭时的监听器。

以 SET 命令的实现为例，来看一下如何使用 CommandRequest，代码如下。

```
// SET 命令
public void set(CommandRequest<SetCommand> commandRequest) {
    // 如果当前节点不是 Leader 节点，则返回 REDIRECT
    Redirect redirect = checkLeadership();
    if (redirect != null) {
        commandRequest.reply(redirect);
        return;
    }
    SetCommand command = commandRequest.getCommand();
    logger.debug("set {}", command.getKey());
    // 记录请求 ID 和 CommandRequest 的映射
    this.pendingCommands.put(command.getRequestId(), commandRequest);
    // 客户端连接关闭时从映射中移除
    commandRequest.addCloseListener(() ->
                        . pendingCommands.remove(command.getRequestId()));
    // 追加日志
    this.node.appendLog(command.toBytes());
}
// 检查是不是 Leader 节点
private Redirect checkLeadership() {
    RoleNameAndLeaderId state = node.getRoleNameAndLeaderId();
    if (state.getRoleName() != RoleName.LEADER) {
        return new Redirect(state.getLeaderId());
    }
    return null;
}
```

checkLeadership 是一个用来检查当前节点是不是 Leader 的方法，如果不是，则返回 Leader 节点的 ID，核心组件的 getRoleNameAndLeaderId 方法实现大致如下。

```
switch(role.getName()) {
    case RoleName.FOLLOWER:
        return new RoleNameAndLeaderId(RoleName.FOLLOWER,
            (FollowerNodeRole) role).getLeaderId());
    case RoleName.CANDIDATE:
        return new RoleNameAndLeaderId(RoleName.CANDIDATE, null);
    case RoleName.LEADER:
```

```
        return new RoleNameAndLeaderId(RoleName.LEADER, context.selfId());
    default:
        throw new IllegalStateException("unexpected role name " + role.
getName());
    }
```

如果当前节点是 Leader 节点，记录请求 ID 和客户端命令的映射，添加关闭监听器，然后通过核心组件异步追加日志。关闭监听器主要是考虑到客户端可能设置了超时时间，假如指定超时时间内日志没有被 commit 连接就关闭了，那么就无法回复客户端了。

7.2.3 测试用GET命令

在 Raft 算法中，即使是只读请求，也要经历日志复制的过程，保证节点间的一致性之后才能回复结果。可以使用之前介绍的空操作日志来实现这一要求，本书为了快速测试，跳过了日志复制，直接返回结果。

注意，如果是生产环境，绝对不能直接跳过日志复制。

如果比较在意只读时的日志来回，可以跳到第 11 章，提前看一下 Raft 算法提供的 ReadIndex，现阶段本书使用如下 GET 命令实现。

```
public void get(CommandRequest<GetCommand> commandRequest) {
    String key = commandRequest.getCommand().getKey();
    logger.debug("get {}", key);
    byte[] value = this.map.get(key);
    commandRequest.reply(new GetCommandResponse(value));
}
```

服务直接从 map 中读取数据，并响应客户端。

7.2.4 状态机实现

Service 类中实现状态机的类叫作 StateMachineImpl，StateMachineImpl 继承自 raft-core 提供的抽象状态机类 AbstractSingleThreadStateMachine。上层服务不需要了解状态机的接口，只需要实现 applyCommand 即可，代码如下。

```
private class StateMachineImpl extends AbstractSingleThreadStateMachine {
    // 应用命令
    protected void applyCommand(byte[] commandBytes) {
        // 恢复命令
        SetCommand command = SetCommand.fromBytes(commandBytes);
        // 修改数据
        map.put(command.getKey(), command.getValue());
        // 查找连接
```

```
            CommandRequest<?> commandRequest =
                        pendingCommands.remove(command.getRequestId());
        if (commandRequest != null) {
            // 回复结果
            commandRequest.reply(Success.INSTANCE);
        }
    }
}
```

这里 applyCommand 的实现还是比较清晰的：反序列化命令→执行修改→查找连接并回复结果。上述代码中没有 lastApplied 相关的处理，lastApplied 的管理及操作由父类实现，父类 AbstractSingleThreadStateMachine 的代码如下。

```
public abstract class AbstractSingleThreadStateMachine implements
StateMachine {
    private static final Logger logger =
                    LoggerFactory.getLogger(AbstractSingleThreadStateMachine.
class);
    private volatile int lastApplied = 0;
    private final TaskExecutor taskExecutor;
    // 构造函数
    public AbstractSingleThreadStateMachine() {
        taskExecutor = new SingleThreadTaskExecutor("state-machine");
    }
    // 获取 lastApplied
    public int getLastApplied() {
        return lastApplied;
    }
    // 应用日志
    public void applyLog(StateMachineContext context, int index,
    byte[] commandBytes,
                        int firstLogIndex) {
        taskExecutor.submit(() ->
            doApplyLog(context, index, commandBytes, firstLogIndex));
    }
    // 应用日志（TaskExecutor 的线程中）
    private void doApplyLog(StateMachineContext context, int index,
    byte[] commandBytes,
                        int firstLogIndex) {
        // 忽略已应用过的日志
        if (index <= lastApplied) {
            return;
        }
```

```
            logger.debug("apply log {}", index);
            applyCommand(commandBytes);
            // 更新 lastApplied
            lastApplied = index;
        }
    // 应用命令,抽象方法
    protected abstract void applyCommand(byte[] commandBytes);
    // 关闭状态机
    public void shutdown() {
        try {
            taskExecutor.shutdown();
        } catch (InterruptedException e) {
            throw new StateMachineException(e);
        }
    }
}
```

AbstractSingleThreadStateMachine 实现了一个异步单线程的状态机。状态机的接口 applyLog 对应的实现 AbstractSingleThreadStateMachine 通过 taskExecutor 转移到处理线程(state-machine)中处理。

异步单线程处理中,处理线程和核心组件的线程都会访问 lastApplied,但是只有处理线程会修改 lastApplied。Java 多线程中,对这种多读一写的场景可以用 volatile 变量来处理,所以可以看到变量 lastApplied 前有 volatile 修饰。

doApplyLog 方法会检查 lastApplied 是否比当前小,然后通过 applyCommand 应用日志,最后更新 lastApplied。

如果觉得异步单线程有点难理解,可以改成同一线程处理的方式。以下是用于同一线程处理的状态机父类,代码和上面的类基本是一致的,除了没有单独的处理线程和不使用 volatile 变量。

```
public abstract class AbstractDirectStateMachine implements StateMachine {
    private static final Logger logger = LoggerFactory.getLogger(Abstract
DirectStateMachine.class);
    protected int lastApplied = 0;
    // 获取 lastApplied
    public int getLastApplied() {
        return lastApplied;
    }
    // 应用日志
    public void applyLog(StateMachineContext context, int index, byte[]
commandBytes,
                        int firstLogIndex) {
        if (index <= lastApplied) {
            return;
```

```
        }
        logger.debug("apply log {}", index);
        applyCommand(commandBytes);
        lastApplied = index;
    }
    // 应用命令
    protected abstract void applyCommand(byte[] commandBytes);
}
```

7.2.5　通信实现

上层服务的通信部分相比 Raft 算法部分的实现要简单一些，因为节点只需要处理服务端的情况。本书中的上层服务同样使用 Netty 作为网络服务实现的框架，以下代码是服务启动时 Netty 的设置。

```
ServerBootstrap serverBootstrap = new ServerBootstrap()
        .group(bossGroup, workerGroup)
        .channel(NioServerSocketChannel.class)
        .childHandler(new ChannelInitializer<SocketChannel>() {
            @Override
            protected void initChannel(SocketChannel ch) throws Exception {
                ChannelPipeline pipeline = ch.pipeline();
                pipeline.addLast(new Encoder()); // 序列化
                pipeline.addLast(new Decoder()); // 反序列化
                pipeline.addLast(new ServiceHandler(service)); // 实际服务处理
            }
        });
logger.info("server started at port {}", this.port);
serverBootstrap.bind(this.port); // 在指定端口启动
```

服务初始化代码基本上和上一章通信组件中的代码一样，除了序列化和反序列化等处理器都是上层服务专用的处理器（虽然 Decoder、Encoder 的类名和上一章一样，但是所在包不同）。

上述代码的最后一行在指定端口启动。这里的指定端口和 Raft 算法的服务端口是分开的，即上层服务一个端口，Raft 算法部分一个端口。分成两个端口的原因是，Raft 算法部分的通信协议和上层服务有些许不同，而且考虑到消息路由等问题，就分成了两个端口。

序列化和反序列化处理器中的消息格式基本和上一章一致，即先是消息类型，然后是消息长度和消息内容，以下是 Encoder 类的完整代码。

```
public class Encoder extends MessageToByteEncoder<Object> {
    @Override
    protected void encode(ChannelHandlerContext ctx, Object msg, ByteBuf out)
                        throws Exception {
```

```
            if (msg instanceof Success) {
                // 成功
                this.writeMessage(MessageConstants.MSG_TYPE_SUCCESS,
                            Protos.Success.newBuilder().build(), out);
            } else if (msg instanceof Failure) {
                // 失败
                Failure failure = (Failure) msg;
                Protos.Failure protoFailure = Protos.Failure.newBuilder()
                            .setErrorCode(failure.getErrorCode())
                            .setMessage(failure.getMessage()).build();
                this.writeMessage(MessageConstants.MSG_TYPE_FAILURE, protoFailure,
out);
            } else if (msg instanceof Redirect) {
                // 重定向
                Redirect redirect = (Redirect) msg;
                Protos.Redirect protoRedirect = Protos.Redirect.newBuilder()
                            .setLeaderId(redirect.getLeaderId()).build();
                this.writeMessage(MessageConstants.MSG_TYPE_REDIRECT,
protoRedirect, out);
            } else if (msg instanceof GetCommand) {
                // GET 命令
                GetCommand command = (GetCommand) msg;
                Protos.GetCommand protoGetCommand = Protos.GetCommand.newBuilder()
                            .setKey(command.getKey()).build();
                this.writeMessage(
                    MessageConstants.MSG_TYPE_GET_COMMAND, protoGetCommand, out);
            } else if (msg instanceof GetCommandResponse) {
                // GET 命令响应
                GetCommandResponse response = (GetCommandResponse) msg;
                byte[] value = response.getValue();
                Protos.GetCommandResponse protoResponse =
                        Protos.GetCommandResponse.newBuilder()
                            .setFound(response.isFound())
                            .setValue(value != null ?
                                ByteString.copyFrom(value) : ByteString.
EMPTY).build();
                this.writeMessage(
                    MessageConstants.MSG_TYPE_GET_COMMAND_RESPONSE,
                    protoResponse, out);
            } else if (msg instanceof SetCommand) {
                // SET 命令
                SetCommand command = (SetCommand) msg;
```

```
                    Protos.SetCommand protoSetCommand = Protos.SetCommand.newBuilder()
                            .setKey(command.getKey())
                            .setValue(ByteString.copyFrom(command.getValue()))
                            .build();
                    this.writeMessage(MessageConstants.MSG_TYPE_SET_COMMAND,
                                    protoSetCommand, out);
            }
    }
    // 写数据
    private void writeMessage(int messageType, MessageLite message, ByteBuf out)
            throws IOException {
        out.writeInt(messageType);
        byte[] bytes = message.toByteArray();
        out.writeInt(bytes.length);
        out.writeBytes(bytes);
    }
}
```

对应的 Decoder 类实现如下。

```
public class Decoder extends ByteToMessageDecoder {
    @Override
    protected void decode(ChannelHandlerContext ctx, ByteBuf in,
    List<Object> out)
                            throws Exception {
        // 等待数据
        if (in.readableBytes() < 8) {
            return;
        }
        in.markReaderIndex();
        int messageType = in.readInt();
        int payloadLength = in.readInt();
        if (in.readableBytes() < payloadLength) {
            in.resetReaderIndex();
            return;
        }
        // 单条数据就绪
        byte[] payload = new byte[payloadLength];
        in.readBytes(payload);
        switch (messageType) {
            case MessageConstants.MSG_TYPE_SUCCESS:
                // 成功
                out.add(Success.INSTANCE);
```

```
                break;
            case MessageConstants.MSG_TYPE_FAILURE:
                // 失败
                Protos.Failure protoFailure = Protos.Failure.
parseFrom(payload);
                out.add(new Failure(protoFailure.getErrorCode(),
protoFailure.getMessage()));
                break;
            case MessageConstants.MSG_TYPE_REDIRECT:
                // 重定向
                Protos.Redirect protoRedirect = Protos.Redirect.
parseFrom(payload);
                out.add(new Redirect(protoRedirect.getLeaderId()));
                break;
            case MessageConstants.MSG_TYPE_GET_COMMAND:
                // GET 命令
                Protos.GetCommand protoGetCommand =
                        Protos.GetCommand.parseFrom(payload);
                out.add(new GetCommand(protoGetCommand.getKey()));
                break;
            case MessageConstants.MSG_TYPE_GET_COMMAND_RESPONSE:
                // GET 响应
                Protos.GetCommandResponse protoGetCommandResponse =
                        Protos.GetCommandResponse.parseFrom(payload);
                out.add(new GetCommandResponse(protoGetCommandResponse.
getFound(),
                        protoGetCommandResponse.getValue().
toByteArray()));
                break;
            case MessageConstants.MSG_TYPE_SET_COMMAND:
                // SET 命令
                Protos.SetCommand protoSetCommand =
                        Protos.SetCommand.parseFrom(payload);
                out.add(new SetCommand(protoSetCommand.getKey(),
                        protoSetCommand.getValue().toByteArray()));
                break;
            default:
                throw new IllegalStateException("unexpected message type
" + messageType);
        }
    }
}
```

第三个处理器是 ServiceHandler，这是针对上层服务的处理器。ServiceHandler 类的代码很简单，只是简单地分发命令给服务引用。

```java
public class ServiceHandler extends ChannelInboundHandlerAdapter {
    private final Service service;
    // 构造函数
    public ServiceHandler(Service service) {
        this.service = service;
    }
    @Override
    public void channelRead(ChannelHandlerContext ctx, Object msg) {
        // 分发命令
        if (msg instanceof GetCommand) {
            service.get(new CommandRequest<>((
                GetCommand) msg, ctx.channel())
            );
        } else if (msg instanceof SetCommand) {
            service.set(new CommandRequest<>(
                (SetCommand) msg, ctx.channel())
            );
        }
    }
}
```

ServiceHandler 没有使用 EventBus 等 PubSub 工具回传数据。没有使用 EventBus 的原因是，KV 服务的组件依赖和 Raft 算法的实现不同，没有双向依赖关系，组件之间具体的关系将在之后分析。

7.2.6 组件依赖

图 7-6 展示了 KV 服务组件之间的依赖关系。

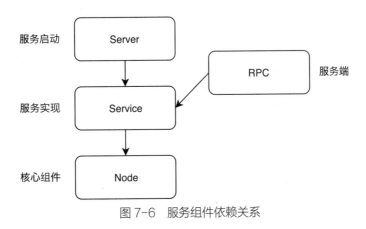

图 7-6　服务组件依赖关系

211

可以看到，由于服务实现的 Service 不会访问 RPC 服务端，因此 Service 和 RPC 之间没有双向依赖关系。没有双向依赖关系的话，编码就会简单很多。服务端启动时，只要让负责服务启动的 Server 持有 Service 的引用，并设置到 RPC 的处理链（Pipeline）中，服务端就可以调用服务处理的部分，完整的 Server 类的代码如下。

```java
public class Server {
    private static final Logger logger = LoggerFactory.getLogger(Server.class);
    private final Node node;
    private final int port;
    private final Service service;
    private final NioEventLoopGroup bossGroup = new NioEventLoopGroup(1);
    private final NioEventLoopGroup workerGroup = new
NioEventLoopGroup(4);
    // 构造函数，Node 实例和服务端口
    public Server(Node node, int port) {
        this.node = node;
        this.service = new Service(node);
        this.port = port;
    }
    // 启动
    public void start() throws Exception {
        this.node.start();
        ServerBootstrap serverBootstrap = new ServerBootstrap()
                .group(bossGroup, workerGroup)
                .channel(NioServerSocketChannel.class)
                .childHandler(new ChannelInitializer<SocketChannel>() {
                    @Override
                    protected void initChannel(SocketChannel ch) throws
Exception {
                        ChannelPipeline pipeline = ch.pipeline();
                        pipeline.addLast(new Encoder());
                        pipeline.addLast(new Decoder());
                        pipeline.addLast(new ServiceHandler(service));
                    }
                });
        logger.info("server started at port {}", this.port);
        serverBootstrap.bind(this.port);
    }
    // 关闭
    public void stop() throws Exception {
        logger.info("stopping server");
        this.node.stop();
```

```
        this.workerGroup.shutdownGracefully();
        this.bossGroup.shutdownGracefully();
    }
}
```

Server 类负责初始化 Service 和 KV 服务的服务端，核心组件 Node 作为构造函数的参数传入。核心组件不由 Server 初始化，因为核心组件有很多参数，需要在外部构造。

7.3 Node的组装与服务的启动

由于核心组件的组装严格来说不算 KV 服务内部的实现，因此这里单独设置了一节来讲解。考虑到测试时需要调整参数，所以核心组件的组装不采用硬编码的方式。但是简单的命令行参数解析可能无法满足要求，所以使用了 apache 的 commons-cli，提供了满足多种要求的命令行启动方式，以下将分析命令行的解析和服务的启动。

7.3.1 命令行参数

以下是无参数时命令行的输出。

```
usage: raft-kvstore [OPTION]...
 -d <data-dir>                 data directory, optional. must be present
 -gc <node-endpoint>           group config, required when starts with
                                 group-member mode. format: <node-endpoint>
                                 <node-endpoint>..., format of
                                 node-endpoint:
                                 <node-id>,<host>,<port-raft-node>, eg:
                                 A,localhost,8000 B,localhost,8010
 -h <host>                     host, required when starts with standalone
                                 or standby mode
 -i,--id <node-id>             node id, required. must be unique in group.
                                 if starts with mode group-member, please
                                 ensure id in group config
 -m <mode>                      start mode, available: standalone, standby,
                                 group-member. default is standalone
 -p1,--port-raft-node <port>   port of raft node, required when starts
                                 with standalone or standby mode
 -p2,--port-service <port>     port of service, required
```

从上往下，第 1 个参数 data-dir 是日志目录，是可选参数，如果设置了目录，该参数就必须存在（否则会出错）。目录是包含所有日志代的顶层目录，系统启动时会自动选取最新的日志代，每个日志代下面有一个日志条目文件和一个日志条目索引文件。如果不指定日志目录，默认使用基于内存的日志，这样每次启动日志都会归零。

第 2 个参数 node-endpoint 是集群的配置，默认格式如下。

```
节点 ID, 主机名 , 端口  节点 ID, 主机名 , 端口……
```

集群配置中的端口是 Raft 服务的端口，而不是 KV 服务的端口。命令行的说明中提到的 group-member 模式即集群成员模式，本书默认情况下使用的都是这个模式，所以 gc 必须正确配置。配置举例如下。

```
A,localhost,2333 B,localhost:2334
```

第 3 个参数 host 为本机的主机名，对于集群成员模式来说不需要（因为可以从集群配置中解析出来），但是在 standalone 模式和 standby 模式下需要。

standalone 模式是单机模式，standby 模式是备机模式。单机模式需要对现有实现进行修改，比如去掉选举的过程。这在简单测试中很有用，下一章会具体分析此模式。备机模式在之后的服务器成员管理中会涉及，这里不详细展开，现阶段不用关注这两个模式。

第 4 个参数 node-id 是本机节点 ID，必要参数。一般来说，取一个便于区分的名字有助于之后的测试和调试。

第 5 个参数是模式选择，默认为单机模式，这里不再赘述。

第 6 和第 7 个参数是两个端口，一个是 Raft 服务的端口，另一个是 KV 服务自身的端口。前者在集群成员模式下不需要，因为可以从 gc 中解析。

命令行举例，3 节点集群中节点 A 的内存日志如下。

```
-gc A,localhost,2333 B,localhost,2334 C,localhost,2335 -i A -m group-member -p2 3333
```

7.3.2 命令行解析

commons-cli 是一个比较简单的命令行解析库，即使没有用过，也可以通过阅读文档学会如何简单使用。

假如要实现一个类似于 nix（Unix 或者 Linux）下的 ls 命令行程序，支持参数如下。

```
Usage: ls [OPTION]... [FILE]...
List information about the FILEs (the current directory by default).
Sort entries alphabetically if none of -cftuSUX nor --sort.

-a, --all                   do not hide entries starting with .
-A, --almost-all            do not list implied . and ..
-b, --escape                print octal escapes for nongraphic characters
```

```
    --block-size=SIZE        use SIZE-byte blocks
 -B, --ignore-backups        do not list implied entries ending with ~
 -c                          with -lt: sort by, and show, ctime (time of last
                             modification of file status information)
                             with -l: show ctime and sort by name
                             otherwise: sort by ctime
 -C                          list entries by columns
```

为了输出上述命令行选项，代码如下。

```
// 创建命令行解析器
CommandLineParser parser = new DefaultParser();
// 创建选项
Options options = new Options();
// 添加选项，参数为短名还是长名，是否有值，描述
options.addOption( "a", "all", false, "do not hide entries starting
with ." );
options.addOption( "A", "almost-all", false, "do not list implied .
and .." );
options.addOption( "b", "escape", false, "print octal escapes for nongraphic "
                                    + "characters" );
// 使用 OptionBuilder 构建 Option
options.addOption( OptionBuilder.withLongOpt( "block-size" )
                              .withDescription( "use SIZE-byte blocks" )
                              .hasArg()
                              .withArgName("SIZE")
                              .create() );
options.addOption( "B", "ignore-backups", false, "do not list implied entried "
                                         + "ending with ~");
options.addOption( "c", false, "with -lt: sort by, and show, ctime (time
of last "
                              + "modification of file status information) with "
                              + "-l:show ctime and sort by name
otherwise: sort "
                              + "by ctime" );
options.addOption( "C", false, "list entries by columns" );
// 模拟的命令行参数
String[] args = new String[]{ "--block-size=10" };
try {
    // 解析命令行参数
    CommandLine line = parser.parse( options, args );
    // 检查是否有指定参数
    if( line.hasOption( "block-size" ) ) {
```

```
            // 输出参数值
            System.out.println( line.getOptionValue( "block-size" ) );
        }
    }
    catch( ParseException exp ) {
        // 异常情况
        System.out.println( "Unexpected exception:" + exp.getMessage() );
    }
```

整体 API 很简单也很容易理解。本书服务程序启动时的命令行参数解析代码如下。

```
Options options = new Options();
// 模式
options.addOption(Option.builder("m")
        .hasArg()
        .argName("mode")
        .desc("start mode, available: standalone, standby, group-member.
default is standalone")
        .build());
// 节点 ID
options.addOption(Option.builder("i")
        .longOpt("id")
        .hasArg()
        .argName("node-id")
        .required()
        .desc("node id, required. must be unique in group. " +
                "if starts with mode group-member, please ensure id in
group config")
        .build());
// 主机名
options.addOption(Option.builder("h")
        .hasArg()
        .argName("host")
        .desc("host, required when starts with standalone or standby mode")
        .build());
// Raft 服务端口
options.addOption(Option.builder("p1")
        .longOpt("port-raft-node")
        .hasArg()
        .argName("port")
        .type(Number.class)
        .desc("port of raft node, required when starts with standalone
or standby mode")
```

```
        .build());
// KV 服务端口
options.addOption(Option.builder("p2")
        .longOpt("port-service")
        .hasArg()
        .argName("port")
        .type(Number.class)
        .required()
        .desc("port of service, required")
        .build());
// 日志目录
options.addOption(Option.builder("d")
        .hasArg()
        .argName("data-dir")
        .desc("data directory, optional. must be present")
        .build());
// 集群配置
options.addOption(Option.builder("gc")
        .hasArgs()
        .argName("node-endpoint")
        .desc("group config, required when starts with " +
                "group-member mode. format: <node-endpoint> <node-
endpoint>..., " +
                "format of node-endpoint: " +
                "<node-id>,<host>,<port-raft-node>, eg: A,localhost,8000
B,localhost,8010")
        .build());
// 如果 main 方法的参数 args 长度为 0，则输出帮助
if (args.length == 0) {
    HelpFormatter formatter = new HelpFormatter();
    formatter.printHelp("raft-kvstore [OPTION]...", options);
    return;
}
```

　　Options 整合了命令行参数信息，除了可以输出帮助信息外，也可以用于命令行参数解析。解析和启动的代码如下。

```
CommandLineParser parser = new DefaultParser();
try {
    // 解析命令行参数，args 是 main 方法的参数
    CommandLine cmdLine = parser.parse(options, args);
    // 默认为 standalone 模式
    String mode = cmdLine.getOptionValue('m', MODE_STANDALONE);
```

```
        switch (mode) {
            case MODE_STANDBY:
                startAsStandaloneOrStandby(cmdLine, true);
                break;
            case MODE_STANDALONE:
                startAsStandaloneOrStandby(cmdLine, false);
                break;
            case MODE_GROUP_MEMBER:
                startAsGroupMember(cmdLine);
                break;
            default:
                throw new IllegalArgumentException("illegal mode [" + mode
+ "]");
        }
    } catch (ParseException | IllegalArgumentException e) {
        System.err.println(e.getMessage());
    }
```

代码按照参数 mode 分发到 3 个不同的方法进行组装并启动 KV 服务，以下是 3 个模式的字符串常量。

```
private static final String MODE_STANDALONE = "standalone";
private static final String MODE_STANDBY = "standby";
private static final String MODE_GROUP_MEMBER = "group-member";
```

7.3.3 以集群成员方式启动

3 个模式中可用于实际环境的，现阶段只有集群成员启动方式。以下介绍以集群成员方式启动时核心组件的组装，即 startAsGroupMember 方法，该方法主要代码如下。

```
private void startAsGroupMember(CommandLine cmdLine) throws Exception {
    // 检查 gc 参数
    if (!cmdLine.hasOption("gc")) {
        throw new IllegalArgumentException("group-config required");
    }
    // 原始集群配置
    String[] rawGroupConfig = cmdLine.getOptionValues("gc");
    // 节点 ID
    String rawNodeId = cmdLine.getOptionValue('i');
    // 上层服务的端口
    int portService = ((Long) cmdLine.getParsedOptionValue("p2")).intValue();
    // 解析集群配置
    Set<NodeEndpoint> nodeEndpoints = Stream.of(rawGroupConfig)
```

```
            .map(this::parseNodeEndpoint)
            .collect(Collectors.toSet());
    // 组装 Node 组件
    Node node = new NodeBuilder(nodeEndpoints, new NodeId(rawNodeId))
            .setDataDir(cmdLine.getOptionValue('d'))
            .build();
    // 实例化 KV 服务的 Server
    Server server = new Server(node, portService);
    logger.info("start as group member, group config {}, id {}, port service {}",
            nodeEndpoints, rawNodeId, portService);
    // 启动 KV 服务
    startServer(server);
}
```

主体流程不是很难理解，下面来分析一下集群配置的解析。

集群配置 gc 用空格分割各个节点配置，单个节点配置用逗号分隔节点 ID、主机和端口，比如如下配置。

```
A,localhost,8000 B,localhost:8010
```

命令行解析时，空格分隔的 commons-cli 部分已经被处理了，直接得到多个未解析的单节点配置（对于上面的集群配置，startAsGroupMember 的字符串数组 rawGroupConfig 包含了两个元素），需要做的就是逐个解析节点配置。解析的代码相对简单，只需要检验个数和类型。

```
private NodeEndpoint parseNodeEndpoint(String rawNodeEndpoint) {
    String[] pieces = rawNodeEndpoint.split(",");
    // 片段数必须为 3
    if (pieces.length != 3) {
        throw new IllegalArgumentException("illegal node endpoint [" +
rawNodeEndpoint + "]");
    }
    String nodeId = pieces[0];
    String host = pieces[1];
    int port;
    try {
        port = Integer.parseInt(pieces[2]);
    } catch (NumberFormatException e) {
        throw new IllegalArgumentException(
                    "illegal port in node endpoint [" + rawNodeEndpoint +
"]");
    }
    return new NodeEndpoint(nodeId, host, port);
}
```

startAsGroupMember 方法最后调用 startServer 方法启动 KV 服务，startServer 的具体代码如下。

```
private void startServer(Server server) throws Exception {
    this.server = server;
    this.server.start();
    Runtime.getRuntime().addShutdownHook(new Thread(this::stopServer,
"shutdown"));
}

private void stopServer() {
    try {
        server.stop();
    } catch (Exception e) {
        e.printStackTrace();
    }
}
```

启动之后，代码注册了一个关闭的钩子函数，对应停止服务器的方法，以便用户按 Ctrl+C 组合键时，KV 服务可以正常关闭。

7.3.4 3节点集群启动命令

以下是 3 节点 KV 服务集群的启动命令，3 节点的主要参数如表 7-2 所示。

表 7-2 节点主要参数

节点 ID	主机名	Raft 服务端口	KV 服务端口
A	localhost	2333	3333
B	localhost	2334	3334
C	localhost	2335	3335

开启 3 个命令窗口，分别以上面 3 组参数启动，初次测试建议使用基于内存的日志。

```
# 命令行 1
$ myraft-kvstore -gc A,localhost,2333 B,localhost,2334 C,localhost,2335
-m group-member -i A -p2 3333
# 命令行 2
$ myraft-kvstore -gc A,localhost,2333 B,localhost,2334 C,localhost,2335
-m group-member -i B -p2 3334
# 命令行 3
$ myraft-kvstore -gc A,localhost,2333 B,localhost,2334 C,localhost,2335
-m group-member -i C -p2 3335
```

如果启动失败，请按照错误信息修改指定的地方。

7.4　关于测试

KV 服务部分没有专门的测试。一方面是因为 KV 服务相对简单，重点在于其与核心组件的整合，所以单元测试比较少。另一方面，测试 KV 服务最好的方式还是直接通过客户端，客户端将在下一章讲解，所以本章 KV 服务端的测试省略。

7.5　本章小结

本章通过 KV 服务介绍了如何基于之前编写的 Raft 服务的核心组件来实现上层服务，包括服务设计、服务实现、Node 的组装和服务的启动等内容。上层服务除了要关注核心组件提供的执行流程之外，还需要按照要求实现状态机。由于 Raft 服务不能单独存在，KV 服务启动时还需要负责核心组件的组装和设置，所有这一切都准备好之后，才可以认为一个基于 Raft 算法的分布式一致性服务实现完成。

下一章将编写一个对等的 KV 服务客户端，并以交互的方式操作和调试。另外，在调试过程中将通过日志来观测 Raft 算法的选举过程等，加深读者的理解。

第8章
客户端和整体测试

到第7章为止，服务端的编码已全部完成。如果只是想测试选举，现在就可以启动服务进行测试了。但是如果想通过KV服务间接测试Raft算法中的日志复制，比如SET命令的日志复制，那么一个KV服务的客户端是必不可少的。

本章要实现的客户端准确来说是交互式客户端，类似于redis-cli。当然，也可以做成类库形式，但是对于探索型测试来说，使用类库形式不是很方便。

8.1 客户端设计与实现

KV 服务的客户端需要满足的主要特性如下。

（1）交互式。

（2）自动处理重定向。

（3）自动同步集群成员列表或者支持手动修改。

对于基于 Raft 算法的 KV 服务的客户端来说，第（2）项是必须的。因为客户端事先不知道哪台服务器是 Leader，而且中途系统重新选举之后，Leader 可能有变化，作为客户端必须能处理这些情况。

第（3）项是针对之后章节会提到的集群成员变更，如果 KV 服务的集群成员有所变更，理论上客户端需要被通知到。如果不支持，必须允许手动修改集群成员列表。

8.1.1 基于命令行的交互式客户端

交互式客户端广义上可以是基于 Web 的、带 GUI 的客户端或命令行，复杂程度逐个递减。本书所做的是最后一种，基于命令行的交互式客户端。

很多人在初学 Java 的时候都做过简单的交互式命令行程序，相比之下，本书的命令行程序也不是太复杂。为了更接近实际使用的交互式命令行，本书使用了 readline 库，一个可以提供命令候选、历史命令等功能的库。

readline 库在使用上非常简单，只需要设置好命令候选，就会有交互式 Shell 的感觉。

```
ArgumentCompleter completer = new ArgumentCompleter(
        new StringsCompleter(Arrays.asList("foo", "bar")),
        new NullCompleter()
);
LineReader reader = LineReaderBuilder.builder()
                    .completer(completer)
                    .build();
String line = reader.readLine("prompt>");
```

以上代码简单设置了两个命令候选 foo 和 bar。命令行的提示符为"prompt>"。最后一行代码中，变量 line 会存放用户输入的命令，但不包括命令行的提示符。

运行后，输入 f 并按 tab 键，命令行会自动补全为 foo。如果存在多个候选，命令行会显示全部候选。

如果输入过命令，想要快速执行之前的命令，可以通过按上下键在命令行历史中选择，然后按回车键执行。

8.1.2 通信设计

相比服务端，客户端可以使用简单的 Socket 方式，即传统的阻塞式 IO。不过客户端必须和服务端使用同样的协议，现在服务端使用 Protocol Buffer 生成消息，所以客户端必须也使用 Protocol Buffer 解析消息。

在 Socket 的使用上，客户端在每次发送命令时都选择重新建立连接，而不是复用之前的连接，以下是消息发送的主要代码。

```java
public class SocketChannel {
    private final String host;
    private final int port;
    // 构造函数
    public SocketChannel(String host, int port) {
        this.host = host;
        this.port = port;
    }
    // 发送消息
    public Object send(Object payload) {
        // try-resource 语法，退出代码块时自动关闭 socket
        try (Socket socket = new Socket()) {
            socket.setTcpNoDelay(true);
            socket.connect(new InetSocketAddress(this.host, this.port));
            // 写入消息
            this.write(socket.getOutputStream(), payload);
            // 读取响应
            return this.read(socket.getInputStream());
        } catch (IOException e) {
            throw new ChannelException("failed to send and receive", e);
        }
    }
}
```

write 和 read 方法负责在 payload 和二进制消息之间进行转换。消息的格式是"消息类型 + 消息长度 + 消息内容"。消息内容使用之前 KV 服务端的 Protocol Buffer 定义序列化和反序列化。

8.1.3 集群成员列表

客户端在发送消息时必须知道目标节点的主机名和端口。可以选择启动交互式命令行之后让用户每次手动输入，但是那样不是很方便。对于这种必需的数据，建议启动前通过命令行输入。如果从命令行输入也可以使用之前服务端使用的 commons-cli，以下是客户端启动时的代码。

```java
Options options = new Options();
```

```
options.addOption(Option.builder("gc")
        .hasArgs()
        .argName("server-config")
        .required()
        .desc("group config, required. format: <server-config> <server-
config>. " +
                "format of server config: <node-id>,<host>,<port-
service>. e.g A,localhost,8001 B,localhost,8011")
        .build());
// 如果没有 gc，输出帮助信息
if (args.length == 0) {
    HelpFormatter formatter = new HelpFormatter();
    formatter.printHelp("raft-kvstore-client [OPTION]...", options);
    return;
}
// 解析集群成员信息
CommandLineParser parser = new DefaultParser();
Map<NodeId, Address> serverMap;
try {
    CommandLine commandLine = parser.parse(options, args);
    serverMap = parseGroupConfig(commandLine.getOptionValues("gc"));
} catch (ParseException | IllegalArgumentException e) {
    System.err.println(e.getMessage());
    return;
}
// 启动命令行
Console console = new Console(serverMap);
console.start();
```

集群成员列表的格式和服务端命令行类似，即"节点名 , 主机名 , 端口"。但需要注意，这里的端口是 KV 服务的端口，不是 Raft 服务的端口。

8.1.4　命令列表

表 8-1 是客户端支持的所有命令。

表 8-1　命令列表

命令	参数	描述
kvstore-get	\<key\>	KV 服务的 GET 命令
kvstore-set	\<key\> \<value\>	KV 服务的 SET 命令
client-add-server	\<node-id\> \<host\> \<port-service\>	添加节点

续表

命令	参数	描述
client-remove-server	<node-id>	移除节点
client-list-server		列出所有服务器节点
client-set-leader	<node-id>	手动设置 Leader 节点
exit		退出命令行

客户端命令使用前缀来归类。前 2 个以 kvstore 开头的命令是 KV 服务相关的命令，之后 4 个以 client 开头的命令是服务器集群列表相关的命令，最后一个是退出命令。

命令的统一接口如下。

```
public interface Command {
    // 获取命令名
    String getName();
    // 执行
    void execute(String arguments, CommandContext context);
}
```

execute 方法的 CommandContext 参数对应命令上下文，命令上下文包含集群成员列表和 KV 客户端实际命令的实现。

8.1.5 命令上下文和服务路由器

命令上下文的字段和构造函数代码如下。

```
class CommandContext {
    // 服务器列表
    private final Map<NodeId, Address> serverMap;
    // 客户端
    private Client client;
    // 是否在运行
    private boolean running = false;
    // 构造函数
    public CommandContext(Map<NodeId, Address> serverMap) {
        this.serverMap = serverMap;
        this.client = new Client(buildServerRouter(serverMap));
    }
    // 构建 ServerRouter（服务路由器）
    private static ServerRouter buildServerRouter(Map<NodeId, Address>
serverMap) {
        ServerRouter router = new ServerRouter();
        for (NodeId nodeId : serverMap.keySet()) {
```

```
            Address address = serverMap.get(nodeId);
            router.add(nodeId, new SocketChannel(address.getHost(),
address.getPort()));
        }
        return router;
    }
}
```

构造函数除了保存当前服务器列表之外，还构造了内部使用的客户端。命令依赖上下文执行实际的操作，以 client-set-leader 为例，代码如下。

```
public class ClientSetLeaderCommand implements Command {
    public String getName() {
        return "client-set-leader";
    }
    // 执行
    public void execute(String arguments, CommandContext context) {
        // 判断后续参数是否为空
        if (arguments.isEmpty()) {
            throw new IllegalArgumentException("usage: " + getName() +
" <node-id>");
        }
        // 设置新的 Leader 节点 ID
        NodeId nodeId = new NodeId(arguments);
        try {
            context.setClientLeader(nodeId);
            System.out.println(nodeId);
        } catch (IllegalStateException e) {
            System.err.println(e.getMessage());
        }
    }
}
```

命令上下文 CommandContext 中 setClientLeader 的实现如下。

```
void setClientLeader(NodeId nodeId) {
    client.getServerRouter().setLeaderId(nodeId);
}
```

此处委托 Client 内的 ServerRouter 来执行 setLeaderId。ServerRouter 是客户端内部负责处理 KV 服务端的重定向和选择 Leader 节点的路由器类，ServerRoute 按照如下方式选择 Leader 候选服务器。

（1）如果没有节点，则抛出没有服务节点的错误。

（2）如果有手动设置的 Leader 节点 id，则返回手动设置的 Leader 节点 id 与其他 Leader 节点 id 的列表。

（3）如果没有手动设置的 Leader 节点 id，则返回任意的节点 id 列表。

注意，候选服务器是一个有顺序的服务器 id 列表，而不是单台服务器的 id。比如第（2）种情况，没有只返回手动设置的 Leader 节点 id 的原因是，如果集群重新发生了选举，手动设置的 Leader 节点 id 可能是无效的，需要选择其他节点重试。所以，无论是手动设置的还是自动检测到的 Leader 节点，执行命令时只是候选服务器的第一个 Leader 节点，而不是唯一一个。

在图 8-1 中，假设手动设置了节点 A 为 Leader 节点。同时由于集群自身重新选举后，节点 B 成为新的 Leader 节点。此时客户端发送请求后，节点 A 回复重定向请求，然后访问节点 B，由 Leader 节点 B 处理请求。

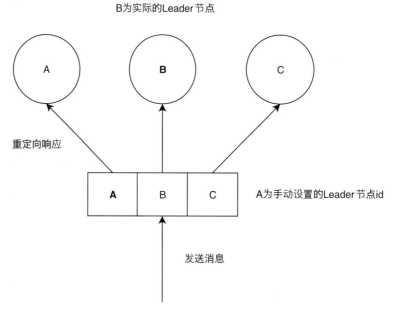

图 8-1　ServerRouter

以下是 ServerRouter 中用于实现上述逻辑的代码。

```
public class ServerRouter {
    private static Logger logger = LoggerFactory.getLogger(ServerRouter.
class);
    private final Map<NodeId, Channel> availableServers = new HashMap<>();
    private NodeId leaderId;
    // 发送消息
    public Object send(Object payload) {
        // 尝试所有的可能
        for (NodeId nodeId : getCandidateNodeIds()) {
            try {
                Object result = doSend(nodeId, payload);
                this.leaderId = nodeId;
```

```
                return result;
            } catch (RedirectException e) {
                // 收到重定向请求, 修改 Leader 节点 id
                logger.debug("not a leader server, redirect to server {}",
e.getLeaderId());
                this.leaderId = e.getLeaderId();
                return doSend(e.getLeaderId(), payload);
            } catch (Exception e) {
                // 连接失败, 尝试下一个节点
                logger.debug("failed to process with server " + nodeId +
                        ", cause " + e.getMessage());
            }
        }
        throw new NoAvailableServerException("no available server");
    }
    // 获取候选节点 id 列表
    private Collection<NodeId> getCandidateNodeIds() {
        // 候选为空
        if (availableServers.isEmpty()) {
            throw new NoAvailableServerException("no available server");
        }
        // 已设置
        if (leaderId != null) {
            List<NodeId> nodeIds = new ArrayList<>();
            nodeIds.add(leaderId);
            for (NodeId nodeId : availableServers.keySet()) {
                if (!nodeId.equals(leaderId)) {
                    nodeIds.add(nodeId);
                }
            }
            return nodeIds;
        }
        // 没有设置的话, 任意返回
        return availableServers.keySet();
    }
}
```

send 方法如果遇到 Redirect 响应，会设置自己的 leaderId 并再次尝试发送消息。但由于 doSend 方法中没有重试逻辑，因此 send 方法最多只会处理一次重定向。

send 方法如果遇到连接失败的情况，会继续尝试下一个节点，直到全部失败，然后抛出没有任何可用服务器的错误。

getCandidateNodeIds 方法会尝试把已设置的 leaderId 放在候选的最前面，否则就返回任意服务器的 id 列表。

8.1.6　增减服务器的命令

前面的命令列表中没有列出给服务器集群增加节点和移除节点这两个命令，即 raft-add-node 和 raft-remove-node。

没有列出的原因有 3 点。首先，这两个命令依赖于 KV 服务端，准确来说，在 Raft 服务层实现服务器增减功能之后，这两个命令才能起作用。增加 KV 服务节点或移除 KV 服务节点，理论上可以通过 Raft 服务器端口实现，但是如何定义客户端的节点 id 来满足 Raft 服务器端口的协议是一个问题（Raft 服务器端口的协议中需要一个节点 id）。

其次，无论是增加节点还是移除节点，都只能由 Leader 节点执行，因为客户端只会与 Leader 节点通信。也就是说，给服务器集群增加和移除节点的操作是通过 KV 服务的客户端发送的，收到请求的 Leader 节点将请求从 KV 服务端传递给核心组件，由核心组件负责执行，如图 8-2 所示。

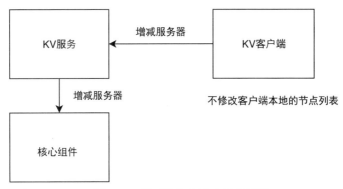

图 8-2　增减服务器命令操作流程

最后，上述两个命令只发送命令，而不会修改客户端的节点列表。考虑到增减服务器需要时间，如果在发送消息的同时增减服务器，会导致实际集群节点列表和客户端节点列表不一致。而且如果移除的是现在 Leader 服务器节点的话需要特别注意，不能在发送消息的同时删除客户端中对应的节点信息，否则会找不到现在设置的 Leader 服务器对应的节点信息。

Raft 服务层的服务器增减实现将在之后的章节讲解，现在只需要知道客户端和 KV 服务的操作一起实现了服务器增减的命令。

8.1.7　内部客户端

客户端和单个节点之间使用 SocketChannel 通信，在 SocketChannel 之上增加了 ServerRouter，用于自动选择 Leader 节点，最上面是内部的客户端 Client。听起来可能有点复杂，但是实际代码很简单。

```
public class Client {
    // 版本
    public static final String VERSION = "0.1.1";
    // 服务器路由器
    private final ServerRouter serverRouter;
    // 构造函数
    public Client(ServerRouter serverRouter) {
        this.serverRouter = serverRouter;
    }
    // 增加节点
    public void addNote(String nodeId, String host, int port) {
        serverRouter.send(new AddNodeCommand(nodeId, host, port));
    }
    // 移除节点
    public void removeNode(String nodeId) {
        serverRouter.send(new RemoveNodeCommand(nodeId));
    }
    // KV 服务 SET 命令
    public void set(String key, byte[] value) {
        serverRouter.send(new SetCommand(key, value));
    }
    // KV 服务 GET 命令
    public byte[] get(String key) {
        return (byte[]) serverRouter.send(new GetCommand(key));
    }
    // 获取内部服务器路由器
    public ServerRouter getServerRouter() {
        return serverRouter;
    }
}
```

　　所有方法都只负责转换参数为命令，然后委托给路由器去执行。可以看到，上述大部分方法都对应一个命令。实际中大部分命令也只是处理一下参数，然后交给命令上下文中的 Client 去执行。

8.2　客户端的启动和基本操作

　　接下来将演示客户端的启动和基本操作。前面提到，客户端启动需要集群配置，所以命令行参数类似于如下格式。

```
-gc A,localhost,3333
```

上面的代码表示单个节点 A 组成的集群，节点 A 的主机名为 localhost，KV 服务端口为 3333。以上述参数启动之后，命令行显示如下。

```
Welcome to XRaft KVStore Shell
*************************************************
current server list:
A,localhost,3333
*************************************************
kvstore-client 0.1.1>
```

提示信息中包含现在的服务器节点列表和客户端版本 0.1.1，版本在 Client 类中定义。接下来演示一些命令的操作。

8.2.1 集群成员列表操作

集群成员列表操作主要包括显示、添加和删除。所有操作都不需要和实际的服务器通信，只操作本地的服务器列表。

显示操作比较简单，直接输入 client-list-server 即可，没有参数。

```
kvstore-client 0.1.1> client-list-server
A,localhost,3333
```

添加服务器的操作 client-add-server，需要指定节点 id、主机名和服务端口。如果不确定参数顺序，可以不带参数执行命令，命令行会显示帮助信息。

```
kvstore-client 0.1.1> client-add-server
usage: client-add-server <node-id> <host> <port-service>
kvstore-client 0.1.1> client-add-server B localhost 3334
A,localhost,3333
B,localhost,3334
```

添加服务器之后，命令行会显示添加后的集群成员列表，不用再执行一次显示服务器列表的操作。

移除服务器操作 client-remove-server，需要指定服务器的节点名。如果不知道节点名，可以先执行一次显示服务器列表的操作。

```
kvstore-client 0.1.1> client-remove-server B
A,localhost,3343
kvstore-client 0.1.1> client-remove-server C
no such server [C]
```

从服务器列表中移除节点之后，命令行会显示移除后的服务器列表。如果移除命令碰到不存在的服务器节点，比如上面的 C 节点，则输出错误信息。

8.2.2 Leader服务器节点

Leader 服务器节点操作主要有两个，即显示和设置。操作不需要和实际服务器通信，但是结果可能会在和服务器通信后发生变化。

显示操作 client-get-leader 比较简单，没有参数。

```
kvstore-client 0.1.1> client-get-leader
null
```

在没有设置的情况下，输出 null。

通过 client-set-leader 可以设置 Leader 节点，设置为 Leader 节点的服务器必须在服务器列表中，即 client-list-server 中存在的服务器节点。

```
kvstore-client 0.1.1> client-list-server
A,localhost,3343
kvstore-client 0.1.1> client-set-leader A
A
kvstore-client 0.1.1> client-get-leader
A
kvstore-client 0.1.1> client-set-leader B
no such server [B] in list
```

如果尝试设置服务器列表中不存在的节点，则输出错误信息。

8.2.3 KV服务操作

与 KV 服务相关的操作只有 GET 和 SET。由于 KV 服务的操作需要连接实际的服务器才能进行，请按照上一章最后的 3 节点集群正确启动。如果实际的服务器节点配置和客户端的服务器列表不同，可以使用本节开始的集群成员列表命令修改。除了不存在的节点之外，Leader 节点可以随意设置，客户端会自动识别实际的 Leader 节点。

```
kvstore-client 0.1.1> kvstore-get x
2019-06-09 10:03:50.718 [main] DEBUG service.ServerRouter - send request
to server A
null
kvstore-client 0.1.1> kvstore-set x 1
2019-06-09 10:04:01.168 [main] DEBUG service.ServerRouter - send request
to server A
kvstore-client 0.1.1> kvstore-get x
2019-06-09 10:04:06.341 [main] DEBUG service.ServerRouter - send request
to server A
1
```

上面的命令行演示了获取 x，设置 x，然后再获取 x 的过程。如果上述操作能正常执行，说明一个基于 Raft 算法的 KV 服务已经可以正常运行。

8.3　单机模式

Raft 算法作为一个分布式一致性算法，在实现时由于涉及的内容非常多，到真正能集成测试的阶段需要比较长的时间。本书从第 4 章正式编码开始到本章为止，花了 5 章才实现最简单的基于 Raft 算法的 KV 服务和客户端。虽然前面已经做了很多单元测试，但是一些问题只有通过集成测试才能发现。为了进一步降低集成测试难度，笔者开发了用于测试的 standalone 模式，即单机模式。

8.3.1　Raft算法下的单机模式

严格来说，Raft 算法没有准确定义单机下的处理。虽然基于单机的服务理论上不需要 Raft 这种分布式一致性算法，但是可以考虑针对集群的 Raft 算法退化为单机后，哪些地方会有变化，比如以下两个地方。

（1）选举开始时跳过通信过程，马上被选择为 Leader 节点，因为只有一台服务器。

（2）由于日志复制没有服务器对象，直接跳过。

在单机模式下，可以看到节点之间的通信（选举和日志复制）都被跳过了，换句话说，单机模式下，节点之间不通信，通信部分的代码不会被执行。如果暂时不关注容易出错的通信部分，可以减少测试关注点并加快集成测试（只需要启动一台服务器）。

那么增加 Raft 算法中没有提到的单机模式，需要修改很多代码吗？答案是不需要修改很多代码，具体来说只需要修改上面提到的两个地方。

8.3.2　单机模式下的选举

单机模式下，选举超时后节点马上就可以设置自己为 Leader 节点，而不用等到接收来自其他节点的回复后才能设置。同时，是不是单机模式，可以通过简单地判断集群成员列表中节点的个数来确定，只有自己一台服务器时肯定为单机模式。

实现上述逻辑的代码如下。

```
int newTerm = role.getTerm() + 1;
role.cancelTimeoutOrTask();
// 判断是不是单机
if (context.group().isStandalone()) {
    // become leader
```

```
        logger.info("become leader, term {}", newTerm);
        resetReplicatingStates();
        changeToRole(new LeaderNodeRole(newTerm, scheduleLogReplicationTask()));
        context.log().appendEntry(newTerm); // no-op log
    } else {
        // 常规流程
    }
```

上述代码对应 4.5.4 小节中 doProcessElectionTimeout 方法的代码。在执行常规选举流程之前，判断当前的服务器集群是不是单机模式，如果是，直接变为 Leader 节点，并执行 Leader 节点的一系列操作。

NodeGroup 中 isStandalone 的实现如下。

```
boolean isStandalone() {
    return memberMap.size() == 1 && memberMap.containsKey(selfId);
}
```

注意，"只有自己一台服务器"包含两个检查，一个是台数，另一个是自己，所以上面有两个检查。

8.3.3　单机模式下的日志复制

因为单机模式下没有需要复制的对象，所以不需要日志复制。但是如果没有来自节点的 AppendEntries 响应，日志的 commitIndex 就不会推进，lastApplied 也不会推进，操作也就不会被应用。所以虽然不需要日志复制，但是需要在单机模式下推进 commitIndex。

```
private void doReplicateLog() {
    // 单机模式下直接推进 commitIndex
    if (context.group().isStandalone()) {
        context.log().advanceCommitIndex(
                    context.log().getNextIndex() - 1,
                    role.getTerm());
        return;
    }
    // 常规流程
}
```

上述代码对应 4.5.7 小节的 doReplicateLog 方法。在单机模式下，日志组件直接推进索引 commitIndex 到最后一条日志的索引，并跳过之后的日志复制过程。

8.3.4　以单机模式启动

最后一部分需要修改的是 KV 服务的启动代码。7.3.3 小节讲过以集群成员的模式启动的方法，单机模式其实也差不多，只是参数解析的部分有所不同。

```
private void startAsStandaloneAndStandby(CommandLine cmdLine,
boolean standby)
                     throws Exception {
    // 两个端口号是必要参数
    if (!cmdLine.hasOption("p1") || !cmdLine.hasOption("p2")) {
        throw new IllegalArgumentException("port-raft-node or port-
service required");
    }
    // 节点 ID 等参数解析
    String id = cmdLine.getOptionValue('i');
    String host = cmdLine.getOptionValue('h', "localhost");
    int portRaftServer = ((Long) cmdLine.getParsedOptionValue("p1")).
intValue();
    int portService = ((Long) cmdLine.getParsedOptionValue("p2")).
intValue();
    // 唯一节点
    NodeEndpoint nodeEndpoint = new NodeEndpoint(id, host,
portRaftServer);
    // 构建核心组件
    Node node = new NodeBuilder(nodeEndpoint)
            .setStandby(standby)
            .setDataDir(cmdLine.getOptionValue('d'))
            .build();
    // 构建 KV 服务
    Server server = new Server(node, portService);
    logger.info("start with mode {}, id {}, host {}, port raft node {},
port service {}",
            (standby ? "standby" : "standalone"), id, host, portRaftServer,
portService);
    startServer(server);
}
```

单机模式下没有集群成员的解析，以下是实际单机模式的启动。

```
-m standalone -p1 2333 -p2 3333 -i A
```

以上参数表示单机模式下 Raft 服务端口为 2333，KV 服务端口为 3333，节点 ID 为 A，使用内存日志，启动后 KV 服务在命令行输出的日志如下。

```
// 单机模式启动参数
2019-06-09 10:03:12.099 [main] INFO  server.ServerLauncher - start with
mode standalone, id A,
            host localhost, port raft node 2333, port service 3333
```

```
// Raft 服务监听端口
2019-06-09 10:03:12.261 [main] DEBUG nio.NioConnector - node listen on port 2333
// 以 Follower 角色启动并设置选举超时
2019-06-09 10:03:12.355 [main] DEBUG schedule.DefaultScheduler - schedule
election timeout
2019-06-09 10:03:12.396 [main] DEBUG node.NodeImpl - node A, role state
changed ->
            FollowerNodeRole{term=0, leaderId=null, votedFor=null,
            electionTimeout=ElectionTimeout{delay=3127ms}}
// KV 服务监听端口
2019-06-09 10:03:12.401 [main] INFO  server.Server - server started at
port 3333
// 选举超时，直接成为 Leader
2019-06-09 10:03:15.528 [node] DEBUG schedule.ElectionTimeout - cancel
election timeout
2019-06-09 10:03:15.529 [node] INFO  node.NodeImpl - become leader, term 1
// 日志复制定时任务
2019-06-09 10:03:15.529 [node] DEBUG schedule.DefaultScheduler -
schedule log replication task
2019-06-09 10:03:15.530 [node] DEBUG node.NodeImpl - node A, role state
changed ->
            LeaderNodeRole{term=1, logReplicationTask=LogReplicationTask{
delay=0}}
// 跳过日志复制，直接推进 commitIndex
2019-06-09 10:03:15.534 [node] DEBUG log.AbstractLog - advance commit
index from 0 to 1
```

如果以单机模式启动，然后执行 8.2.3 小节的测试，会看到如下输出。

```
2019-06-09 10:04:01.255 [node] DEBUG log.AbstractLog - advance commit
index from 1 to 2
2019-06-09 10:04:01.257 [state-machine] DEBUG
            statemachine.AbstractSingleThreadStateMachine - apply log 2
```

很明显，这里的第二条日志是设置 x 为 1 的 SET 操作（第一条是 NO-OP 日志）。

8.3.5　以单机模式测试

如果在 8.2.3 小节的测试中碰到了问题，建议先尝试单机模式。改造为支持单机模式的 KV 服务不需要修改太多代码，但是可以减少需要排查的内容。确保单机模式的代码也能正常运行之后，再改成集群模式。

8.4 集群模式

前面已经做了很多单元测试，以及 8.2.3 小节的间接测试。接下来将通过日志观察 Raft 算法执行的过程。

通过日志观察 Raft 算法的执行，一方面可以弥补间接测试中无法判断 Raft 集群本身状态的缺点，另一方面可以加深对于 Raft 算法的理解。当然这么做的前提是，代码中需要有很多打印日志的地方。因为篇幅的原因，前面省去了很多日志的代码，现在可以根据自己的判断在需要的地方加日志，方便调试和排查。

8.4.1 测试前提和流程

本小节的测试前提是集群模式，实际为 3 节点服务器集群，3 节点的主要参数如表 8-2 所示。

表 8-2 集群成员

节点 ID	主机名	Raft 服务端口	KV 服务端口
A	localhost	2333	3333
B	localhost	2334	3334
C	localhost	2335	3335

启动方式和 7.3.4 小节一致，这里重复一下。由于要分别操作节点，因此建议开 3 个命令行窗口操作，额外加一个窗口给客户端。

```
# 命令行 1
$ myraft-kvstore -gc A,localhost,2333 B,localhost,2334 C,localhost,2335
-m group-member -i A -p2 3333
# 命令行 2
$ myraft-kvstore -gc A,localhost,2333 B,localhost,2334 C,localhost,2335
-m group-member -i B -p2 3334
# 命令行 3
$ myraft-kvstore -gc A,localhost,2333 B,localhost,2334 C,localhost,2335
-m group-member -i C -p2 3335
```

测试的流程如下。

（1）单个节点无法选出 Leader。

（2）2 个节点选出 Leader。

（3）3 个节点正常选出 Leader。

（4）3 个节点中的非 Leader 节点掉线。

（5）重新上线掉线的节点，节点正常加入集群。

（6）3 个节点中的 Leader 节点掉线并重新选出 Leader。

测试主要关注选举，但是可以间接观察日志和通信部分。操作服务端时，同时使用客户端测试集群是否可以正常服务，期望值如下。

（1）不能正常服务。

（2）可以正常服务。

（3）可以正常服务。

（4）可以正常服务。

（5）可以正常服务。

（6）暂时不能正常服务，稍等之后可以正常服务。

8.4.2 单个节点无法选出Leader

只启动节点 A，命令行应该显示核心组件发起选举后没有收到响应，直到选举超时后再次发起选举。

```
2019-06-09 16:45:51.504 [main] INFO  server.ServerLauncher - start as
group member,
        group config [NodeEndpoint{id=B, address=Address{host='localhost',
port=2334}},
                NodeEndpoint{id=C, address=Address{host='localhost',
port=2335}},
                NodeEndpoint{id=A, address=Address{host='localhost',
port=2333}}],
        id A, port service 3333
2019-06-09 16:45:51.691 [main] DEBUG nio.NioConnector - node listen on
port 2333
// 等待来自 Leader 的心跳信息
2019-06-09 16:45:51.768 [main] DEBUG schedule.DefaultScheduler -
schedule election timeout
2019-06-09 16:45:51.772 [main] DEBUG node.NodeImpl - node A, role state
changed ->
        FollowerNodeRole{term=0, leaderId=null, votedFor=null,
        electionTimeout=ElectionTimeout{delay=3652ms}}
2019-06-09 16:45:51.776 [main] INFO  server.Server - server started at
port 3333
2019-06-09 16:45:55.428 [node] DEBUG schedule.ElectionTimeout - cancel
election timeout
// 发起选举  第一次
2019-06-09 16:45:55.428 [node] INFO  node.NodeImpl - start election
2019-06-09 16:45:55.428 [node] DEBUG schedule.DefaultScheduler - schedule
election timeout
2019-06-09 16:45:55.428 [node] DEBUG node.NodeImpl - node A, role state
```

```
changed ->
                CandidateNodeRole{term=1, votesCount=1,
                    electionTimeout=ElectionTimeout{delay=3101ms}}
```

// 无法发送消息给节点 B 和 C

```
    2019-06-09 16:45:55.438 [node] DEBUG nio.NioConnector - send
RequestVoteRpc{candidateId=A, lastLogIndex=0, lastLogTerm=0, term=1} to
node B
    2019-06-09 16:45:55.591 [node] WARN  nio.NioConnector - failed to get
channel to node B, cause Connection refused: localhost/127.0.0.1:2334
    2019-06-09 16:45:55.591 [node] DEBUG nio.NioConnector - send
RequestVoteRpc{candidateId=A, lastLogIndex=0, lastLogTerm=0, term=1} to node C
    2019-06-09 16:45:55.593 [node] WARN  nio.NioConnector - failed to get
channel to node C, cause Connection refused: localhost/127.0.0.1:2335
    2019-06-09 16:45:58.535 [node] DEBUG schedule.ElectionTimeout - cancel
election timeout
```

// 发起选举　第二次

```
    2019-06-09 16:45:58.535 [node] INFO  node.NodeImpl - start election
    2019-06-09 16:45:58.535 [node] DEBUG schedule.DefaultScheduler -
schedule election timeout
    2019-06-09 16:45:58.535 [node] DEBUG node.NodeImpl - node A, role state
changed ->
                CandidateNodeRole{term=2, votesCount=1,
                    electionTimeout=ElectionTimeout{delay=3577ms}}
    2019-06-09 16:45:58.536 [node] DEBUG nio.NioConnector - send
RequestVoteRpc{candidateId=A, lastLogIndex=0, lastLogTerm=0, term=2} to node B
    2019-06-09 16:45:58.537 [node] WARN  nio.NioConnector - failed to get
channel to node B, cause Connection refused: localhost/127.0.0.1:2334
    2019-06-09 16:45:58.537 [node] DEBUG nio.NioConnector - send
RequestVoteRpc{candidateId=A, lastLogIndex=0, lastLogTerm=0, term=2} to node C
    2019-06-09 16:45:58.539 [node] WARN  nio.NioConnector - failed to get
channel to node C, cause Connection refused: localhost/127.0.0.1:2335
```

通过观察日志可以确定以下信息。

（1）每次选举的等待时间不同，这是 Raft 算法的要求，是为了解决 split-vote 问题。

（2）如果无法发送消息给其他节点或者收不到来自其他节点的回复，候选者节点的 term 会不断变大。

此时如果通过客户端访问集群，客户端会输出没有可用的服务器的信息。

```
*********************************************
current server list:
A,localhost,3333
*********************************************
```

```
kvstore-client 0.1.1> kvstore-set x 1
   2019-06-09 17:27:41.877 [main] DEBUG service.ServerRouter - send request
to server A
   2019-06-09 17:27:41.918 [main] DEBUG service.ServerRouter - not a leader
server
   NoAvailableServerException: no available server
```

8.4.3　2个节点选出Leader

在启动节点 A 之后启动节点 B。此时 3 个节点中的 2 个节点可以互相通信，节点 A 或 B 将成为 Leader 节点，节点 A 的日志如下。

```
   2019-06-09 17:30:44.663 [main] INFO  server.ServerLauncher - start as
group member,
            group config [NodeEndpoint{id=B, address=Address{host='localhost',
port=2334}},
                        NodeEndpoint{id=C, address=Address{host='localhost',
port=2335}},
                        NodeEndpoint{id=A, address=Address{host='localhost',
port=2333}}],
            id A, port service 3333
   2019-06-09 17:30:44.725 [main] DEBUG nio.NioConnector - node listen on
port 2333
   2019-06-09 17:30:44.806 [main] DEBUG schedule.DefaultScheduler -
schedule election timeout
   2019-06-09 17:30:44.808 [main] DEBUG node.NodeImpl - node A, role state
changed ->
            FollowerNodeRole{term=0, leaderId=null, votedFor=null,
                electionTimeout=ElectionTimeout{delay=3768ms}}
   2019-06-09 17:30:44.810 [main] INFO  server.Server - server started at
port 3333
   2019-06-09 17:30:48.579 [node] DEBUG schedule.ElectionTimeout - cancel
election timeout
   // 发起选举　第一次
   2019-06-09 17:30:48.579 [node] INFO  node.NodeImpl - start election
   2019-06-09 17:30:48.579 [node] DEBUG schedule.DefaultScheduler -
schedule election timeout
   2019-06-09 17:30:48.580 [node] DEBUG node.NodeImpl - node A, role state
changed ->
            CandidateNodeRole{term=1, votesCount=1,
                electionTimeout=ElectionTimeout{delay=3111ms}}
   2019-06-09 17:30:48.581 [node] DEBUG nio.NioConnector - send RequestVoteRpc
```

```
{candidateId=A, lastLogIndex=0, lastLogTerm=0, term=1} to node B
    2019-06-09 17:30:48.625 [node] WARN  nio.NioConnector - failed to get
channel to node B, cause Connection refused: localhost/127.0.0.1:2334
    2019-06-09 17:30:48.626 [node] DEBUG nio.NioConnector - send
RequestVoteRpc{candidateId=A, lastLogIndex=0, lastLogTerm=0, term=1} to node C
    2019-06-09 17:30:48.627 [node] WARN  nio.NioConnector - failed to get
channel to node C, cause Connection refused: localhost/127.0.0.1:2335
    2019-06-09 17:30:51.692 [node] DEBUG schedule.ElectionTimeout - cancel
election timeout
```

// 发起选举 第二次

```
    2019-06-09 17:30:51.693 [node] INFO  node.NodeImpl - start election
    2019-06-09 17:30:51.693 [node] DEBUG schedule.DefaultScheduler -
schedule election timeout
    2019-06-09 17:30:51.693 [node] DEBUG node.NodeImpl - node A, role state
changed ->
            CandidateNodeRole{term=2, votesCount=1,
                electionTimeout=ElectionTimeout{delay=3351ms}}
    2019-06-09 17:30:51.693 [node] DEBUG nio.NioConnector - send
RequestVoteRpc{candidateId=A, lastLogIndex=0, lastLogTerm=0, term=2} to node B
    2019-06-09 17:30:51.695 [node] DEBUG nio.OutboundChannelGroup - channel
OUTBOUND-B connected
    2019-06-09 17:30:51.699 [node] DEBUG nio.NioConnector - send
RequestVoteRpc{candidateId=A, lastLogIndex=0, lastLogTerm=0, term=2} to node C
    2019-06-09 17:30:51.700 [node] WARN  nio.NioConnector - failed to get
channel to node C, cause Connection refused: localhost/127.0.0.1:2335
```

// 收到来自节点 B 的确认信息

```
    2019-06-09 17:30:51.893 [nioEventLoopGroup-2-3] DEBUG nio.ToRemoteHandler -
receive RequestVoteResult{term=2, voteGranted=true} from B
    2019-06-09 17:30:51.901 [node] DEBUG node.NodeImpl - votes count 2, major
node count 3
    2019-06-09 17:30:51.901 [node] DEBUG schedule.ElectionTimeout - cancel
election timeout
```

// 成为 Leader 节点

```
    2019-06-09 17:30:51.902 [node] INFO  node.NodeImpl - become leader, term 2
    2019-06-09 17:30:51.922 [node] DEBUG schedule.DefaultScheduler - schedule
log replication task
    2019-06-09 17:30:51.923 [node] DEBUG node.NodeImpl - node A, role state
changed ->
            LeaderNodeRole{term=2, logReplicationTask=LogReplicationTask{
delay=999}}
    2019-06-09 17:30:51.961 [node] DEBUG nio.InboundChannelGroup - close all
inbound channels
```

```
// 开始复制日志
   2019-06-09 17:30:51.961 [node] DEBUG node.NodeImpl - replicate log
   2019-06-09 17:30:51.965 [node] DEBUG nio.NioConnector - send AppendEntriesRpc
{entries.size=1, leaderCommit=0, leaderId=A, prevLogIndex=0, prevLogTerm=0,
term=2} to node B
   2019-06-09 17:30:51.965 [node] DEBUG nio.NioConnector - send
AppendEntriesRpc{entries.size=1, leaderCommit=0, leaderId=A, prevLogIndex=0,
prevLogTerm=0, term=2} to node C
   2019-06-09 17:30:51.966 [node] WARN  nio.NioConnector - failed to get
channel to node C, cause Connection refused: localhost/127.0.0.1:2335
// 收到来自节点 B 的回复　推进 commitIndex
   2019-06-09 17:30:52.092 [nioEventLoopGroup-2-3] DEBUG nio.ToRemoteHandler
- receive AppendEntriesResult{rpcMessageId='efb1d83d-b63a-4e6d-b782-
feefe9f622e2', success=true, term=2} from B
   2019-06-09 17:30:52.096 [node] DEBUG node.NodeGroup - match indices [<C,
0>, <B, 1>]
   2019-06-09 17:30:52.096 [node] DEBUG log.AbstractLog - advance commit
index from 0 to 1
```

节点 B 的日志如下。

```
   2019-06-09 17:30:49.270 [main] INFO  server.ServerLauncher - start as
group member,
           group config [NodeEndpoint{id=B, address=Address{host='localhost',
port=2334}},
                  NodeEndpoint{id=C, address=Address{host='localhost',
port=2335}},
                  NodeEndpoint{id=A, address=Address{host='localhost',
port=2333}}],
           id B, port service 3334
   2019-06-09 17:30:49.331 [main] DEBUG nio.NioConnector - node listen on
port 2334
   2019-06-09 17:30:49.408 [main] DEBUG schedule.DefaultScheduler -
schedule election timeout
   2019-06-09 17:30:49.410 [main] DEBUG node.NodeImpl - node B, role state
changed ->
                  FollowerNodeRole{term=0, leaderId=null, votedFor=null,
                  electionTimeout=ElectionTimeout{delay=3958ms}}
   2019-06-09 17:30:49.412 [main] INFO  server.Server - server started at
port 3334
   2019-06-09 17:30:51.799 [nioEventLoopGroup-2-1] DEBUG nio.
InboundChannelGroup - channel INBOUND-A connected
// 收到来自节点 A 的 RequestVote 消息并投票
```

```
2019-06-09 17:30:51.821 [nioEventLoopGroup-2-1] DEBUG nio.
FromRemoteHandler - receive RequestVoteRpc{candidateId=A, lastLogIndex=0,
lastLogTerm=0, term=2} from A
   2019-06-09 17:30:51.827 [node] DEBUG log.AbstractLog - last entry (0, 0),
candidate (0, 0)
   2019-06-09 17:30:51.828 [node] DEBUG schedule.ElectionTimeout - cancel
election timeout
   2019-06-09 17:30:51.828 [node] DEBUG schedule.DefaultScheduler -
schedule election timeout
   2019-06-09 17:30:51.828 [node] DEBUG node.NodeImpl - node B, role state
changed ->
               FollowerNodeRole{term=2, leaderId=null, votedFor=A,
                   electionTimeout=ElectionTimeout{delay=3957ms}}
   2019-06-09 17:30:51.828 [node] DEBUG nio.NioConnector - reply
RequestVoteResult{term=2, voteGranted=true} to node A
```
// 收到来自 Leader 节点 A 的心跳消息
```
   2019-06-09 17:30:52.039 [nioEventLoopGroup-2-1] DEBUG nio.
FromRemoteHandler - receive
               AppendEntriesRpc{ entries.size=1, leaderCommit=0, leaderId=A,
                         prevLogIndex=0,prevLogTerm=0, term=2} from A
```
// 重置选举超时并记录 Leader 节点
```
   2019-06-09 17:30:52.069 [node] DEBUG schedule.ElectionTimeout - cancel
election timeout
   2019-06-09 17:30:52.069 [node] INFO  node.NodeImpl - current leader is A,
term 2
   2019-06-09 17:30:52.069 [node] DEBUG schedule.DefaultScheduler -
schedule election timeout
   2019-06-09 17:30:52.069 [node] DEBUG node.NodeImpl - node B, role state
changed ->
               FollowerNodeRole{term=2, leaderId=A, votedFor=A,
                   electionTimeout=ElectionTimeout{delay=3489ms}}
```
// 追加日志条目
```
   2019-06-09 17:30:52.072 [node] DEBUG log.AbstractLog - append entries
from leader from 1 to 1
   2019-06-09 17:30:52.072 [node] DEBUG nio.NioConnector - reply
               AppendEntriesResult{ success=true, term=2} to node A
```
// 收到 AppendEntries 消息　重置选举超时　以下同
```
   2019-06-09 17:30:52.926 [nioEventLoopGroup-2-1] DEBUG nio.
FromRemoteHandler - receive AppendEntriesRpc{entries.size=0, leaderCommit=1,
leaderId=A, prevLogIndex=1, prevLogTerm=2, term=2} from A
   2019-06-09 17:30:52.926 [node] DEBUG schedule.ElectionTimeout - cancel
election timeout
```

```
    2019-06-09 17:30:52.926 [node] DEBUG schedule.DefaultScheduler -
schedule election timeout
    2019-06-09 17:30:52.927 [node] DEBUG log.AbstractLog - advance commit
index from 0 to 1
    2019-06-09 17:30:52.929 [node] DEBUG nio.NioConnector - reply
              AppendEntriesResult{ success=true, term=2} to node A
    2019-06-09 17:30:53.928 [nioEventLoopGroup-2-1] DEBUG nio.FromRemoteHandler -
receive AppendEntriesRpc{ entries.size=0, leaderCommit=1, leaderId=A,
prevLogIndex=1, prevLogTerm=2, term=2} from A
    2019-06-09 17:30:53.929 [node] DEBUG schedule.ElectionTimeout - cancel
election timeout
    2019-06-09 17:30:53.929 [node] DEBUG schedule.DefaultScheduler - schedule
election timeout
    2019-06-09 17:30:53.929 [node] DEBUG nio.NioConnector - reply
              AppendEntriesResult{ success=true, term=2} to node A
    2019-06-09 17:30:54.930 [nioEventLoopGroup-2-1] DEBUG nio.FromRemoteHandler -
receive AppendEntriesRpc{ entries.size=0, leaderCommit=1, leaderId=A,
prevLogIndex=1, prevLogTerm=2, term=2} from A
```

通过对比节点 A 和节点 B 的日志，可以很清楚地看到选举操作和日志复制操作是如何进行的，以及选举超时和日志复制定时任务是否正确执行。

幸运的话，可能会看到 2 个节点同时成为 Candidate 角色的场景，此时没有一个节点会成为 Leader 节点。一般情况下没有必要刻意去模拟 split-vote 的场景，因为这很难实现，而且 Raft 算法通过随机化选举超时时间降低了这种场景的出现率。

3 节点的集群中如果有 2 个节点可用，那么 KV 服务可以对外服务。以下是简单执行 SET 和 GET 的结果。

```
kvstore-client 0.1.1> kvstore-set x 1
    2019-06-09 17:31:10.011 [main] DEBUG service.ServerRouter - send request
to server A
kvstore-client 0.1.1> kvstore-get x
    2019-06-09 17:31:13.848 [main] DEBUG service.ServerRouter - send request
to server A
    1
```

8.4.4　3个节点正常选出Leader节点

为了演示节点 A 以外的节点也可以成为 Leader 节点，此处按照节点 C，节点 B，节点 A 的顺序启动。一般来说，最先启动的节点先发起选举，所以容易成为 Leader 节点。而且在启动过程中，如果过半节点选举出了 Leader 节点，那么之后启动的节点会直接收到来自 Leader 节点的心跳消息，没有投票给某个节点的步骤。这在 Raft 算法中都是被考虑到的情况，但是在看到实际的日志后，会有更直观的感受。

由于节点 C 和节点 B 选举出 Leader 节点的日志基本和 8.4.3 小节一样，因此这里不再重复。以下日志是节点 C、节点 B 和节点 A 顺序启动后，节点 A 直接收到来自 Leader 节点 C 的心跳信息时的日志。

```
// 当前节点是 A
2019-06-09 21:49:05.002 [main] INFO   server.ServerLauncher - start as
group member,
            group config [NodeEndpoint{id=B, address=Address{host='localhost',
port=2334}},
                    NodeEndpoint{id=C, address=Address{host='localhost',
port=2335}},
                    NodeEndpoint{id=A, address=Address{host='localhost',
port=2333}}],
            id A, port service 3333
2019-06-09 21:49:05.060 [main] DEBUG nio.NioConnector - node listen on
port 2333
2019-06-09 21:49:05.136 [main] DEBUG schedule.DefaultScheduler -
schedule election timeout
2019-06-09 21:49:05.138 [main] DEBUG node.NodeImpl - node A, role state
changed ->
            FollowerNodeRole{term=0, leaderId=null, votedFor=null,
                electionTimeout=ElectionTimeout{delay=3939ms}}
2019-06-09 21:49:05.140 [main] INFO   server.Server - server started at
port 3333
2019-06-09 21:49:06.141 [nioEventLoopGroup-2-1] DEBUG nio.
InboundChannelGroup - channel INBOUND-C connected
// 收到来自 Leader 节点的心跳信息
2019-06-09 21:49:06.176 [nioEventLoopGroup-2-1] DEBUG nio.
FromRemoteHandler - receive AppendEntriesRpc{ entries.size=1,
leaderCommit=1, leaderId=C, prevLogIndex=0, prevLogTerm=0, term=1} from C
// 重置选举超时并设置 Leader 为节点 C
2019-06-09 21:49:06.181 [node] DEBUG schedule.ElectionTimeout - cancel
election timeout
2019-06-09 21:49:06.182 [node] INFO   node.NodeImpl - current leader is C,
term 1
2019-06-09 21:49:06.182 [node] DEBUG schedule.DefaultScheduler -
schedule election timeout
2019-06-09 21:49:06.182 [node] DEBUG node.NodeImpl - node A, role state
changed ->
            FollowerNodeRole{term=1, leaderId=C, votedFor=null,
                electionTimeout=ElectionTimeout{delay=3763ms}}
```

```
   2019-06-09 21:49:06.183 [node] DEBUG log.AbstractLog -· append entries
from leader from 1 to 1
   2019-06-09 21:49:06.183 [node] DEBUG log.AbstractLog - advance commit
index from 0 to 1
   2019-06-09 21:49:06.187 [node] DEBUG nio.NioConnector - reply
                AppendEntriesResult{success=true, term=1} to node C
   2019-06-09 21:49:07.109 [nioEventLoopGroup-2-1] DEBUG nio.
FromRemoteHandler - receive AppendEntriesRpc{entries.size=0, leaderCommit=1,
leaderId=C, prevLogIndex=1, prevLogTerm=1, term=1} from C
   2019-06-09 21:49:07.112 [node] DEBUG schedule.ElectionTimeout - cancel
election timeout
   2019-06-09 21:49:07.112 [node] DEBUG schedule.DefaultScheduler -
schedule election timeout
   2019-06-09 21:49:07.113 [node] DEBUG nio.NioConnector - reply
                AppendEntriesResult{success=true, term=1} to node C
```

从上述日志中可以看出，如果 Leader 节点 C 没有在选举超时时间内给节点 A 发送心跳消息，节点 A 会发起选举。节点 A 发起选举之后有可能干扰现有集群已稳定的 Leader 节点与 Follower 节点的关系，所以 Raft 算法要求心跳消息的间隔比选举超时时间短，而且要短很多。

在 3 个节点都正常在线的情况下，客户端访问 KV 服务肯定能正常服务。如果不能正常服务，请检查客户端的集群成员列表和 KV 服务的日志。

8.4.5　3个节点中的非Leader节点掉线

在 8.4.4 小节中，节点 C 成了 Leader 节点，此时在节点 B 或节点 A 的命令行窗口中按 Ctrl+C 组合键下线节点时，节点 C 以及集群整体会有什么变化？按照 Raft 算法的设计，非 Leader 节点下线不会引发重新选举，而且对于 3 节点集群来说，容许最多 1 个节点下线。所以节点 B 或节点 A 下线后，Leader 节点 C 继续对外提供服务。

以下是节点 B 下线后，Leader 节点 C 的日志。

```
   // 最后一次正常日志复制
   2019-06-10 07:10:57.561 [node] DEBUG node.NodeImpl - replicate log
   2019-06-10 07:10:57.561 [node] DEBUG nio.NioConnector - send
AppendEntriesRpc{entries.size=0, leaderCommit=1, leaderId=C, prevLogIndex=1,
prevLogTerm=2, term=2} to node A
   2019-06-10 07:10:57.562 [node] DEBUG nio.NioConnector - send
AppendEntriesRpc{entries.size=0, leaderCommit=1, leaderId=C, prevLogIndex=1,
prevLogTerm=2, term=2} to node B
   2019-06-10 07:10:57.564 [nioEventLoopGroup-2-3] DEBUG nio.
ToRemoteHandler - receive
                AppendEntriesResult{success=true, term=2} from B
```

```
2019-06-10 07:10:57.564 [nioEventLoopGroup-2-9] DEBUG nio.
ToRemoteHandler - receive
            AppendEntriesResult{success=true, term=2} from A
```
// 节点 B 下线
```
2019-06-10 07:10:59.564 [node] DEBUG node.NodeImpl - replicate log
2019-06-10 07:10:59.564 [node] DEBUG nio.NioConnector - send
AppendEntriesRpc{entries.size=0, leaderCommit=1, leaderId=C, prevLogIndex=1,
prevLogTerm=2, term=2} to node A
2019-06-10 07:10:59.564 [node] DEBUG nio.NioConnector - send
AppendEntriesRpc{entries.size=0, leaderCommit=1, leaderId=C, prevLogIndex=1,
prevLogTerm=2, term=2} to node B
2019-06-10 07:10:59.566 [nioEventLoopGroup-2-9] DEBUG nio.
ToRemoteHandler - receive
            AppendEntriesResult{success=true, term=2} from A
2019-06-10 07:10:59.864 [nioEventLoopGroup-2-3] WARN  nio.
AbstractHandler - Connection reset by peer
2019-06-10 07:10:59.897 [nioEventLoopGroup-2-3] DEBUG nio.
OutboundChannelGroup - channel OUTBOUND-B disconnected
```
// 无法连接节点 B
```
2019-06-10 07:11:00.568 [node] DEBUG node.NodeImpl - replicate log
2019-06-10 07:11:00.569 [node] DEBUG nio.NioConnector - send
AppendEntriesRpc{entries.size=0, leaderCommit=1, leaderId=C, prevLogIndex=1,
prevLogTerm=2, term=2} to node A
2019-06-10 07:11:00.569 [node] DEBUG nio.NioConnector - send
AppendEntriesRpc{entries.size=0, leaderCommit=1, leaderId=C, prevLogIndex=1,
prevLogTerm=2, term=2} to node B
2019-06-10 07:11:00.571 [node] WARN  nio.NioConnector - failed to get
channel to node B, cause Connection refused: localhost/127.0.0.1:2334
```

可以看到，节点 C 并没有因为节点 B 的掉线而有特别的操作，比如重新发起选举。日志复制过程中虽然节点 B 掉线，但节点 C 仍把日志复制给了节点 A。而且节点 A 只和节点 C 通信，不会感知到节点 B 的下线，以下是节点 A 的一部分日志。

// 收到 AppendEntries 消息
```
2019-06-10 07:10:57.563 [nioEventLoopGroup-2-1] DEBUG nio.
FromRemoteHandler - receive AppendEntriesRpc{entries.size=0, leaderCommit=1,
leaderId=C, prevLogIndex=1, prevLogTerm=2, term=2} from C
```
// 重置选举超时
```
2019-06-10 07:10:57.563 [node] DEBUG schedule.ElectionTimeout - cancel
election timeout
2019-06-10 07:10:57.563 [node] DEBUG schedule.DefaultScheduler -
schedule election timeout
2019-06-10 07:10:57.564 [node] DEBUG nio.NioConnector - reply
```

```
                AppendEntriesResult{success=true, term=2} to node C
```
// 收到 AppendEntries 消息
```
2019-06-10 07:10:58.564 [nioEventLoopGroup-2-1] DEBUG nio.
FromRemoteHandler - receive AppendEntriesRpc{entries.size=0, leaderCommit=1,
leaderId=C, prevLogIndex=1, prevLogTerm=2, term=2} from C
```
// 重置选举超时
```
2019-06-10 07:10:58.564 [node] DEBUG schedule.ElectionTimeout - cancel
election timeout
2019-06-10 07:10:58.564 [node] DEBUG schedule.DefaultScheduler -
schedule election timeout
2019-06-10 07:10:58.564 [node] DEBUG nio.NioConnector - reply
                AppendEntriesResult{success=true, term=2} to node C
```

节点 B 下线之后，对于客户端来说，Leader 节点没有变化，所以可以继续使用 KV 服务。如果无法执行 SET 命令，请检查客户端的集群成员列表。

8.4.6　掉线的节点重新加入集群

掉线的节点重启后加入集群时，其实和集群中刚启动的节点类似。这里模拟的是 3 个节点中，1 个节点宕机后重新加入的场景，也就是说，在已经选举出 Leader 节点的集群中重启宕机的节点。理论上，重启后的节点在恢复后，会收到来自 Leader 节点的心跳消息并正确加入集群。

注意，正确加入包括两个方面。一方面是正确加入 Leader 节点和 Follower 节点之间的星型通信结构（以 Leader 节点为中心，Leader 节点与每个 Follower 节点通信的网络结构）。另一方面是日志的正确同步。

在本节的例子中，由于使用了内存日志，每次重启之后日志会完全消失，因此只能模拟从 Leader 节点完全复制日志的情况，无法模拟日志冲突的情况。实际运行中，日志复制的周期很短，手动制造日志冲突的场景比较困难。因此比起集成测试，更重要的是针对日志冲突做好足够数量的单元测试。

要想确认是否正确加入，可以看 Leader 节点是否能把正常日志同步给重启后的节点。因为客户端不能直接访问 Follower 节点，只能通过重启后的节点的日志来判断是否完全同步。

以下是重启后节点 B 的日志，注意和 8.4.4 小节节点启动时的日志不同。

```
2019-06-10 07:47:46.711 [main] INFO  server.ServerLauncher - start as
group member,
          group config [NodeEndpoint{id=B, address=Address{host='localhost',
port=2334}},
                NodeEndpoint{id=C, address=Address{host='localhost',
port=2335}},
                NodeEndpoint{id=A, address=Address{host='localhost',
port=2333}}],
```

```
                   id B, port service 3334
   2019-06-10 07:47:46.829 [main] DEBUG nio.NioConnector - node listen on
port 2334
   2019-06-10 07:47:46.932 [main] DEBUG schedule.DefaultScheduler -
schedule election timeout
   2019-06-10 07:47:46.936 [main] DEBUG node.NodeImpl - node B, role state
changed ->
               FollowerNodeRole{term=0, leaderId=null, votedFor=null,
                 electionTimeout=ElectionTimeout{delay=3356ms}}
   2019-06-10 07:47:46.939 [main] INFO  server.Server - server started at
port 3334
   2019-06-10 07:47:47.986 [nioEventLoopGroup-2-1] DEBUG nio.
InboundChannelGroup - channel INBOUND-C connected
```
// 收到来自 Leader 节点 C 的 AppendEntries 消息
```
   2019-06-10 07:47:48.103 [nioEventLoopGroup-2-1] DEBUG nio.
FromRemoteHandler - receive AppendEntriesRpc{entries.size=0, leaderCommit=2,
leaderId=C, prevLogIndex=2, prevLogTerm=1, term=1} from C
   2019-06-10 07:47:48.109 [node] DEBUG schedule.ElectionTimeout - cancel
election timeout
   2019-06-10 07:47:48.110 [node] INFO  node.NodeImpl - current leader is C,
term 1
   2019-06-10 07:47:48.110 [node] DEBUG schedule.DefaultScheduler - schedule
election timeout
   2019-06-10 07:47:48.110 [node] DEBUG node.NodeImpl - node B, role state
changed ->
               FollowerNodeRole{term=1, leaderId=C, votedFor=null,
                 electionTimeout=ElectionTimeout{delay=3033ms}}
```
// 节点 B 发现自己本地没有索引 2 的日志
```
   2019-06-10 07:47:48.110 [node] DEBUG log.AbstractLog - previous log 2 not
found
   2019-06-10 07:47:48.110 [node] DEBUG nio.NioConnector - reply
               AppendEntriesResult{success=false, term=1} to node C
```
// Leader 节点回退 第一次
```
   2019-06-10 07:47:48.197 [nioEventLoopGroup-2-1] DEBUG nio.
FromRemoteHandler - receive AppendEntriesRpc{entries.size=1, leaderCommit=2,
leaderId=C, prevLogIndex=1, prevLogTerm=1, term=1} from C
```
// 重置选举超时
```
   2019-06-10 07:47:48.201 [node] DEBUG schedule.ElectionTimeout - cancel
election timeout
   2019-06-10 07:47:48.201 [node] DEBUG schedule.DefaultScheduler - schedule
election timeout
```
// 节点 B 发现自己本地没有索引 1 的日志

```
    2019-06-10 07:47:48.201 [node] DEBUG log.AbstractLog - previous log 1
not found
    2019-06-10 07:47:48.201 [node] DEBUG nio.NioConnector - reply
            AppendEntriesResult{success=false, term=1} to node C
```
// Leader 节点回退 第二次
```
    2019-06-10 07:47:48.205 [nioEventLoopGroup-2-1] DEBUG nio.
FromRemoteHandler - receive AppendEntriesRpc{entries.size=2, leaderCommit=2,
leaderId=C, prevLogIndex=0, prevLogTerm=0, term=1} from C
```
// 重置选举超时
```
    2019-06-10 07:47:48.205 [node] DEBUG schedule.ElectionTimeout - cancel
election timeout
    2019-06-10 07:47:48.206 [node] DEBUG schedule.DefaultScheduler -
schedule election timeout
```
// 追加日志并应用
```
    2019-06-10 07:47:48.207 [node] DEBUG log.AbstractLog - append entries
from leader from 1 to 2
    2019-06-10 07:47:48.207 [node] DEBUG log.AbstractLog - advance commit
index from 0 to 2
    2019-06-10 07:47:48.211 [node] DEBUG nio.NioConnector - reply
            AppendEntriesResult{success=true, term=1} to node C
    2019-06-10 07:47:48.211 [state-machine] DEBUG
            statemachine.AbstractSingleThreadStateMachine - apply log 2
```
// 收到来自 Leader 节点 C 的 AppendEntries 消息
```
    2019-06-10 07:47:48.872 [nioEventLoopGroup-2-1] DEBUG nio.
FromRemoteHandler - receive AppendEntriesRpc{entries.size=0, leaderCommit=2,
leaderId=C, prevLogIndex=2, prevLogTerm=1, term=1} from C
```
// 重置选举超时
```
    2019-06-10 07:47:48.873 [node] DEBUG schedule.ElectionTimeout - cancel
election timeout
    2019-06-10 07:47:48.873 [node] DEBUG schedule.DefaultScheduler -
schedule election timeout
    2019-06-10 07:47:48.880 [node] DEBUG nio.NioConnector - reply
            AppendEntriesResult{success=true, term=1} to node C
    2019-06-10 07:47:49.877 [nioEventLoopGroup-2-1] DEBUG nio.
FromRemoteHandler - receive AppendEntriesRpc{entries.size=0, leaderCommit=2,
leaderId=C, prevLogIndex=2, prevLogTerm=1, term=1} from C
    2019-06-10 07:47:49.877 [node] DEBUG schedule.ElectionTimeout - cancel
election timeout
    2019-06-10 07:47:49.877 [node] DEBUG schedule.DefaultScheduler -
schedule election timeout
    2019-06-10 07:47:49.878 [node] DEBUG nio.NioConnector - reply
            AppendEntriesResult{success=true, term=1} to node C
```

与 8.4.4 小节的正常启动不同，节点 B 和 Leader 节点之间进行了几次尝试性的日志同步。如果日志数量很多，这样的尝试性同步会发生很多次，效率可能不会很好。在 Raft 算法中的解决方法是，如果某个 term 的日志同步失败，则接着尝试同步 term − 1 的日志而不是 index − 1 的日志。这样可以跳过多个日志，减少无效的日志匹配次数。不过，日志匹配失败是小概率事件，最坏的情况也只是匹配和日志条目数量一样的次数，所以不用刻意处理。

以下是 Leader 节点 C 的日志。

```
2019-06-10 07:47:46.865 [node] DEBUG node.NodeImpl - replicate log
2019-06-10 07:47:46.866 [node] DEBUG nio.NioConnector - send
AppendEntriesRpc{entries.size=0, leaderCommit=2, leaderId=C, prevLogIndex=2,
prevLogTerm=1, term=1} to node A
2019-06-10 07:47:46.866 [node] DEBUG nio.NioConnector - send
AppendEntriesRpc{entries.size=0, leaderCommit=2, leaderId=C, prevLogIndex=2,
prevLogTerm=1, term=1} to node B
2019-06-10 07:47:46.868 [nioEventLoopGroup-2-6] DEBUG nio.
ToRemoteHandler - receive
            AppendEntriesResult{ success=true, term=1} from A
```
// 节点 B 尚未启动
```
2019-06-10 07:47:46.868 [node] WARN  nio.NioConnector - failed to get
channel to node B, cause Connection refused: localhost/127.0.0.1:2334
2019-06-10 07:47:47.866 [node] DEBUG node.NodeImpl - replicate log
2019-06-10 07:47:47.866 [node] DEBUG nio.NioConnector - send
AppendEntriesRpc{entries.size=0, leaderCommit=2, leaderId=C, prevLogIndex=2,
prevLogTerm=1, term=1} to node A
2019-06-10 07:47:47.866 [node] DEBUG nio.NioConnector - send
AppendEntriesRpc{entries.size=0, leaderCommit=2, leaderId=C, prevLogIndex=2,
prevLogTerm=1, term=1} to node B
```
// 节点 B 启动
```
2019-06-10 07:47:47.868 [node] DEBUG nio.OutboundChannelGroup - channel
OUTBOUND-B connected
2019-06-10 07:47:47.869 [nioEventLoopGroup-2-6] DEBUG nio.
ToRemoteHandler - receive
            AppendEntriesResult{success=true, term=1} from A
```
// 日志匹配失败 第一次
```
2019-06-10 07:47:48.157 [nioEventLoopGroup-2-13] DEBUG nio.
ToRemoteHandler - receive
            AppendEntriesResult{success=false, term=1} from B
2019-06-10 07:47:48.158 [node] DEBUG nio.NioConnector - send
AppendEntriesRpc{entries.size=1, leaderCommit=2, leaderId=C, prevLogIndex=1,
prevLogTerm=1, term=1} to node B
```
// 日志匹配失败 第二次
```
2019-06-10 07:47:48.203 [nioEventLoopGroup-2-13] DEBUG nio.
```

```
ToRemoteHandler - receive
            AppendEntriesResult{success=false, term=1} from B
  2019-06-10 07:47:48.203 [node] DEBUG nio.NioConnector - send
AppendEntriesRpc{entries.size=2, leaderCommit=2, leaderId=C, prevLogIndex=0,
prevLogTerm=0, term=1} to node B
```
// 匹配成功
```
  2019-06-10 07:47:48.212 [nioEventLoopGroup-2-13] DEBUG nio.
ToRemoteHandler - receive
            AppendEntriesResult{success=true, term=1} from B
  2019-06-10 07:47:48.212 [node] DEBUG node.NodeGroup - match indices [<A,
2>, <B, 2>]
```
// 正常日志复制
```
  2019-06-10 07:47:48.871 [node] DEBUG node.NodeImpl - replicate log
  2019-06-10 07:47:48.871 [node] DEBUG nio.NioConnector - send
AppendEntriesRpc{entries.size=0, leaderCommit=2, leaderId=C, prevLogIndex=2,
prevLogTerm=1, term=1} to node A
  2019-06-10 07:47:48.871 [node] DEBUG nio.NioConnector - send
AppendEntriesRpc{entries.size=0, leaderCommit=2, leaderId=C, prevLogIndex=2,
prevLogTerm=1, term=1} to node B
  2019-06-10 07:47:48.874 [nioEventLoopGroup-2-6] DEBUG nio.
ToRemoteHandler - receive
            AppendEntriesResult{success=true, term=1} from A
  2019-06-10 07:47:48.881 [nioEventLoopGroup-2-13] DEBUG nio.
ToRemoteHandler - receive
            AppendEntriesResult{success=true, term=1} from B
```

可以看到，Leader 节点 C 进行了日志匹配，并在失败的时候回退，即使用前一条日志。由于 Raft 算法的日志匹配是从后往前的，因此不管 Follower 节点的日志是最新的还是比较旧的，都能匹配和处理。即使节点中途下线，Leader 节点给 Follower 节点设定的复制进度也不需要重置。如果怀疑这一点，可以尝试制造一个必须重置复制进度的场景，但是会发现制造不出来。不需要重置就省去了节点上下线对 Leader 节点内部数据的修改，而且有时网络超时，不能确定 Follower 节点是否下线。

非 Leader 节点的重启对于客户端来说没有影响，客户端照样可以连接 Leader 节点 C 进行 SET 和 GET 操作，具体操作这里不再赘述。

8.4.7 Leader节点掉线并重新选出Leader

对于集群来说，Leader 节点掉线可能是最坏的情况，一方面无法对外提供服务，另一方面可能会导致数据不一致。Raft 算法保证了 Leader 节点掉线后，可以从剩下的节点中选出新的 Leader 节点重新对外服务，并且该节点的数据和掉线的 Leader 节点一致。

以下是 Leader 节点为 C 时，节点 C 下线后节点 B 的日志。

// Leader 节点 C 在线

```
2019-06-10 10:37:02.464 [nioEventLoopGroup-2-1] DEBUG nio.
FromRemoteHandler - receive AppendEntriesRpc{entries.size=0, leaderCommit=1,
leaderId=C, prevLogIndex=1, prevLogTerm=1, term=1} from C
2019-06-10 10:37:02.464 [node] DEBUG schedule.ElectionTimeout - cancel
election timeout
2019-06-10 10:37:02.465 [node] DEBUG schedule.DefaultScheduler -
schedule election timeout
2019-06-10 10:37:02.465 [node] DEBUG nio.NioConnector - reply
        AppendEntriesResult{success=true, term=1} to node C
```

// Leader 节点 C 下线

```
2019-06-10 10:37:03.326 [nioEventLoopGroup-2-1] DEBUG nio.
InboundChannelGroup - channel INBOUND-C disconnected
2019-06-10 10:37:06.039 [node] DEBUG schedule.ElectionTimeout - cancel
election timeout
```

// 发起选举

```
2019-06-10 10:37:06.039 [node] INFO  node.NodeImpl - start election
2019-06-10 10:37:06.039 [node] DEBUG schedule.DefaultScheduler -
schedule election timeout
2019-06-10 10:37:06.040 [node] DEBUG node.NodeImpl - node B, role state
changed ->
        CandidateNodeRole{term=2, votesCount=1,
            electionTimeout=ElectionTimeout{delay=3493ms}}
2019-06-10 10:37:06.040 [node] DEBUG nio.NioConnector - send
RequestVoteRpc{candidateId=B, lastLogIndex=1, lastLogTerm=1, term=2} to
node C
```

// 节点 C 已下线　无法收到消息

```
2019-06-10 10:37:06.051 [node] WARN  nio.NioConnector - failed to get
channel to node C, cause Connection refused: localhost/127.0.0.1:2335
2019-06-10 10:37:06.051 [node] DEBUG nio.NioConnector - send
RequestVoteRpc{candidateId=B, lastLogIndex=1, lastLogTerm=1, term=2} to
node A
2019-06-10 10:37:06.052 [node] DEBUG nio.OutboundChannelGroup - channel
OUTBOUND-A connected
2019-06-10 10:37:06.065 [nioEventLoopGroup-2-3] DEBUG nio.ToRemoteHandler
- receive RequestVoteResult{term=2, voteGranted=true} from A
2019-06-10 10:37:06.069 [node] DEBUG node.NodeImpl - votes count 2,
major node count 3
2019-06-10 10:37:06.071 [node] DEBUG schedule.ElectionTimeout - cancel
election timeout
```

// 节点 B 成为新的 Leader 节点

```
2019-06-10 10:37:06.071 [node] INFO  node.NodeImpl - become leader, term 2
   2019-06-10 10:37:06.072 [node] DEBUG schedule.DefaultScheduler -
schedule log replication task
  ·2019-06-10 10:37:06.073 [node]·DEBUG node.NodeImpl - node B, role state
changed ->
              LeaderNodeRole{term=2, logReplicationTask=LogReplicationTask{
delay=0}}
   2019-06-10 10:37:06.073 [node] DEBUG nio.InboundChannelGroup - close all
inbound channels
```

// 开始日志同步

```
   2019-06-10 10:37:06.073 [node] DEBUG node.NodeImpl - replicate log
   2019-06-10 10:37:06.075 [node] DEBUG nio.NioConnector - send
AppendEntriesRpc{entries.size=1, leaderCommit=1, leaderId=B, prevLogIndex=1,
prevLogTerm=1, term=2} to node A
   2019-06-10 10:37:06.075 [node] DEBUG nio.NioConnector - send
AppendEntriesRpc{entries.size=1, leaderCommit=1, leaderId=B, prevLogIndex=1,
prevLogTerm=1, term=2} to node C
   2019-06-10 10:37:06.077 [node] WARN  nio.NioConnector - failed to get
channel to node C, cause Connection refused: localhost/127.0.0.1:2335
   2019-06-10 10:37:06.082 [nioEventLoopGroup-2-3] DEBUG nio.
ToRemoteHandler - receive AppendEntriesResult{success=true, term=2} from A
   2019-06-10 10:37:06.083 [node] DEBUG node.NodeGroup - match indices [<C,
0>, <A, 2>]
   2019-06-10 10:37:06.083 [node] DEBUG log.AbstractLog - advance commit
index from 1 to 2
   2019-06-10 10:37:07.074 [node] DEBUG node.NodeImpl - replicate log
   2019-06-10 10:37:07.074 [node] DEBUG nio.NioConnector - send
AppendEntriesRpc{entries.size=0, leaderCommit=2, leaderId=B, prevLogIndex=2,
prevLogTerm=2, term=2} to node A
   2019-06-10 10:37:07.075 [node] DEBUG nio.NioConnector - send
AppendEntriesRpc{entries.size=1, leaderCommit=2, leaderId=B, prevLogIndex=1,
prevLogTerm=1, term=2} to node C
   2019-06-10 10:37:07.076 [node] WARN  nio.NioConnector - failed to get
channel to node C, cause Connection refused: localhost/127.0.0.1:2335
   2019-06-10 10:37:07.077 [nioEventLoopGroup-2-3] DEBUG nio.
ToRemoteHandler - receive AppendEntriesResult{success=true, term=2} from A
```

可以看到，节点 B 成了新的 Leader 节点。一般来说，剩下的节点中，哪个节点的数据最新，就成为新的 Leader 节点。如果所有节点的数据都一样，则先发起选举的节点成为新的 Leader 节点。

第 2 章 Raft 算法的分析中也提到，选举之后马上会增加一个 NO-OP 日志，所以可以在上面的日志中看到有一条新的日志被同步了。

节点 A 的日志如下。

```
// 和 Leader 节点 C 进行日志复制
2019-06-10 10:37:02.464 [nioEventLoopGroup-2-1] DEBUG nio.
FromRemoteHandler - receive AppendEntriesRpc{entries.size=0, leaderCommit=1,
leaderId=C, prevLogIndex=1, prevLogTerm=1, term=1} from C
2019-06-10 10:37:02.464 [node] DEBUG schedule.ElectionTimeout - cancel
election timeout
2019-06-10 10:37:02.465 [node] DEBUG schedule.DefaultScheduler -
schedule election timeout
2019-06-10 10:37:02.465 [node] DEBUG nio.NioConnector - reply
          AppendEntriesResult{success=true, term=1} to node C
```

```
// 节点 C 下线
2019-06-10 10:37:03.326 [nioEventLoopGroup-2-1] DEBUG nio.
InboundChannelGroup - channel INBOUND-C disconnected
```

```
// 收到节点 B 的 RequestVote 消息
2019-06-10 10:37:06.057 [nioEventLoopGroup-2-2] DEBUG nio.
InboundChannelGroup - channel INBOUND-B connected
2019-06-10 10:37:06.060 [nioEventLoopGroup-2-2] DEBUG nio.
FromRemoteHandler - receive RequestVoteRpc{candidateId=B, lastLogIndex=1,
lastLogTerm=1, term=2} from B
```

```
// 比较日志
2019-06-10 10:37:06.061 [node] DEBUG log.AbstractLog - last entry (1, 1),
candidate (1, 1)
2019-06-10 10:37:06.061 [node] DEBUG schedule.ElectionTimeout - cancel
election timeout
2019-06-10 10:37:06.061 [node] DEBUG schedule.DefaultScheduler -
schedule election timeout
```

```
// 投票
2019-06-10 10:37:06.061 [node] DEBUG node.NodeImpl - node A, role state
changed ->
          FollowerNodeRole{term=2, leaderId=null, votedFor=B,
               electionTimeout=ElectionTimeout{delay=3202ms}}
2019-06-10 10:37:06.061 [node] DEBUG nio.NioConnector - reply
RequestVoteResult{term=2, voteGranted=true} to node B
```

```
// 收到新 Leader 节点 B 的心跳消息
2019-06-10 10:37:06.080 [nioEventLoopGroup-2-2] DEBUG nio.
FromRemoteHandler - receive AppendEntriesRpc{entries.size=1, leaderCommit=1,
leaderId=B, prevLogIndex=1, prevLogTerm=1, term=2} from B
2019-06-10 10:37:06.080 [node] DEBUG schedule.ElectionTimeout - cancel
election timeout
2019-06-10 10:37:06.081 [node] INFO  node.NodeImpl - current leader is B,
term 2
2019-06-10 10:37:06.081 [node] DEBUG schedule.DefaultScheduler -
```

```
schedule election timeout
    2019-06-10 10:37:06.081 [node] DEBUG node.NodeImpl - node A, role state
changed ->
                FollowerNodeRole{term=2, leaderId=B, votedFor=B,
                    electionTimeout=ElectionTimeout{delay=3953ms}}
```

// 追加日志

```
    2019-06-10 10:37:06.081 [node] DEBUG log.AbstractLog - append entries
from leader from 2 to 2
    2019-06-10 10:37:06.081 [node] DEBUG nio.NioConnector - reply
                AppendEntriesResult{success=true, term=2} to node B
```

// 和 Leader 节点 B 进行日志复制

```
    2019-06-10 10:37:07.075 [nioEventLoopGroup-2-2] DEBUG nio.
FromRemoteHandler - receive AppendEntriesRpc{entries.size=0, leaderCommit=2,
leaderId=B, prevLogIndex=2, prevLogTerm=2, term=2} from B
    2019-06-10 10:37:07.076 [node] DEBUG schedule.ElectionTimeout - cancel
election timeout
    2019-06-10 10:37:07.076 [node] DEBUG schedule.DefaultScheduler -
schedule election timeout
    2019-06-10 10:37:07.076 [node] DEBUG log.AbstractLog - advance commit
index from 1 to 2
    2019-06-10 10:37:07.076 [node] DEBUG nio.NioConnector - reply
                AppendEntriesResult{success=true, term=2} to node B
    2019-06-10 10:37:08.079 [nioEventLoopGroup-2-2] DEBUG nio.
FromRemoteHandler - receive AppendEntriesRpc{entries.size=0, leaderCommit=2,
leaderId=B, prevLogIndex=2, prevLogTerm=2, term=2} from B
    2019-06-10 10:37:08.079 [node] DEBUG schedule.ElectionTimeout - cancel
election timeout
    2019-06-10 10:37:08.079 [node] DEBUG schedule.DefaultScheduler -
schedule election timeout
    2019-06-10 10:37:08.080 [node] DEBUG nio.NioConnector - reply
                AppendEntriesResult{success=true, term=2} to node B
```

    节点 A 从旧 Leader 节点 C 切换到新 Leader 节点 B，花的时间大约比一个选举超时时间多一点，这段时间内集群不能对外服务。客户端此时访问的话会出错（节点 C 已下线）或者得到一个没有可用节点的错误（节点 B 和 A 都还没有成为新的 Leader 节点）。选举完成后集群可以继续对外服务，也可以测试一下 Leader 节点 C 下线前 SET 的数据在重新选举后是否能正确 GET。

```
kvstore-client 0.1.1> kvstore-set x 1
    2019-06-10 11:29:45.009 [main] DEBUG service.ServerRouter - send request
to server A
    2019-06-10 11:29:45.175 [main] DEBUG service.ServerRouter - not a leader
server
    2019-06-10 11:29:45.175 [main] DEBUG service.ServerRouter - send request
```

```
to server C
    kvstore-client 0.1.1> kvstore-get x
    2019-06-10 11:29:53.618 [main] DEBUG service.ServerRouter - send request
to server C
    1
    // Leader 节点C下线
    kvstore-client 0.1.1> client-set-leader B
    B
    kvstore-client 0.1.1> kvstore-get x
    2019-06-10 11:30:09.279 [main] DEBUG service.ServerRouter - send request
to server B
    1
```

在 Raft 算法中，选举的主要目标之一就是，Leader 节点下线后，集群能够自动重新选出新 Leader 节点。如果所做的实现能够选举出新 Leader 节点并恢复服务，则说明选举这部分已经正确实现了一大半。

8.5 本章小结

本章从实现交互式的 KV 服务客户端开始，介绍了基于客户端的基本测试，还介绍了单机模式。在现有实现的基础上增加单机模式并不复杂，但是可以减少关注点，加快测试。

为了弥补单元测试和简单测试的不足，本章尝试构造了 6 个集群测试的场景，并分析每个场景下节点输出的日志。这样除了可以判断 Raft 算法的实现是否正确，也可以更直观地了解 Raft 算法的执行方式。

至此，Raft 算法的基本实现已经完成。在进入扩展实现的章节之前，建议重新回顾一下 Raft 算法中的交互及实现上的考量。在接下来的日志快照、集群成员变更中，有可能要对现有实现的细节进行比较大的侵入式修改，但是整体设计不会有太大的变化。

第9章
日志快照

Raft算法中，在积攒了非常多的日志之后，Leader节点与新加入的节点之间要进行很多次同步。从上一章里Leader节点与Follower节点之间日志匹配的过程可以看到，如果一个节点落后太多，Leader需要不断尝试后退复制进度来找到第一个匹配的日志。这种交互很费时间，而且考虑到日志只增不减，所以需要一种能够加速日志同步的方法。Raft算法中有一种相对简单，并且不依赖特定算法的方法——日志快照。

9.1 日志快照的分析和设计

日志快照和数据库定期备份类似，即在特定时刻把当前的所有数据备份到某个地方。如果数据库宕机了，就可以从最近一份数据备份中恢复数据，然后继续提供服务。但是不能无时无刻都在备份，考虑到每一次备份的耗时以及备份文件的大小，大部分数据服务都是采用全量备份加增量备份的方式。这样既可以满足性能要求，也可以保证数据不会丢失太多。

日志快照相当于全量备份，普通的日志条目相当于增量备份。有了日志快照之后，对于落后太多的节点，可以直接传输日志快照，然后从日志快照的基础上同步剩下的日志条目，加快日志同步速度。

为了引入日志快照，需要具体分析日志快照是如何影响 Raft 算法的。

9.1.1 何时生成日志快照

生成日志快照有两种情况，一种是当日志条目超过某个阈值时，节点内部生成新的日志快照，并替换现有的日志快照和日志的组合；另一种是定时备份，这在数据库备份中很常见。

为了便于读者理解，本书只考虑日志条目数量超过某个阈值的情况。比如当日志条目数量有100 条之后，就会生成日志快照。数量阈值可以通过配置修改，具体设置为多少比较好没有经验值可参考。设置得太小，有可能生成过于频繁会影响效率；设置得太大，会导致新加入节点的日志同步时间比较长，建议考虑上层服务特性后设置。

9.1.2 谁生成日志快照

与单机的数据库不同，集群下谁都可能生成日志快照。为了避免麻烦，可以设计只有 Leader 节点可以生成日志快照，然后由 Leader 节点把日志快照同步给其他节点。Raft 算法中没有指定由哪种节点生成日志快照，换句话说，满足日志快照生成条件的节点，都可以自行生成日志快照。这么做可以避免从 Leader 节点传输日志快照给 Follower 节点，而且从理论上来说，集群下只要数据一致，生成日志快照条件一致，谁生成结果都是一样的。

核心组件不能直接生成日志快照，因为只有上层服务知道怎么生成，以及生成的内容是什么，所以从角色上来说，上层服务负责生成日志快照。

9.1.3 日志快照的存储

日志快照作为日志的一部分，理论上要和日志条目一起存储。日志条目有两个文件，一个文件是 entries.bin，包含具体的日志条目；另一个文件是 entries.idx，包含日志条目的元信息。加上日志快照，共有 3 个文件。考虑到日志快照的内容与服务有关，笔者命名日志快照文件为 service.ss，扩展名 ss 是快照 snapshot 的缩写。

为了区分多次生成日志快照后的日志，笔者把 3 个日志文件合起来组成一个日志代（generation）。

日志代用最后一条包含在日志快照中的日志索引，即 lastIncludedIndex 作为名字的一部分，每次生成日志快照时都会产生一个新的日志代。

表 9-1 中共有 3 个日志代。第一个日志代 log-0 没有日志快照，所以 service.ss 文件不存在。

表 9-1 日志代

日志代	lastIncludedIndex	service.ss	entries.bin	entries.idx
log-0	0	不存在	存在	存在
log-100	100	存在	存在	存在
log-200	200	存在	存在	存在

由于日志快照中最后一条日志的索引是日志代名字的一部分，因此服务器在启动时可以给这些日志代排序，选择 lastIncludedIndex 最大的那个，也是最新的一个日志快照所在的日志代启动。

当然，使用日志代也会有问题，比如生成日志快照比较频繁的话，日志代会比较多，从而占据过多的磁盘空间。一个简单的解决方法是，创建新的日志代前，先删除几代之前的日志代。

9.1.4 日志快照的格式

日志快照和日志条目不同，是一个生成之后就不会变化的文件，也就是只读文件。只读文件不需要修改，理论上可以直接加载到内存后访问，但是考虑到上层服务产生的快照内容可能会比较大，所以本书使用随机访问和预读文件头的处理方式。

如图 9-1 所示，日志快照文件主要分为文件头和日志快照内容两部分。文件头大小不确定，所以最前面有一个文件头大小的字段。文件头里面主要包括日志快照对应的日志条目中最后一条日志的索引和 term，即 lastIncludedIndex 和 lastIncludedTerm。etc 的部分主要是集群成员列表涉及的内容，本章不做详细介绍，文件头里面的数据使用 Protocol Buffer 进行序列化和反序列化。

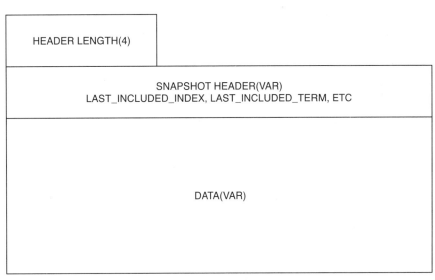

图 9-1 日志快照的格式

除去文件头，剩下的都是日志快照的内容。日志快照中没有"内容长度"这个字段，因为内容长度可以用文件长度减去文件头和文件头长度计算出来。

9.1.5 日志快照的传输

Raft 算法专门给日志快照的传输设计了新的消息，叫作 InstallSnapshot。

```
public class InstallSnapshotRpc {
    // 选举 term
    private int term;
    // Leader 节点的 ID
    private NodeId leaderId;
    // 日志快照中最后一条日志的索引
    private int lastIndex;
    // 日志快照中最后一条日志的 term
    private int lastTerm;
    // 数据偏移
    private int offset;
    // 数据
    private byte[] data;
    // 是否是最后一条消息
    private boolean done;
}
```

InstallSnapshot 被设计为允许交互多次的消息。考虑到日志快照的可能比较大，一次传输所有数据不太现实，InstallSnapshot 消息中增加了数据偏移 offset 和判断是否已经到最后的 done 字段。具体每次传输多少数据为好，一般根据网络环境、数据大小来决定，实现时建议做成可以配置的参数。

InstallSnapshot 消息的响应比较简单，只有一个选举 term。

```
public class InstallSnapshotResult {
    private final int term;
}
```

Raft 算法中没有给响应设置 success 字段，笔者认为是因为即使知道了安装失败，Leader 节点也无法做任何事情。而且只要 Leader 节点的日志快照没有问题，理论上不会发生失败的情况。特殊情况下，比如中途集群重新选举导致 Leader 节点变更，Follower 节点只能丢弃之前 Leader 节点传输到一半的日志快照，然后接收来自新 Leader 节点的日志快照。

9.1.6 日志快照的安装与生成

InstallSnapshot 消息可以传输多次，接收端必须在收到最后一条 InstallSnapshot 消息之前存放中途的数据，这增加了实现的难度。

考虑到任何节点都可以生成日志快照，因此需要以下两个比较特殊的日志代。

（1）generating，节点自己生成日志快照时使用。

（2）installing，收到来自 Leader 节点的日志快照时使用。

理论上这两个日志文件夹可以同时操作，因为数据来源不同，一个来自节点自身，另一个来自 Leader 节点。实际中，收到来自 Leader 节点的 InstallSnapshot 消息并在本地同步完日志快照之后，比较其和节点自身的日志快照哪个更新，此时必须要获取锁或者等待节点自身的日志快照生成完成。

如果觉得处理起来比较麻烦，可以先使用单线程方式处理日志快照的生成和安装。本书因为在状态机的部分使用了异步方案，所以生成日志快照的过程稍微复杂一些。

KV 服务使用了单独的线程来应用日志，如图 9-2 所示。实际生成操作可以在 KV 服务的线程中执行，所以 KV 服务的线程可以在应用完日志之后自行判断是否需要生成数据快照（对核心组件来说是日志快照），然后进行实行操作。

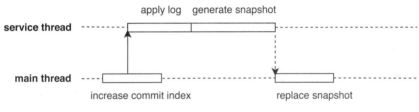

图 9-2　生成日志快照

在 KV 服务的线程中生成数据快照，一方面可以避免不同线程访问 KV 服务的数据，另一方面可以把生成日志快照这个可能比较耗时的操作从主线程中分离。

KV 服务生成完快照后，需要通知主线程替换现有的日志快照。主线程中的日志组件判断服务线程过来的数据是否比现有的日志快照新，如果是，则替换现有日志快照。注意，这里的判断是必须的，因为很可能同时有来自 Leader 节点的日志快照。假如来自 Leader 节点的日志快照比节点自身生成的日志快照要新，就不能使用节点自身的日志快照。

图 9-3 是处理来自 Leader 节点的日志快照时的线程顺序图。

图 9-3　安装日志快照

从图 9-3 中以看到，应用日志在 KV 服务的线程内执行，以避免阻塞主线程。如果日志快照的生成与来自 Leader 节点的安装同时进行，上述线程顺序是否会有问题？答案是不会有问题，因为 KV 服务线程上的操作肯定与主线程上的操作是一致的（即使不完全一致，也至少是子集关系），所以 KV 服务对于数据的操作和主线程对日志的操作结果也是一致的。

考虑如下线程操作顺序。

如图 9-4 所示，生成数据快照可能比较耗时，此时如果来了一个应用日志的操作，那么在单线程执行的 KV 服务中，应用日志会在生成数据快照后执行，同时更换日志快照也不会破坏推进日志 commitIndex 的操作。

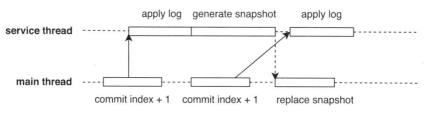

图 9-4　生成快照的同时应用日志

在考虑日志快照或者说 Raft 算法中日志部分问题的时候，要明白上层服务的数据有可能比核心组件中的日志要旧。这可以从节点推进日志 commitIndex 时，间接应用日志条目分析出来。由于存在这个特性，收到新的日志推进消息或者 Leader 节点的日志快照时，等待节点自身的数据快照生成完成后，再推进日志或应用来自 Leader 节点的日志快照也是没有问题的。图 9-4 展示了主线程上第二个应用日志的操作在上层服务生成日志快照之后被执行的情况。

3.8.3 小节中提到过日志 IO 的异步化，在异步化日志 IO 的前提下添加日志快照功能时需要注意，日志快照必须和日志组件一起操作，因为更新日志快照时必须同时修改现有的日志。

图 9-5 演示了新增一条日志并导致节点生成数据快照后，各个线程和组件是如何处理日志快照的。

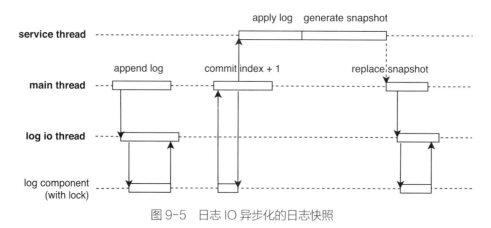

图 9-5　日志 IO 异步化的日志快照

由节点自身或者 Leader 节点引发的日志快照的生成及安装，最终都会引发日志快照的更新操作。日志快照的更新是一个相对复杂的操作，一方面需要负责把日志快照以外的日志条目（日志快照生成过程中新增的日志）写入文件，另一方面需要重置现有日志组件的日志快照和日志条目，之后会具体讲解如何高效地实现这些操作。

9.1.7　接收方实现

Raft 算法对于 InstallSnapshot 接收方的实现定义如下。

（1）如果 InstallSnapshot 中的 term 比自己的低，则回复自己的 term。

（2）碰到第一个文件块（offset = 0）时创建日志快照文件。

（3）在指定的偏移写入数据。

（4）如果没有接收完成（done = false），则回复和等待更多的数据。

（5）丢弃任何索引比现有消息小的、已经存在的，或者只有部分的日志快照。

（6）如果存在一条与消息中索引和 term 一致的日志，则保留之后的日志并回复。

（7）丢弃所有日志。

（8）使用日志快照重置状态机。

这几条中可能会引起歧义的是定义（3），节点看起来可以接受乱序请求，但再看定义（2），可以推出节点不需要处理乱序请求，否则节点无法确定是否该创建文件。理论上节点只需要处理顺序的多条消息，并顺序地追加内容就可以了。

另外，节点在接收到安装日志快照的消息时，不能马上丢弃日志，必须等待最后一条消息，所以日志快照需要和现有日志平行操作。平行操作也不是完全的异步，处理过程中或多或少需要判断现有日志状态，设计上把日志快照和日志条目作为一个整体来处理比较好。

9.1.8　KV服务的数据快照

数据快照的生成和恢复理论上属于服务相关的内容。对于 KV 服务来说，数据快照就是当前情况下各个关键字和关键字所对应的值，生成就相当于遍历当前的数据 Map，恢复就是新建一个数据 Map，然后从快照中恢复关键字和关键字所对应的值。

为了在内容和二进制流之间相互转换，整个过程仍需要序列化和反序列化操作，这里同样使用 Protocol Buffer，以下是定义。

```
message EntryList {
    message Entry {
        string key = 1;
        bytes value = 2;
    }
    repeated Entry entries = 1;
}
```

生成和恢复代码如下。

```
// 生成数据快照
static void toSnapshot(Map<String, byte[]> map, OutputStream output) throws
IOException {
```

```
    Protos.EntryList.Builder entryList = Protos.EntryList.newBuilder();
    for (Map.Entry<String, byte[]> entry : map.entrySet()) {
        entryList.addEntries(
                Protos.EntryList.Entry.newBuilder()
                        .setKey(entry.getKey())
                        .setValue(ByteString.copyFrom(entry.getValue())).
build()
        );
    }
    entryList.build().writeTo(output);
}
// 从数据快照中恢复
static Map<String, byte[]> fromSnapshot(InputStream input) throws IOException {
    Map<String, byte[]> map = new HashMap<>();
    Protos.EntryList entryList = Protos.EntryList.parseFrom(input);
    for (Protos.EntryList.Entry entry : entryList.getEntriesList()) {
        map.put(entry.getKey(), entry.getValue().toByteArray());
    }
    return map;
}
```

注意，按照之前日志快照的格式，实现时不需要知道数据快照的大小。

9.1.9　日志快照和现有日志条目

原来只有日志条目，没有日志快照，日志操作集中在日志条目上，现在加上日志快照后整体处理会比原来复杂，几个必须关注的地方如下。

（1）获取最后一条日志的索引和 term 时，有可能只有日志快照。

（2）当 Leader 节点复制日志到 Follower 节点，匹配点退到日志快照的索引时，需要切换 AppendEntries 消息到 InstallSnapshot 消息。

（3）日志快照更新后，日志条目的第一条日志的索引不再是 0（之前设计日志组件时已经考虑到）。

（4）选举过程中匹配最后一条日志时，最后一条在日志快照中的情况。

（5）推进 lastApplied 时，有日志快照时必须先应用日志快照。

（6）处理 AppendEntries 消息时，需要注意日志快照的情况。

总体上来说，需要注意日志快照所在位置的边界情况。

9.2　日志快照的实现

以上分析了日志快照的生成和安装时需要注意的内容。由于日志快照和 Raft 算法中核心部分的日志有直接关系，因此从 RPC 组件到最上层 KV 服务都需要修改。和之前日志组件的章节一样，本书分别实现基于内存的日志快照和基于文件的日志快照。考虑到全部实现比较耗时，建议每实现一部分就做好相应的单元测试。

9.2.1　日志快照接口

日志快照是只读的，写入完成后不能修改，以下是日志快照的接口。

```java
public interface Snapshot {
    // 获取最后一条日志的索引
    int getLastIncludedIndex();
    // 获取最后一条日志的 term
    int getLastIncludedTerm();
    // 获取数据长度
    long getDataSize();
    // 读取指定位置和长度的数据
    SnapshotChunk readData(int offset, int length);
    // 获取数据流
    InputStream getDataStream();
    // 关闭文件
    void close();
}
```

所有操作都是只读的。readData 操作是针对 InstallSnapshot 消息的，指每次读取指定长度的接口。readData 方法返回的 SnapshotChunk 除了包含数据之外，其构造函数中的第二个参数 lastChunk 还表示是否是最后一个数据块，对应 InstallSnapshot 消息中的 done 字段，以下是 SnapshotChunk 的代码。

```java
public class SnapshotChunk {
    private final byte[] bytes;
    private final boolean lastChunk;
    // 构造函数
    SnapshotChunk(byte[] bytes, boolean lastChunk) {
        this.bytes = bytes;
        this.lastChunk = lastChunk;
    }
    public boolean isLastChunk() { return lastChunk; }
    public byte[] toByteArray() { return bytes; }
}
```

Snapshot 接口中的 getDataStream 方法提供了一个不用读取全部数据的方式，在安装日志快照时，准确来说是在上层服务在应用数据快照时使用，避免日志组件把数据快照的所有数据加载到内存。

日志快照主要有以下 3 种。

（1）EmptySnapshot，空日志快照。

（2）MemorySnapshot，内存日志快照。

（3）FileSnapshot，文件日志快照。

第（1）种空日志快照主要是在刚开始没有日志快照时使用，类似于 Null Object。实现比较简单，如下所示。

```java
public class EmptySnapshot implements Snapshot {
    public int getLastIncludedIndex() { return 0; }
    public int getLastIncludedTerm() { return 0; }
    public long getDataSize() { return 0; }
    // 只支持 offset 为 0 的情况
    public SnapshotChunk readData(int offset, int length) {
        if (offset == 0) {
            // 第二个参数 true 表示最后一个数据块
            return new SnapshotChunk(new byte[0], true);
        }
        throw new IllegalArgumentException("offset > 0");
    }
    // 返回一个空的输入流
    public InputStream getDataStream() {
        return new ByteArrayInputStream(new byte[0]);
    }
    public void close() { }
}
```

第（2）种是基于内存的日志快照。这种日志快照相比空日志快照稍微复杂一些，在读取指定位置的数据块时注意不要越界。

```java
public class MemorySnapshot implements Snapshot {
    private final int lastIncludedIndex;
    private final int lastIncludedTerm;
    private final byte[] data;
    // 构造函数，内容为空
    public MemorySnapshot(int lastIncludedIndex, int lastIncludedTerm) {
        this(lastIncludedIndex, lastIncludedTerm, new byte[0]);
    }
    // 构造函数
    public MemorySnapshot(int lastIncludedIndex, int lastIncludedTerm,
byte[] data) {
```

```
            this.lastIncludedIndex = lastIncludedIndex;
            this.lastIncludedTerm = lastIncludedTerm;
            this.data = data;
        }
        public int getLastIncludedIndex() { return lastIncludedIndex; }
        public int getLastIncludedTerm() { return lastIncludedTerm; }
        public long getDataSize() { return data.length; }
        // 读取指定的数据块
        public SnapshotChunk readData(int offset, int length) {
            // 偏移是否越界
            if (offset < 0 || offset > data.length) {
                throw new IndexOutOfBoundsException("offset " + offset +
" out of bound");
            }
            int bufferLength = Math.min(data.length - offset, length);
            byte[] buffer = new byte[bufferLength];
            // 拷贝数据
            System.arraycopy(data, offset, buffer, 0, bufferLength);
            // 返回数据块，以及判断是否是最后一块数据（SnapshotChunk 第二个参数）
            return new SnapshotChunk(buffer, offset + length >= this.data.length);
        }
        public InputStream getDataStream() { return new ByteArrayInputStream(data); }
        public void close() {}
        public String toString() {
            return "MemorySnapshot{" +
                    "lastIncludedIndex=" + lastIncludedIndex +
                    ", lastIncludedTerm=" + lastIncludedTerm +
                    ", data.size=" + data.length +
                    '}';
        }
    }
```

第（3）种是基于文件的日志快照。基于只读的前提，文件日志快照的实现比较简单，只要使用之前测试中提到的 SeekableFile 即可（使用 SeekableFile 比较容易测试）。

```
public class FileSnapshot implements Snapshot {
    private LogDir logDir;
    private SeekableFile seekableFile;
    private int lastIncludedIndex;
    private int lastIncludedTerm;
    private long dataStart;
    private long dataLength;
    // 构造函数，指定目录
```

```java
    public FileSnapshot(LogDir logDir) {
        this.logDir = logDir;
        readHeader(logDir.getSnapshotFile());
    }
    // 构造函数，指定文件
    public FileSnapshot(File file) {
        readHeader(file);
    }
    // 构造函数，指定可寻址文件
    public FileSnapshot(SeekableFile seekableFile) {
        readHeader(seekableFile);
    }
    // 读取文件头
    private void readHeader(File file) {
        try {
            readHeader(new RandomAccessFileAdapter(file, "r"));
        } catch (FileNotFoundException e) {
            throw new LogException(e);
        }
    }
    // 读取文件头
    private void readHeader(SeekableFile seekableFile) {
        this.seekableFile = seekableFile;
        try {
            int headerLength = seekableFile.readInt();
            byte[] headerBytes = new byte[headerLength];
            seekableFile.read(headerBytes);
            Protos.SnapshotHeader header = Protos.SnapshotHeader.parseFrom
(headerBytes);
            lastIncludedIndex = header.getLastIndex();
            lastIncludedTerm = header.getLastTerm();
            dataStart = seekableFile.position();
            dataLength = seekableFile.size() - dataStart;
        } catch (InvalidProtocolBufferException e) {
            throw new LogException("failed to parse header of snapshot", e);
        } catch (IOException e) {
            throw new LogException("failed to read snapshot", e);
        }
    }
    public int getLastIncludedIndex() {
        return lastIncludedIndex;
    }
}
```

```
public int getLastIncludedTerm() {
    return lastIncludedTerm;
}
public long getDataSize() {
    return dataLength;
}
    // 读取数据块
    public SnapshotChunk readData(int offset, int length) {
        越界判断
        if (offset > dataLength) {
            throw new IllegalArgumentException("offset > data length");
        }
        try {
            seekableFile.seek(dataStart + offset);
            byte[] buffer = new byte[Math.min(length, (int) dataLength -
offset)];
            int n = seekableFile.read(buffer);
            return new SnapshotChunk(buffer, offset + n >= dataLength);
        } catch (IOException e) {
            throw new LogException("failed to seek or read snapshot content", e);
        }
    }
    // 数据流
    public InputStream getDataStream() {
        try {
            return seekableFile.inputStream(dataStart);
        } catch (IOException e) {
            throw new LogException("failed to get input stream of snapshot
data", e);
        }
    }
    // 关闭文件
    public void close() {
        try {
            seekableFile.close();
        } catch (IOException e) {
            throw new LogException("failed to close file", e);
        }
    }
}
```

FileSnapshot 在初始化时会读取文件头，并把元信息存放在私有变量中。读取指定位置的操作和获取数据流的操作都依赖于 SeekableFile 的实现。

271

9.2.2　日志快照写入接口

日志快照的写入主要在生成和安装时发生。本书在实现时并没有把写入操作放在日志快照接口中，因为一方面可以降低编码复杂度，另一方面写入时并不会有读取操作。对于更新日志快照，写入完成后重新读取日志快照的元信息并不会消耗太多时间。

写入接口如下。

```
public interface SnapshotBuilder<T extends Snapshot> {
    // 追加日志快照内容
    void append(InstallSnapshotRpc rpc);
    // 导出日志快照
    T build();
    // 关闭日志快照（清理）
    void close();
}
```

接口专门针对 InstallSnapshot 消息。为了处理不同类型的日志快照，这里使用了泛型。类名的位置和 build 方法使用了 T 类型，T 类型必须实现 Snapshot 接口。这样 MemorySnapshotBuilder 就可以通过 build 方法返回 MemorySnapshot，而 FileSnapshotBuilder 可以通过 build 方法返回 FileSnapshot。

针对 InstallSnapshot 消息，SnapshotBuilder 的抽象实现可以做一些通用的处理，比如检查 InstallSnapshotRpc 中的 lastIncludedIndex 和 lastIncludedTerm 是否和第一个安装日志快照消息中的一致。

以下是 SnapshotBuilder 的抽象实现 AbstractSnapshotBuilder。

```
abstract class AbstractSnapshotBuilder<T extends Snapshot> implements
SnapshotBuilder<T> {
    int lastIncludedIndex;
    int lastIncludedTerm;
    private int offset;
    // 构造函数
    AbstractSnapshotBuilder(InstallSnapshotRpc firstRpc) {
        assert firstRpc.getOffset() == 0;
        lastIncludedIndex = firstRpc.getLastIndex();
        lastIncludedTerm = firstRpc.getLastTerm();
        lastConfig = firstRpc.getLastConfig();
        offset = firstRpc.getDataLength();
    }
    // 写入数据
    protected void write(byte[] data) {
        try {
            doWrite(data);
```

```
        } catch (IOException e) {
            throw new LogException(e);
        }
    }
    // 子类负责实际写入
    protected abstract void doWrite(byte[] data) throws IOException;
    // 追加数据
    public void append(InstallSnapshotRpc rpc) {
        // 检查偏移
        if (rpc.getOffset() != offset) {
            throw new IllegalArgumentException("unexpected offset, expected "
                        + offset + ", but was " + rpc.getOffset());
        }
        // 检查 lastIncludedIndex 和 lastIncludedTerm
        if (rpc.getLastIndex() != lastIncludedIndex || rpc.getLastTerm()
!= lastIncludedTerm) {
            throw new IllegalArgumentException("unexpected last included
index or term");
        }
        write(rpc.getData());
        offset += rpc.getDataLength();
    }
}
```

基于抽象实现，比较简单的是内存日志快照的写入实现 MemorySnapshotBuilder。

```
public class MemorySnapshotBuilder extends AbstractSnapshotBuilder<Memor
ySnapshot> {
    private final ByteArrayOutputStream output;
    // 构造函数
    public MemorySnapshotBuilder(InstallSnapshotRpc firstRpc) {
        super(firstRpc);
        output = new ByteArrayOutputStream();
        // 写入第一段数据
        try {
            output.write(firstRpc.getData());
        } catch (IOException e) {
            throw new LogException(e);
        }
    }
    // 写入数据
    protected void doWrite(byte[] data) throws IOException {
        output.write(data);
    }
```

```
    // 输出内存日志快照
    public MemorySnapshot build() {
        return new MemorySnapshot(lastIncludedIndex, lastIncludedTerm,
                                    output.toByteArray());
    }
    public void close() {}
}
```

写入使用了 ByteArrayOutputStream 的 write 方法，最后输出时使用了 toByteArray 方法。相比内存的实现，基于文件 FileSnapshotBuilder 的实现要复杂一些。基于文件的实现需要注意对应之前设计时的文件结构，否则之后无法正确读取日志快照。

```
public class FileSnapshotBuilder extends AbstractSnapshotBuilder<FileSna
pshot> {
    private final LogDir logDir;
    private FileSnapshotWriter writer;
    private boolean closed = false;
    // 构造函数
    public FileSnapshotBuilder(InstallSnapshotRpc firstRpc, LogDir logDir) {
        super(firstRpc);
        this.logDir = logDir;
        try {
            writer = new FileSnapshotWriter(logDir.getSnapshotFile(),
                                    firstRpc.getLastIndex(),
                                    firstRpc.getLastTerm());
            writer.write(firstRpc.getData());
        } catch (IOException e) {
            throw new LogException("failed to write snapshot data to file", e);
        }
    }
    // 追加数据
    protected void doWrite(byte[] data) throws IOException {
        writer.write(data);
    }
    // 构造只读的文件日志快照
    public FileSnapshot build() {
        close();
        return new FileSnapshot(logDir);
    }
    // 关闭文件
    public void close() {
        // 防止重复关闭
        if(closed) { return; }
```

```
        try {
            writer.close();
            closed = true;
        } catch (IOException e) {
            throw new LogException("failed to close writer", e);
        }
    }
}
```

FileSnapshotBuilder 内部委托 FileSnapshotWriter 执行真正的写入。需要委托另一个类去执行的原因是，FileSnapshotBuilder 的处理依赖于构造函数的 logDir，而把除 logDir 以外的逻辑单独整合到一个类中方便单元测试，以下是 FileSnapshotWriter 的代码。

```java
public class FileSnapshotWriter implements AutoCloseable {
    private final DataOutputStream output;
    // 构造函数，实际文件
    public FileSnapshotWriter(File file, int lastIncludedIndex, int
lastIncludedTerm)
            throws IOException {
        this(new DataOutputStream(new FileOutputStream(file)),
                lastIncludedIndex, lastIncludedTerm);
    }
    // 构造函数，输出流
    FileSnapshotWriter(OutputStream output, int lastIncludedIndex, int
lastIncludedTerm)
            throws IOException {
        this.output = new DataOutputStream(output);
        byte[] headerBytes = Protos.SnapshotHeader.newBuilder()
                .setLastIndex(lastIncludedIndex)
                .setLastTerm(lastIncludedTerm)
                .build().toByteArray();
        this.output.writeInt(headerBytes.length);
        this.output.write(headerBytes);
    }
    // 追加数据
    public void write(byte[] data) throws IOException {
        output.write(data);
    }
    // 关闭
    public void close() throws IOException {
        output.close();
    }
}
```

FileSnapshotWriter 的写入用到了 DataOutputStream，同时利用 Java IO 的装饰器特性，支持实际的文件和用于测试的其他输出流。

9.2.3 日志快照的更新

日志快照的更新主要来自节点自己生成的数据快照和 Leader 节点的安装请求。不管是来自哪个，过程中都不能影响现有日志和日志快照，只有在生成完成后和安装数据就绪时才能更新现有日志快照。

设计部分提到过，由于生成和安装的独立性，使用了两个单独的日志代文件夹 generating 和 installing。更新日志快照时为了避免文件复制，一个简单的方法是给文件夹重命名，比如将文件夹 generating 重命名为 log-100，其中 100 是日志快照中最后一条日志的索引。

以下是基于文件的日志在更新日志快照时的代码。

```java
// FileLog.java
protected void replaceSnapshot(Snapshot newSnapshot) {
    FileSnapshot fileSnapshot = (FileSnapshot) newSnapshot;
    int lastIncludedIndex = fileSnapshot.getLastIncludedIndex();
    int logIndexOffset = lastIncludedIndex + 1;
    // 取剩下的日志
    List<Entry> remainingEntries = entrySequence.subView(logIndexOffset);
    // 写入日志快照所在的目录
    EntrySequence newEntrySequence = new FileEntrySequence(
                            fileSnapshot.getLogDir(), logIndexOffset);
    newEntrySequence.append(remainingEntries);
    newEntrySequence.commit(Math.max(entrySequence.getCommitIndex(),
lastIncludedIndex));
    newEntrySequence.close();
    // 关闭现有日志快照、日志等文件
    snapshot.close();
    entrySequence.close();
    newSnapshot.close();
    // 重命名
    LogDir generation = rootDir.rename(fileSnapshot.getLogDir(),
lastIncludedIndex);
    // 读取日志快照和日志
    snapshot = new FileSnapshot(generation);
    entrySequence = new FileEntrySequence(generation, logIndexOffset);
}
```

FileLog 负责把当前日志快照之后的日志写入日志快照所在的目录，因为在生成日志快照的同时有可能加入新日志（安装日志快照由 Leader 节点发起，正常情况下不太可能同时有额外的日志条目）。写完之后，整体重命名日志代的目录，重新读取日志快照和日志文件。

9.2.4　日志快照的安装与应用

比起发送方，处理方的操作相对简单一些，以下是核心组件中处理 InstallSnapshot 消息的代码。

```java
class NodeImpl implements Node {
    @Subscribe
    public void onReceiveInstallSnapshotRpc(InstallSnapshotRpcMessage
rpcMessage) {
        context.taskExecutor().submit(
                () -> context.connector().replyInstallSnapshot(
                    doProcessInstallSnapshotRpc(rpcMessage), rpcMessage)
        );
    }

    private InstallSnapshotResult doProcessInstallSnapshotRpc(
                        InstallSnapshotRpcMessage rpcMessage) {
        InstallSnapshotRpc rpc = rpcMessage.get();
        // 如果对方的 term 比自己小，则返回自己的 term
        if (rpc.getTerm() < role.getTerm()) {
            return new InstallSnapshotResult(role.getTerm());
        }
        // 如果对方的 term 比自己大，退化为 Follower
        if (rpc.getTerm() > role.getTerm()) {
            becomeFollower(rpc.getTerm(), null, rpc.getLeaderId(), true);
        }
        // 委托日志组件处理
        context.log().installSnapshot(rpc);
        // 返回结果
        return new InstallSnapshotResult(rpc.getTerm());
    }
}
```

由于日志快照安装涉及很多日志相关的数据，因此除了基础的处理之外，InstallSnapshot 消息全权交给日志组件处理。InstallSnapshot 方法是针对日志快照新增的接口方法，以下是抽象类 AbstractLog 对此的实现。

```java
abstract class AbstractLog implements Log {
    // 当前日志快照
    protected Snapshot snapshot;
    // 日志快照写入接口（处理 InstallSnapshot 消息用）
    protected SnapshotBuilder snapshotBuilder = new NullSnapshotBuilder();
    // 处理安装日志快照的消息
    public InstallSnapshotState installSnapshot(InstallSnapshotRpc rpc) {
        // 如果消息中的 lastIncludedIndex 比当前日志快照的小，则忽略
```

```
            if (rpc.getLastIndex() <= snapshot.getLastIncludedIndex()) {
                return new InstallSnapshotState(
                    InstallSnapshotState.StateName.ILLEGAL_INSTALL_SNAPSHOT_RPC);
            }
            // 如果偏移为 0，则重置日志快照（关闭加新建）
            if (rpc.getOffset() == 0) {
                snapshotBuilder.close();
                snapshotBuilder = newSnapshotBuilder(rpc);
            } else {
                // 否则追加，builder 会判断连续多个消息中的 lastIncludedIndex 等是否一致
                snapshotBuilder.append(rpc);
            }
            // 尚未结束
            if (!rpc.isDone()) {
                return new InstallSnapshotState(InstallSnapshotState.StateName.
INSTALLING);
            }
            // 准备完成
            Snapshot newSnapshot = snapshotBuilder.build();
            // 更新日志
            replaceSnapshot(newSnapshot);
            // 应用日志
            applySnapshot(snapshot);
            return new InstallSnapshotState(InstallSnapshotState.StateName.
INSTALLED);
        }
    }
```

AbstractLog 中的两个与日志快照相关的字段 snapshot 和 snapshotBuilder，前者在子类初始化时设置，后者在多次处理安装日志快照消息时使用。

AbstractLog 的方法返回值可能有点奇怪，使用了表示状态的枚举。原因是日志快照里包含一些额外的东西，即集群成员配置。到现在为止介绍的日志快照里都不包含集群成员配置，集群成员配置将在下一章讲解。日志组件需要负责的是，把来自 Leader 节点的集群成员配置返回给核心组件，所以使用了一种比较奇怪的返回值方式。

应用日志必须在更新日志之后，而且必须是稳定的日志代。应用日志可能是一个异步操作，更新日志会重命名日志代，如果同时进行，正在被应用的日志快照所在的目录被移动，可能会导致读取失败。另外，假设更新日志快照后马上又更新，比如将阈值设置得非常小，每条日志都会触发日志快照生成条件（节点收到来自 Leader 节点的日志快照后新增了一条日志，然后触发了日志快照生成条件），那么由于处理来自 Leader 节点的日志快照时使用的是稳定的日志代，既不会被删除，也不会被移动，因此处理仍旧能够正常进行。

KV 服务的状态机为了能够应用日志快照，增加以下方法。installSnapshot 中的 applySnapshot

方法负责调用状态机的 applySnapshot 方法（前面一个 applySnapshot 方法主要负责包装异常）。

```
public interface StateMachine {
    void applySnapshot(Snapshot snapshot) throws IOException;
}
```

单线程异步的抽象类 AbstractSingleThreadStateMachine 实现如下。

```
public void applySnapshot(@Nonnull Snapshot snapshot) throws IOException {
    taskExecutor.submit(() -> {
        logger.info("apply snapshot, last included index {}",
            snapshot.getLastIncludedIndex());
        try {
            doApplySnapshot(snapshot.getDataStream());
            lastApplied = snapshot.getLastIncludedIndex();
        } catch (IOException e) {
            logger.warn("failed to apply snapshot", e);
        }
    });
}


protected abstract void doApplySnapshot(@Nonnull InputStream input) throws
IOException;
```

可以看到，应用快照和应用日志在同一个线程中，避免了两个线程同时访问 KV 服务数据的问题，doApplySnapshot 是服务实际应用日志快照的地方。

9.2.5　日志快照的生成

9.1.6 小节提到过，日志快照的生成由 KV 服务触发，并且是在 KV 服务的线程中生成的。生成日志快照时需要最后一条日志条目的索引、term 等信息，这些信息在应用日志时由日志组件传给 KV 服务中的状态机。另外，在生成日志快照时需要的信息，比如基于文件的日志组件，虽然有指定的目录用于生成日志快照，但是日志组件难以将这些信息传给上层服务的状态机。所以本书以状态机上下文的形式传给上层服务，并以间接调用的形式处理日志快照生成的开始和结束。

以下是状态机上下文的接口。

```
public interface StateMachineContext {
    // 获取用于生成快照的输出流
    OutputStream getOutputForGeneratingSnapshot(int lastIncludedIndex,
            int lastIncludedTerm) throws Exception;
    // 完成快照生成
    void doneGeneratingSnapshot(int lastIncludedIndex) throws Exception;
}
```

服务的状态机在开始生成时调用 getOutputForGeneratingSnapshot 方法，结束时调用 doneGeneratingSnapshot 方法。以 AbstractSingleThreadStateMachine 为例，代码如下。

```java
public void applyLog(StateMachineContext context, int index, int term,
                     byte[] commandBytes, int firstLogIndex) {
    taskExecutor.submit(() -> doApplyLog(context, index, term,
                                         commandBytes, firstLogIndex));
}
private void doApplyLog(StateMachineContext context, int index, int term,
                        byte[] commandBytes, int firstLogIndex) {
    if (index <= lastApplied) {
        return;
    }
    logger.debug("apply log {}", index);
    applyCommand(commandBytes);
    lastApplied = index;
    // 是否要生成日志快照
    if (!shouldGenerateSnapshot(firstLogIndex, index)) {
        return;
    }
    try {
        OutputStream output = context.getOutputForGeneratingSnapshot(index,
term);
        // 生成日志快照
        generateSnapshot(output);
        context.doneGeneratingSnapshot(index);
    } catch (Exception e) {
        logger.warn("failed to generate snapshot", e);
    }
}
abstract boolean shouldGenerateSnapshot(int firstLogIndex, int lastApplied);
abstract void generateSnapshot(OutputStream output) throws IOException;
```

在应用日志的 doApplyLog 方法中，应用完当前日志条目之后，判断是否需要生成日志快照，如果需要，则通过状态机上下文配合子类实现具体生成逻辑，完成日志快照的生成。一般来说，日志快照的生成是一个读操作，失败了也不需要做什么，所以这里只是打印警告日志。

以 FileLog 为例说明一下状态机上下文的实现，代码如下。

```java
private class StateMachineContextImpl implements StateMachineContext {
    private FileSnapshotWriter snapshotWriter = null;
    // 获取日志快照生成的数据流
    public OutputStream getOutputForGeneratingSnapshot(int lastIncludedIndex,
                        int lastIncludedTerm) throws Exception {
        if (snapshotWriter != null) {
```

```
            snapshotWriter.close();
        }
        snapshotWriter = new FileSnapshotWriter(
                    rootDir.getLogDirForGenerating().getSnapshotFile(),
                    lastIncludedIndex, lastIncludedTerm);
        return snapshotWriter.getOutput();
    }
    // 生成完毕
    public void doneGeneratingSnapshot(int lastIncludedIndex) throws
Exception {
        if (snapshotWriter == null) {
            throw new IllegalStateException("snapshot not created");
        }
        snapshotWriter.close();
        // 告诉主线程日志快照生成完毕
        eventBus.post(new SnapshotGeneratedEvent(lastIncludedIndex));
    }
}
```

　　状态机上下文可以做成单个实例，也可以每次新建一个。现在的状态机实现最多只有一个线程，所以只需要单例即可。这里的状态机上下文被做成了私有类，私有类可以访问外部类的私有变量，比如粗体的 rootDir 和 eventBus。rootDir 是所有日志文件夹的上级目录，从最上级目录可以访问专门为生成日志快照准备的日志代，以及指定路径的日志快照文件。eventBus 在解决核心组件和 RPC 组件之间的双向调用关系时使用过，这里的使用目的也是一样的。在 9.1.6 小节的分析中，日志快照的更新需要在主线程中处理，避免多个线程操作日志组件中的数据。但是在之前的状态机实现中可以看到，调用 doneGeneratingSnapshot 方法是在服务线程中，为了转移到主线程中去处理，这里使用 eventBus 把控制权交还给主线程。

　　核心组件 NodeImpl 对于 SnapshotGeneratedEvent 的处理如下。

```
@Subscribe
public void onGenerateSnapshot(SnapshotGeneratedEvent event) {
    context.taskExecutor().submit(() -> {
        context.log().snapshotGenerated(event.getLastIncludedIndex());
    });
}
```

　　核心组件调用新增的日志方法 snapshotGenerated，此时操作在主线程中执行。FileLog 的实现如下，与日志快照的安装相比，只调用了日志快照的更新，没有日志快照的应用，因为节点自身的日志快照就是在已经应用的前提下产生的。

```
public void snapshotGenerated(int lastIncludedIndex) {
    if (lastIncludedIndex <= snapshot.getLastIncludedIndex()) {
        return;
```

```
    }
    replaceSnapshot(new FileSnapshot(rootDir.getLogDirForGenerating()));
}
```

该方法开始时做了一点简单的检查，避免不必要的更新。

9.2.6　变速日志复制

当日志匹配点等于（或者小于）日志快照中最后一条日志的索引时，需要切换 AppendEntries 消息到 InstallSnapshot 消息。理论上这个很简单，事实上实现时也可以完全按照字面要求来做，但是有一个细节问题需要注意，因为日志复制是一个定时任务，定时任务的消息和回复 Follower 节点的消息有可能重复。

假如在时间点 T 给节点 C 发送了日志复制消息，定时任务的周期是 1 秒，节点 C 在 1 秒之内回复了消息，此时应该选择在时间点 T 的 1 秒后发送消息，还是在收到节点 C 的消息时发送消息？大部分人应该会选择后者，前者虽然简单，但是会导致收到节点 C 的消息到下一次发送之间有延迟。假如这段时间内（1 秒内）新增了日志，同时 Leader 节点宕机的话，数据有可能会丢失。为了避免数据丢失，一般都选择收到回复之后立刻进行下一步的同步。但这么做的话，即时回复的消息也有可能正好和定时任务发送的消息重复。

为了解决消息重复的问题，笔者设计了变速日志复制。具体来说，日志复制过程中的回复等待时间为 0，收到后就回复；同步完成后，再变成一个周期一个周期地交换信息。变速日志复制过程中，复制分为以下两个状态。

（1）复制中。

（2）没有在复制（定时任务复制对象）。

正常情况下，只要根据日志复制进度在两个状态之间切换，定时任务选择没有在复制的节点作为复制对象即可。但是碰到节点没有在一个周期内响应的情况，理论上需要重试，可以参考图 9-6 所示的状态变迁图。

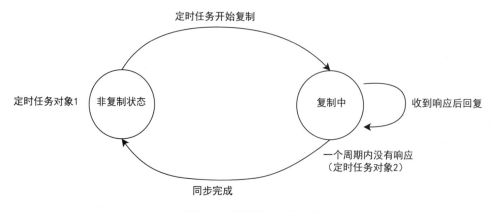

图 9-6　复制状态的变迁图

从图 9-6 中可以看出，定时任务复制对象有以下两种。

（1）非复制状态的节点。

（2）复制状态，但是一个周期内没有响应的节点。

也就是说，复制中并且正常响应的节点不会作为定时任务复制的对象。鉴于这点，可以放心在 Leader 节点和 Follower 节点之间进行信息交换，中途不会有来自定时任务的重复消息（等待超时重试的除外）。

为了实现变速日志复制，Follower 节点的复制状态需要增加两个字段。

```java
class ReplicatingState {
    // 下一个要复制的日志条目的索引
    private int nextIndex;
    // 匹配的日志索引
    private int matchIndex;
    // 是否在复制中
    private boolean replicating = false;
    // 复制开始时间（最后一条消息发送时间）
    private long lastReplicatedAt = 0;
}
```

以下是在实际复制过程中使用的几个方法。

```java
// GroupMember.java
// 发送消息前
void replicateNow() {
    replicateAt(System.currentTimeMillis());
}
// 测试用
void replicateAt(long replicatedAt) {
    ReplicatingState replicatingState = ensureReplicatingState();
    replicatingState.setReplicating(true);
    replicatingState.setLastReplicatedAt(replicatedAt);
}
// 复制结束
void stopReplicating() {
    ensureReplicatingState().setReplicating(false);
}
// 判断是否是定时任务复制对象
boolean shouldReplicate(long readTimeout) {
    ReplicatingState replicatingState = ensureReplicatingState();
    // 没有在复制，或者复制中但是超时
    return !replicatingState.isReplicating() ||
            System.currentTimeMillis() - replicatingState.
getLastReplicatedAt() >= readTimeout;
}
```

Leader 节点在定时任务中开始复制和在收到 Follower 节点消息后继续复制时，调用 replicateNow 方法。相对地，Leader 节点在收到 Follower 节点消息后，如果认为日志同步已经结束了则调用 stopReplicating 方法。最后一个 shouldReplicate 方法用于筛选复制对象。

9.2.7　日志快照安装消息的发送和响应的处理

在日志组件的章节中设计了一个 createAppendEntriesRpc 方法，专门用于根据目标节点当前的进度创建对应的 AppendEntries 消息。如果日志组件发现传入的 nextIndex 在日志快照中，就需要一种机制来告诉核心节点切换到 InstallSnapshot 消息。最简单的方式是抛出异常，具体代码如下。

```
// AbstractLog.java
public AppendEntriesRpc createAppendEntriesRpc(int term, NodeId selfId,
                                         int nextIndex, int maxEntries) {
    int nextLogIndex = entrySequence.getNextLogIndex();
    if (nextIndex > nextLogIndex) {
        throw new IllegalArgumentException("illegal next index " + nextIndex);
    }
    // 日志在日志快照中
    if (nextIndex <= snapshot.getLastIncludedIndex()) {
        throw new EntryInSnapshotException(nextIndex);
    }
    // 创建 AppendEntries 消息
}
```

核心组件收到异常之后，切换到专门用于创建 InstallSnapshot 消息的接口。

```
// NodeImpl.java
private void doReplicateLog(GroupMember member, int maxEntries) {
    // 开始复制
    member.replicateNow();
    try {
        AppendEntriesRpc rpc = context.log().createAppendEntriesRpc(
                        role.getTerm(), context.selfId(), member.
getNextIndex(), maxEntries);
        context.connector().sendAppendEntries(rpc, member.getEndpoint());
    } catch (EntryInSnapshotException ignored) {
        // 切换到 InstallSnapshot 消息
        logger.debug("log entry {} in snapshot, replicate with install
                    snapshot RPC", member.getNextIndex());
        InstallSnapshotRpc rpc = context.log().createInstallSnapshotRpc(
                    role.getTerm(), context.selfId(), 0, context.config().
getSnapshotDataLength());
        context.connector().sendInstallSnapshot(rpc, member.getEndpoint());
```

```
        }
    }
```

日志组件中的实现如下，比较简单。

```
// AbstractLog.java
public InstallSnapshotRpc createInstallSnapshotRpc(int term, NodeId
selfId, int offset, int length) {
    InstallSnapshotRpc rpc = new InstallSnapshotRpc();
    rpc.setTerm(term);
    rpc.setLeaderId(selfId);
    rpc.setLastIndex(snapshot.getLastIncludedIndex());
    rpc.setLastTerm(snapshot.getLastIncludedTerm());
    rpc.setOffset(offset);
    SnapshotChunk chunk = snapshot.readData(offset, length);
    rpc.setData(chunk.toByteArray());
    rpc.setDone(chunk.isLastChunk());
    return rpc;
}
```

9.2.4 小节讲解了 Follower 节点收到 InstallSnapshot 消息后该怎么做，接下来是 Leader 节点收到 Follower 节点的回复后该怎么做，以下是核心组件中的实现。

```
@Subscribe
public void onReceiveInstallSnapshotResult(InstallSnapshotResultMessage
resultMessage) {
    context.taskExecutor().submit(
            () -> doProcessInstallSnapshotResult(resultMessage)
    );
}

private void doProcessInstallSnapshotResult(InstallSnapshotResultMessage
resultMessage) {
    InstallSnapshotResult result = resultMessage.get();
    // 检查 term
    if (result.getTerm() > role.getTerm()) {
        // 退化为 Follower
        becomeFollower(result.getTerm(), null, null, true);
        return;
    }
    // 检查角色
    if (role.getName() != RoleName.LEADER) {
        logger.warn("receive install snapshot result from node {}
                but current node is not leader, ignore", resultMessage.
```

```
getSourceNodeId());
            return;
        }
        NodeId sourceNodeId = resultMessage.getSourceNodeId();
        GroupMember member = context.group().getMember(sourceNodeId);
        InstallSnapshotRpc rpc = resultMessage.getRpc();
        if (rpc.isDone()) {
            // 安装完成
            member.advanceReplicatingState(rpc.getLastIndex());
            doReplicateLog(member, context.config().
getMaxReplicationEntries());
        } else {
            // 继续传输
            InstallSnapshotRpc nextRpc = context.log().createInstallSnapshotRpc(
                        role.getTerm(), rpc.getLastIndex(), context.selfId(),
                    rpc.getOffset() + rpc.getDataLength(), context.config().
getSnapshotDataLength());
            context.connector().sendInstallSnapshot(nextRpc, member.getEndpoint());
        }
    }
```

接收的消息和 AppendEntries 一样在主线程中处理。方法先检查响应的 term，如果响应的 term 比自己的大，则当前节点退化为 Follower 节点。然后检查当前角色，如果自己不是 Leader 节点就跳过。这种情况一般不会发生，除非网络延迟的同时消息传给了旧的 Leader 节点。

和 AppendEntries 消息的处理一样，InstallSnapshot 响应的处理需要原先发送的消息。可以在 RPC 组件的处理器中记录发送过的消息，然后在收到响应时一并传过来。代码和对 AppendEntriesRpc 消息的特殊处理基本一致，这里不再赘述。

通过发送的消息判断是否是最后一块数据，如果是，理论上要切换到 AppendEntries 消息。但是如果中途节点又生成了日志快照就会比较麻烦，所以这里调用 doReplicateLog，让日志组件判断该发送什么消息。

如果仍在传输中，那么就创建接下来的 InstallSnapshot 消息并发送。这里同样有中途生成日志快照的可能，所以 createInstallSnapshotRpc 内部会有对于日志快照最后一条日志索引的判断，在日志快照中途变化时重置 offset 为 0。

```
public InstallSnapshotRpc createInstallSnapshotRpc(int term, NodeId
selfId, int offset, int length) {
    return createInstallSnapshotRpc(term, snapshot.getLastIncludedIndex(),
selfId, offset, length);
}
public InstallSnapshotRpc createInstallSnapshotRpc(int term, int
lastIncludedIndex,
```

```
                              NodeId selfId, int offset, int length) {
    InstallSnapshotRpc rpc = new InstallSnapshotRpc();
    rpc.setTerm(term);
    rpc.setLeaderId(selfId);
    rpc.setLastIndex(snapshot.getLastIncludedIndex());
    rpc.setLastTerm(snapshot.getLastIncludedTerm());
    if (snapshot.getLastIncludedIndex() != lastIncludedIndex) {
        // 日志快照中途变化
        rpc.setOffset(0);
    } else {
        rpc.setOffset(offset);
    }
    SnapshotChunk chunk = snapshot.readData(rpc.getOffset(), length);
    rpc.setData(chunk.toByteArray());
    rpc.setDone(chunk.isLastChunk());
    return rpc;
}
```

上述代码中的第一个 createInstallSnapshotRpc 在 doReplicateLog 中被调用，第二个 createInstallSnapshotRpc 在处理来自 Follower 节点的响应时被调用。由于两个方法的处理很接近，因此实际代码做了整合。

9.2.8　日志组件中边界代码的处理

本小节主要对应 9.1.9 小节中提到的几块逻辑的处理。由于篇幅原因，这里只会列出几个简单的、有代表性的位置的修改。建议增加日志快照之后，对日志组件做一次完整的代码检查，同时增加包含日志快照的单元测试。

日志组件中获取最后一条日志元信息的方法是 getLastEntryMeta，主要用于 Leader 节点的选举。

```
public EntryMeta getLastEntryMeta() {
    if (entrySequence.isEmpty()) {
        return new EntryMeta(Entry.KIND_NO_OP,
                snapshot.getLastIncludedIndex(), snapshot.getLastIncludedTerm());
    }
    return entrySequence.getLastEntry().getMeta();
}
```

增加了日志快照之后，需要考虑所有日志都被纳入日志快照的情况。上述方法在系统刚启动时没有问题，默认最开始时日志组件中的日志快照是 EmptySnapshot（这个时候可以看出 Null Object 模式的好处）。

创建 AppendEntriesRpc 时的边界情况如下。

```java
public AppendEntriesRpc createAppendEntriesRpc(int term, NodeId selfId,
                        int nextIndex, int maxEntries) {
    int nextLogIndex = entrySequence.getNextLogIndex();
    if (nextIndex > nextLogIndex) {
        throw new IllegalArgumentException("illegal next index " + nextIndex);
    }
    if (nextIndex <= snapshot.getLastIncludedIndex()) {
        throw new EntryInSnapshotException(nextIndex);
    }
    AppendEntriesRpc rpc = new AppendEntriesRpc();
    rpc.setTerm(term);
    rpc.setLeaderId(selfId);
    rpc.setLeaderCommit(commitIndex);
    if (nextIndex == snapshot.getLastIncludedIndex() + 1) {
        // 前一条日志在日志快照中（边界情况）
        rpc.setPrevLogIndex(snapshot.getLastIncludedIndex());
        rpc.setPrevLogTerm(snapshot.getLastIncludedTerm());
    } else {
        // nextIndex > snapshot.getLastIncludedIndex() + 1
        Entry entry = entrySequence.getEntry(nextIndex - 1);
        assert entry != null;
        rpc.setPrevLogIndex(entry.getIndex());
        rpc.setPrevLogTerm(entry.getTerm());
    }
}
```

还有一个比较典型的边界情况，是处理 AppendEntries 消息时检查前一条日志是否匹配。

```java
private boolean checkIfPreviousLogMatches(int prevLogIndex, int prevLogTerm) {
    int lastIncludedIndex = snapshot.getLastIncludedIndex();
    if (prevLogIndex < lastIncludedIndex) {
        // 前一条日志的索引比日志快照要小
        return false;
    }
    if (prevLogIndex == lastIncludedIndex) {
        int lastIncludedTerm = snapshot.getLastIncludedTerm();
        if (prevLogTerm != lastIncludedTerm) {
            // 索引匹配，选举 term 不匹配
            return false;
        }
        return true;
    }
    EntryMeta meta = entrySequence.getEntryMeta(prevLogIndex);
```

```
    if (meta == null) {
        // 不存在指定的日志条目
        return false;
    }
    int term = meta.getTerm();
    if (term != prevLogTerm) {
        // 索引匹配，选举 term 不匹配
        return false;
    }
    return true;
}
```

加入日志快照之后，整个判断变得复杂，需要足够的单元测试来保证正确性。

9.3 测试

加入日志快照的代码比没有加入日志快照的代码整体上要复杂很多。日志快照有来自 Leader 节点的安装，也有自身的生成。为了避免日志快照影响原有设计的性能，需要仔细考虑线程之间的协作方式。此外，加入日志快照会修改很多边界位置的代码，需要在保证原有代码正确性的同时，增加针对日志快照的单元测试。

本书不展示增加日志快照后日志组件的单元测试，而是着重讲解增加了日志快照后，实际的日志快照生成和日志快照的安装，并采用整体测试的方式，通过客户端和服务端的日志来分析代码是否正确执行。

9.3.1 日志快照的生成

日志快照属于服务器内部实现，客户端和服务端之间的协议不会有变化，所以测试方法和上一章基本一致。为了尽快触发节点的自动生成，KV 服务可以把阈值设置得比较小，比如 1 条或 2 条，代码如下。

```java
// Service.java
private class StateMachineImpl extends AbstractSingleThreadStateMachine {
    // 是否生成日志快照
    public boolean shouldGenerateSnapshot(int firstLogIndex, int lastApplied) {
        // 2 条之后生成日志快照
        return lastApplied - firstLogIndex > 1;
    }
```

```
      // 其他实现方法
   }
```

为了避免日志快照安装的消息影响生成的日志快照，可以先以 standalone（即单机）模式进行测试，分别测试以下场景下日志快照的生成。

（1）单机模式，基于内存的日志。

（2）单机模式，基于文件的日志。

客户端的操作如下。

```
Welcome to XRaft KVStore Shell
**********************************************
current server list:
A,localhost,3333
**********************************************
kvstore-client 0.1.1> kvstore-get x
2019-06-17 15:13:21.081 [main] DEBUG service.ServerRouter - send request
to server A
   null
kvstore-client 0.1.1> kvstore-set x 1
2019-06-17 15:13:25.024 [main] DEBUG service.ServerRouter - send request
to server A
kvstore-client 0.1.1> kvstore-set x 2
2019-06-17 15:13:32.172 [main] DEBUG service.ServerRouter - send request
to server A
kvstore-client 0.1.1> kvstore-get x
2019-06-17 15:14:14.749 [main] DEBUG service.ServerRouter - send request
to server A
   2
kvstore-client 0.1.1> kvstore-set x 3
2019-06-17 15:14:22.860 [main] DEBUG service.ServerRouter - send request
to server A
kvstore-client 0.1.1>
```

中间进行了 3 次 SET 操作，第 2 次操作时会触发日志快照的生成。

场景（1）是基于内存的日志，服务端的日志如下。

```
2019-06-17 15:12:51.552 [main] INFO  server.ServerLauncher - start with
mode standalone,
             id A, host localhost, port raft node 2333, port service 3333
2019-06-17 15:12:51.669 [main] DEBUG nio.NioConnector - node listen on
port 2333
2019-06-17 15:12:51.766 [main] DEBUG schedule.DefaultScheduler - schedule
election timeout
```

```
    2019-06-17 15:12:51.871 [main] DEBUG node.NodeImpl - node A, role state
changed ->
                FollowerNodeRole{term=0, leaderId=null, votedFor=null,
                    electionTimeout=ElectionTimeout{delay=3060ms}}
    2019-06-17 15:12:51.913 [main] INFO  server.Server - server started at
port 3333
    2019-06-17 15:12:54.943 [node] DEBUG schedule.ElectionTimeout - cancel
election timeout
    2019-06-17 15:12:54.944 [node] INFO  node.NodeImpl - become leader, term 1
    2019-06-17 15:12:54.944 [node] DEBUG schedule.DefaultScheduler - schedule
log replication task
    2019-06-17 15:12:54.945 [node] DEBUG node.NodeImpl - node A, role state
changed ->
        LeaderNodeRole{term=1, logReplicationTask=LogReplicationTask{delay=0}}
    2019-06-17 15:12:54.948 [node] DEBUG log.AbstractLog - advance commit
index from 0 to 1
    2019-06-17 15:13:21.360 [nioEventLoopGroup-5-1] DEBUG server.Service - get x
    2019-06-17 15:13:25.069 [nioEventLoopGroup-5-2] DEBUG server.Service - set x
    2019-06-17 15:13:25.074 [node] DEBUG log.AbstractLog - advance commit
index from 1 to 2
    2019-06-17 15:13:25.076 [state-machine] DEBUG
            statemachine.AbstractSingleThreadStateMachine - apply log 2
    2019-06-17 15:13:32.174 [nioEventLoopGroup-5-3] DEBUG server.Service - set x
    2019-06-17 15:13:32.174 [node] DEBUG log.AbstractLog - advance commit
index from 2 to 3
    2019-06-17 15:13:32.174 [state-machine] DEBUG
            statemachine.AbstractSingleThreadStateMachine - apply log 3
// 触发了日志快照的生成
    2019-06-17 15:13:32.358 [node] DEBUG log.MemoryLog - snapshot ->
            MemorySnapshot{lastIncludedIndex=3, lastIncludedTerm=1,
data.size=8}
// 日志快照生成后，新的日志序列为空，注意日志索引偏移
    2019-06-17 15:13:32.359 [node] DEBUG log.MemoryLog - entry sequence ->
            MemoryEntrySequence{logIndexOffset=4, nextLogIndex=4,
entries.size=0}
    2019-06-17 15:14:14.752 [nioEventLoopGroup-5-4] DEBUG server.Service - get x
    2019-06-17 15:14:22.861 [nioEventLoopGroup-5-1] DEBUG server.Service - set x
    2019-06-17 15:14:22.862 [node] DEBUG log.AbstractLog - advance commit
index from 3 to 4
    2019-06-17 15:14:22.862 [state-machine] DEBUG
            statemachine.AbstractSingleThreadStateMachine - apply log 4
```

场景（2）是基于文件的日志，服务端的日志如下。

```
   2019-06-17 15:40:08.002 [main] INFO   server.ServerLauncher - start with
mode standalone,
               id A, host localhost, port raft node 2333, port service 3333
   2019-06-17 15:40:08.085 [main] DEBUG nio.NioConnector - node listen on port 2333
   2019-06-17 15:40:08.162 [main] DEBUG schedule.DefaultScheduler - schedule
election timeout
   2019-06-17 15:40:08.168 [main] DEBUG node.NodeImpl - node A, role state
changed ->
               FollowerNodeRole{term=0, leaderId=null, votedFor=null,
               electionTimeout=ElectionTimeout{delay=3265ms}}
   2019-06-17 15:40:08.172 [main] INFO   server.Server - server started at
port 3333
   2019-06-17 15:40:11.442 [node] DEBUG schedule.ElectionTimeout - cancel
election timeout
   2019-06-17 15:40:11.442 [node] INFO   node.NodeImpl - become leader, term 1
   2019-06-17 15:40:11.443 [node] DEBUG schedule.DefaultScheduler -
schedule log replication task
   2019-06-17 15:40:11.443 [node] DEBUG node.NodeImpl - node A, role state changed ->
               LeaderNodeRole{term=1, logReplicationTask=LogReplicationT
ask{delay=0}}
   2019-06-17 15:40:11.451 [node] DEBUG log.AbstractLog - advance commit index
from 0 to 1
   2019-06-17 15:40:45.334 [nioEventLoopGroup-5-2] DEBUG server.Service - set x
   2019-06-17 15:40:45.342 [node] DEBUG log.AbstractLog - advance commit
index from 1 to 2
   2019-06-17 15:40:45.344 [state-machine] DEBUG
               statemachine.AbstractSingleThreadStateMachine - apply log 2
   2019-06-17 15:40:59.295 [nioEventLoopGroup-5-4] DEBUG server.Service - set x
   2019-06-17 15:40:59.296 [node] DEBUG log.AbstractLog - advance commit index
from 2 to 3
   2019-06-17 15:40:59.296 [state-machine] DEBUG
               statemachine.AbstractSingleThreadStateMachine - apply log 3
```
// 在 generating 日志代中生成，重命名为日志代 log-3
```
   2019-06-17 15:40:59.509 [node] INFO   log.RootDir - rename dir
               NormalLogDir{dir=work/log/generating} to
               LogGeneration{dir=work/log/log-3, lastIncludedIndex=3}
   2019-06-17 15:41:20.563 [nioEventLoopGroup-5-1] DEBUG server.Service - get x
   2019-06-17 15:41:24.064 [nioEventLoopGroup-5-2] DEBUG server.Service - set x
   2019-06-17 15:41:24.064 [node] DEBUG log.AbstractLog - advance commit index
from 3 to 4
   2019-06-17 15:41:24.065 [state-machine] DEBUG
               statemachine.AbstractSingleThreadStateMachine - apply log 4
```

9.3.2 日志快照的安装

对于正常运行的集群来说，一般不太可能出现日志快照的安装。但是碰到完全的新节点，或者节点宕机后重启的情况，有可能会因为比 Leader 节点落后太多而不能直接用 AppendEntries 同步日志。下面测试某个节点重启后落后 Leader 节点过多，Leader 节点发送 InstallSnapshot 消息的场景，测试步骤如下。

（1）3 节点下只启动 2 个节点（节点 A 和节点 B）。

（2）通过客户端向 Leader 节点（节点 A 或者节点 B）发送 3 次 SET 命令，保证日志快照的生成。

（3）启动节点 C，查看节点 C 和 Leader 节点之间的交互。

节点 C 的日志如下。收到 InstallSnapshot 消息后，应用日志快照并继续进行日志同步。

```
 2019-06-17 15:55:58.464 [main] INFO  server.ServerLauncher - start as
group member,
          group config [NodeEndpoint{id=B, address=Address{host='localhost',
port=2334}},
                   NodeEndpoint{id=C, address=Address{host='localhost',
port=2335}},
                   NodeEndpoint{id=A, address=Address{host='localhost',
port=2333}}],
          id C, port service 3335
 2019-06-17 15:55:58.694 [main] DEBUG nio.NioConnector - node listen on
port 2335
 2019-06-17 15:55:58.777 [main] DEBUG schedule.DefaultScheduler -
schedule election timeout
 2019-06-17 15:55:58.780 [main] DEBUG node.NodeImpl - node C, role state
changed ->
          FollowerNodeRole{term=0, leaderId=null, votedFor=null,
              electionTimeout=ElectionTimeout{delay=3762ms}}
 2019-06-17 15:55:58.782 [main] INFO  server.Server - server started at
port 3335
 2019-06-17 15:55:59.832 [nioEventLoopGroup-2-1] DEBUG nio.
InboundChannelGroup - channel INBOUND-A connected
    // 收到来自 Leader 节点的 InstallSnapshot 消息
 2019-06-17 15:55:59.875 [nioEventLoopGroup-2-1] DEBUG nio.
FromRemoteHandler - receive InstallSnapshotRpc{data.size=8, done=true,
lastIndex=3, lastTerm=2, leaderId=A, offset=0, term=2} from A
 2019-06-17 15:55:59.881 [node] DEBUG schedule.ElectionTimeout - cancel
election timeout
 2019-06-17 15:55:59.881 [node] INFO  node.NodeImpl - current leader is A,
term 2
```

```
    2019-06-17 15:55:59.881 [node] DEBUG schedule.DefaultScheduler -
schedule election timeout
    2019-06-17 15:55:59.881 [node] DEBUG node.NodeImpl - node C, role state
changed ->
                FollowerNodeRole{term=2, leaderId=A, votedFor=null,
                electionTimeout=ElectionTimeout{delay=3293ms}}
    2019-06-17 15:55:59.885 [node] DEBUG log.MemoryLog - snapshot ->
                MemorySnapshot{lastIncludedIndex=3, lastIncludedTerm=2, data.
size=8}
    2019-06-17 15:55:59.885 [node] DEBUG log.MemoryLog - entry sequence ->
                MemoryEntrySequence{logIndexOffset=4, nextLogIndex=4,
entries.size=0}
```
// 应用日志快照
```
    2019-06-17 15:55:59.885 [node] DEBUG log.AbstractLog - apply snapshot,
last included index 3
    2019-06-17 15:55:59.886 [state-machine] INFO
        statemachine.AbstractSingleThreadStateMachine - apply snapshot,
last included index 3
    2019-06-17 15:56:00.679 [node] DEBUG nio.NioConnector - reply
InstallSnapshotResult{term=2} to node A
```
// 日志快照之后的日志
```
    2019-06-17 15:56:00.804 [nioEventLoopGroup-2-1] DEBUG nio.
FromRemoteHandler - receive AppendEntriesRpc{entries.size=1, leaderCommit=4,
leaderId=A, prevLogIndex=3, prevLogTerm=2, term=2} from A
    2019-06-17 15:56:00.808 [node] DEBUG schedule.ElectionTimeout - cancel
election timeout
    2019-06-17 15:56:00.808 [node] DEBUG schedule.DefaultScheduler -
schedule election timeout
    2019-06-17 15:56:00.810 [node] DEBUG log.AbstractLog - append entries
from leader from 4 to 4
    2019-06-17 15:56:00.810 [node] DEBUG log.AbstractLog - advance commit
index from 3 to 4
    2019-06-17 15:56:00.814 [state-machine] DEBUG
        statemachine.AbstractSingleThreadStateMachine - apply log 4
    2019-06-17 15:56:00.814 [node] DEBUG nio.NioConnector - reply
                AppendEntriesResult{success=true, term=2} to node A
```

与此同时，Leader 节点的日志如下。

```
    2019-06-17 15:56:00.677 [node] DEBUG node.NodeImpl - replicate log
    2019-06-17 15:56:00.677 [node] DEBUG nio.NioConnector - send
AppendEntriesRpc{entries.size=0, leaderCommit=4, leaderId=A, prevLogIndex=4,
```

```
prevLogTerm=2, term=2} to node B
```

// 日志条目在日志快照中，切换为 InstallSnapshot 消息

```
    2019-06-17 15:56:00.678 [node] DEBUG node.NodeImpl - log entry 1 in
snapshot, replicate with install snapshot RPC
    2019-06-17 15:56:00.678 [node] DEBUG nio.NioConnector - send
InstallSnapshotRpc{data.size=8, done=true, lastIndex=3, lastTerm=2,
leaderId=A, offset=0, term=2} to node C
    2019-06-17 15:56:00.680 [nioEventLoopGroup-2-3] DEBUG nio.
ToRemoteHandler - receive AppendEntriesResult{success=true, term=2} from B
    2019-06-17 15:56:00.707 [nioEventLoopGroup-2-15] DEBUG nio.
ToRemoteHandler - receive InstallSnapshotResult{term=2} from C
```

// 日志快照安装完成，继续接下来的普通日志条目的同步

```
    2019-06-17 15:56:00.708 [node] DEBUG nio.NioConnector - send
AppendEntriesRpc{entries.size=1, leaderCommit=4, leaderId=A, prevLogIndex=3,
prevLogTerm=2, term=2} to node C
    2019-06-17 15:56:00.865 [nioEventLoopGroup-2-15] DEBUG nio.
ToRemoteHandler - receive AppendEntriesResult{success=true, term=2} from C
    2019-06-17 15:56:00.865 [node] DEBUG node.NodeGroup - match indices [<B,
4>, <C, 4>]
    2019-06-17 15:56:01.678 [node] DEBUG node.NodeImpl - replicate log
```

// 正常日志同步

```
    2019-06-17 15:56:01.678 [node] DEBUG nio.NioConnector - send
AppendEntriesRpc{entries.size=0, leaderCommit=4, leaderId=A, prevLogIndex=4,
prevLogTerm=2, term=2} to node B
    2019-06-17 15:56:01.678 [node] DEBUG nio.NioConnector - send
AppendEntriesRpc{entries.size=0, leaderCommit=4, leaderId=A, prevLogIndex=4,
prevLogTerm=2, term=2} to node C
    2019-06-17 15:56:01.680 [nioEventLoopGroup-2-3] DEBUG nio.
ToRemoteHandler - receive AppendEntriesResult{success=true, term=2} from B
    2019-06-17 15:56:01.688 [nioEventLoopGroup-2-15] DEBUG nio.
ToRemoteHandler - receive AppendEntriesResult{success=true, term=2} from C
```

注意，整个过程没有发生以下情况。

（1）匹配日志条目 5，失败。

（2）匹配日志条目 4，失败。

（3）匹配日志条目 3，日志条目在日志快照中，切换为 InstallSnapshot 消息。

原因是日志匹配用的 nextIndex 在节点 A 成为 Leader 节点的那一刻就确定了，所以上面的日志中，尝试匹配的日志索引始终是 1，而不是最新日志条目之后的那一条（索引 5）。

9.4 本章小结

作为 Raft 算法中的一个日志优化的方法，日志快照实现起来可能比想象中要复杂很多。尽管如此，只要愿意花时间和精力仔细分析和设计，相信日志快照不会难倒你。除此之外，建议对加入日志快照的日志组件进行足够的单元测试，以保证代码的正确性。

下一章将介绍 Raft 算法中的另一部分重要功能 —— 集群成员变更。

第10章
集群成员变更

　　对于基于集群的服务来说，难免会因为某些原因需要增加服务器或者移除服务器。最简单的方法是停止所有服务器，修改集群成员配置，然后重启集群。这么做当然没有问题，但在变更中无法提供服务，并且必须仔细选择维护时间。

　　为了减少无法提供服务的时间，以及夜间维护的次数，Raft算法给出了一种简化了的，并且安全的集群成员变更的做法——单服务器变更。安全是指变更过程中不会出现多个Leader节点。

　　本章基于单服务器变更实现集群成员变更。考虑到易于读者理解，本章将从直接变更的安全问题开始，讲解为什么单服务器变更是安全的，然后分析和设计集群成员变更，最后修改各个组件的实现并进行测试。

10.1 集群成员的安全变更

集群成员变更时,安全问题,即是否会出现多个 Leader 节点,是很重要的考察点。如果变更过程中出现了多个 Leader 节点,即使只有一瞬间,也有可能造成数据的不一致甚至长时间的网络分区。

Raft 算法在选举和日志复制中都使用了过半的概念,来保证不会出现多个 Leader 节点和多个Leader 节点同时操作成功的情况。但是这些都是建立在固定的集群成员列表的基础上,假如集群成员列表发生变化,就有可能出现多个 Leader 节点。

10.1.1 直接变更

直接变更指的是一次增减多个节点,或者干脆把变更后的成员列表传给 Leader 节点。Leader节点负责把变更后的成员列表同步给其他 Follower 节点,正常情况下,这么做不会有问题,但是如果同步过程中 Leader 节点宕机了,事情就会变得复杂起来。

观察图 10-1 中的 6 个节点。

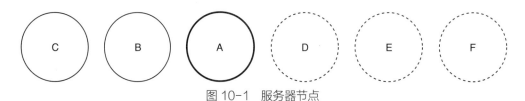

图 10-1　服务器节点

现集群有 3 个节点:A、B 和 C,其中 A 为 Leader 节点。新加入的节点为 D、E 和 F,根据维护的需要移除节点 B,给现 Leader 节点 A 发送加入节点 D、E 和 F 以及移除 B 的命令。

(1) Leader 节点 A 向 D 发送新的集群配置(A,C,D,E,F)。

(2) Leader 节点 A 向 E 发送新的集群配置(A,C,D,E,F)。

(3) Leader 节点 A 向 F 发送新的集群配置(A,C,D,E,F)。

(4) Leader 节点 A 宕机。

(5) 节点 B 和节点 C 选举超时,同时由于没有收到新的集群配置,因此认为当前集群配置仍是(A,B,C),此时发起选举,节点 B 和节点 C 中的一个成为新的 Leader 节点。

(6) 节点 D 选举超时,向节点 E 和 F 发起请求投票的消息,节点 E 和 F 同意,此时节点 D 获取 3 票,成为 Leader 节点。

可以看到,如果选举时依据的集群成员列表不同,那么有可能会产生多个 Leader 节点。也就是说,如果新旧配置同时存在,有可能导致产生多个 Leader 节点的问题。

对于运行中的分布式系统来说,除非停机维护,否则新旧配置同时存在是无法避免的。有没有一种在新旧配置同时存在时,也能避免产生多个 Leader 的方法呢?答案是,每次只变更一个节点。

10.1.2　单服务器变更

单服务器变更每次只增加一个节点，或者移除一个节点。单服务器变更可以保证新旧配置同时存在时，也不会出现多个 Leader 节点。单服务器变更的所有可能场景如下。

（1）奇数节点集群增加节点。

（2）奇数节点集群移除节点。

（3）偶数节点集群增加节点。

（4）偶数节点集群移除节点。

注意，具体单服务器变更有以下规则。

（1）新集群配置是一条日志。

（2）节点收到新配置立刻应用，不用等到对应日志被提交。

（3）新集群配置只发送给新集群配置中的成员，不会发给被移除的节点。

（4）收到来自不属于自己集群配置的 RequestVote 消息时，按照原有方法比较日志后决定是否投票。

（5）收到来自不属于自己集群配置的 AppendEntries 消息时，按照原有方法执行。

第（2）条规则的主要目的一方面是让服务和服务器变更能同时进行，另一方面是避免启动时由于没有使用最新的集群配置而出现奇怪的问题。

在场景（4）偶数节点集群移除节点时，会知道为什么需要第（3）条规则。

第（4）条规则是为了偶尔需要保证集群可用性而存在的，比如 3 节点集群，节点 A（Leader）、B 和 C，加新节点 D 时 Leader 节点宕机，剩下的 3 节点中 B 拥有新配置，节点 C 只有旧配置，无法成为新 Leader 节点，此时节点 B 想要成为新 Leader 节点必须有节点 D 的支持，虽然节点 D 没有收到新配置。

第（5）条规则是为新节点设计的，不这么做的话新节点无法接收新 Leader 节点的 AppendEntries 消息，无法进行日志同步。

接下来以场景（1）为例分析一下单服务器变更的正确性。假设原有 3 个节点 A、B 和 C，其中 A 为 Leader 节点，现在要增加节点 D，表 10-1 展示了增加节点的过程。

表 10-1　奇数节点集群增加节点

步骤	Leader 节点操作	此时 Leader 节点宕机的话
1	节点 A 向新节点 D 发送新配置	节点 B 和 C 中产生新 Leader 节点，或者节点 D 成为新 Leader 节点（因为节点 D 的日志最新）
2	节点 A 向节点 B（或者 C）发送新配置	节点 B：新配置（A，B，C，D） 节点 C：旧配置（A，B，C） 节点 D：新配置（A，B，C，D） 节点 C 因为日志不是最新的，所以收不到足够的投票。新 Leader 节点将在节点 B 或 D 中产生（4 节点中 3 票）
3	节点 A 向节点 C（或者 B）发送新配置，所有节点都获取了新配置	所有节点的配置一致，新 Leader 节点将在节点 B、C、D 中产生

表 10-1 演示了每个步骤下，假如 Leader 节点宕机，新 Leader 节点将如何产生。其中步骤 2 可能是最需要关注的情况，或者说临界情况，从步骤 2 开始旧配置中的节点无法成为新 Leader 节点。

对于上述过程更形式化的分析过程如下。

现有 $N+N+1$（$N \geqslant 1$）个节点的集群（即奇数个节点），其中 1 表示 Leader 节点，向集群增加一个新节点时，包含新节点的配置通过 Leader 节点发送给其他节点。过程中，Leader 节点有可能宕机，此时包含新配置的节点数和旧配置的节点数如表 10-2 所示。

表 10-2　奇数节点集群新旧配置的节点数变化

新配置 (2N+2)	旧配置 (2N+1)	描述
1(Leader 节点)	$2N$	新节点尚未加入，新 Leader 节点会从旧配置中选出
1(Leader 节点)+1(新节点)	$2N$	新 Leader 节点会从旧配置或新配置中选出
...	...	
$N+1$	$N+1$	
$N+2$	N	新 Leader 节点会从新配置中选出
...	...	
2N+2	0	

可以看到，任意时刻都不存在同时从新配置和旧配置中产生新 Leader 节点的情况。

接着看一下奇数个节点移除节点的情况。假设原有 3 个节点 A、B 和 C，其中 A 为 Leader 节点，现在要移除节点 C。注意，移除节点和新增节点不同，不会向被移除的节点 C 发送新配置，表 10-3 展示了 3 节点集群移除非 Leader 节点的过程。

表 10-3　3 节点集群移除非 Leader 节点

步骤	Leader 节点操作	此时 Leader 节点宕机的话
1	节点 A 向节点 B 发送新配置	剩下的节点 B 无法成为新 Leader 节点 节点 C 的日志比节点 B 旧，也无法成为新 Leader 节点

可以看到，3 节点集群下移除非 Leader 节点会有无法对外服务的风险。

考虑 5 个节点 A、B、C、D 和 E 的集群，其中 A 为 Leader 节点。现在要移除节点 E，表 10-4 演示了 5 节点集群移除非 Leader 节点的过程。

表 10-4　5 节点集群移除非 Leader 节点

步骤	Leader 节点操作	此时 Leader 节点宕机的话
1	节点 A 向节点 B 发送新配置	节点 B：新配置（A，B，C，D） 节点 C、D、E：旧配置（A，B，C，D，E） 节点 B 先发起选举的话，节点 B 成为新 Leader 节点 节点 C、D 或者 E 先发起选举的话，节点 C、D 或者 E 成为新 Leader 节点（5 节点中 3 票）

续表

步骤	Leader 节点操作	此时 Leader 节点宕机的话
2	节点 A 向节点 C 发送新配置	节点 B、C：新配置（A，B，C，D） 节点 D、E：旧配置（A，B，C，D，E） 节点 B 或者 C 成为新 Leader 节点（由于节点 D 和 E 日志比节点 B 和 C 旧，因此无法成为新 Leader 节点）
3	节点 A 向节点 D 发送新配置	节点 B、C、D：新配置（A，B，C，D） 新 Leader 节点从节点 B、C 或者 D 中产生

可以看到，过程中不会出现基于新旧配置分别选出 Leader 节点的可能性。

作为对比，看一下奇数节点集群移除 Leader 节点的情况，表 10-5 是 3 节点集群下移除 Leader 节点的分析表。

表 10-5　3 节点集群移除 Leader 节点

步骤	Leader 节点操作	此时 Leader 节点宕机的话
1	节点 A 向节点 B 发送新配置	节点 B：新配置（B，C） 节点 C：就配置（A，B，C） 由于节点 B 的日志比节点 C 新，因此节点 B 成为新 Leader 节点
2	节点 A 向节点 C 发送新配置	节点 B 和 C 中产生新 Leader 节点

由于移除 Leader 节点和 Leader 节点宕机对于集群中的 Follower 节点来说是类似的，因此上面的 3 节点集群和 5 节点集群下的分析并没有太大区别，这里不再展开。

表 10-6 是针对奇数节点（$2N+1$，$N \geq 2$）集群下移除非 Leader 节点的形式化分析。

表 10-6　奇数节点集群移除非 Leader 节点

新配置 ($2N$)	旧配置 ($2N+1$)	描述
1(Leader 节点)	$2N$	新 Leader 节点会从旧配置中选出
2	$2N-1$	新 Leader 节点会从旧配置或者新配置中选出
…	…	
$N+1$	N	新 Leader 节点会从新配置中选出
…	…	
$2N$	1	

最后拥有旧配置的只有被移除的节点。过程中拥有旧配置的节点在一半以下之后，新 Leader 节点将不会从旧配置中选出。

接下来看一下偶数个节点新增节点的情况。

考虑极端情况的 2 节点集群，节点 A 和 B 中，节点 A 是 Leader 节点，现在向集群中新增节点 C，表 10-7 演示了 2 节点集群增加新节点的过程。

表 10-7　2 节点集群新增节点

步骤	Leader 节点操作	此时 Leader 节点宕机的话
1	节点 A 向新节点 C 发送新配置	剩下的节点无法成为新 Leader 节点
2	节点 A 向节点 B 发送新配置	节点 B 和 C 中产生新 Leader 节点

在步骤 1 宕机的话，新增节点可能会导致集群无法对外服务。

考虑 4 节点集群，节点 A、B、C 和 D 中，节点 A 是 Leader 节点，现在向集群中增加新节点 E，表 10-8 演示了 4 节点集群增加节点的过程。

表 10-8　4 节点集群新增节点

步骤	Leader 节点操作	此时 Leader 节点宕机的话
1	节点 A 向节点 E 发送新配置	新 Leader 节点从剩下的节点 B、C 和 D 中产生。如果新节点 E 先发起选举，则新节点 E 成为新 Leader 节点
2	节点 A 向节点 B 发送新配置	节点 E、B：新配置（A，B，C，D，E） 节点 C、D：旧配置（A，B，C，D） 节点 E 或者 B 成为新 Leader 节点
3	节点 A 向节点 C 发送新配置	节点 E、B、C：新配置（A，B，C，D，E） 节点 D：旧配置（A，B，C，D，E） 节点 E、B 或者 C 成为新 Leader 节点
4	节点 A 向节点 D 发送新配置	新 Leader 节点从节点 E、B、C、D 中产生

表 10-9 是针对上述过程的形式化分析。原集群节点个数为 2N（N>1）。

表 10-9　偶数节点集群新增节点

新配置 (2N+1)	旧配置 (2N)	描述
1(Leader 节点)	2N−1	新 Leader 节点会从旧配置中选出
1(Leader 节点)+1(对象节点)	2N−1	如果拥有新配置的节点发起选举，则成为新 Leader 节点。否则有可能从旧配置中选出
…	…	
N	N+1	
N+1	N	新 Leader 节点会从新配置中选出
…	…	
2N+1	0	

临界状态在原集群过半节点（包括 Leader 节点）拥有新配置时出现，此时根据谁先发起选举，决定谁成为新 Leader 节点，不会出现多个 Leader 节点。

最后看一下偶数个节点集群移除节点的情况。极端情况的 2 节点集群下，如果新配置没有传递给 Follower 节点，而 Leader 节点宕机的话，集群无法对外提供服务。只有在正常发送了新配置时，剩下的节点才能成为新 Leader 节点。

考虑更实际的 4 节点集群，节点 A、B、C 和 D 中，节点 A 是 Leader 节点。移除非 Leader 节点 D，表 10-10 演示了 4 节点集群移除非 Leader 节点的过程。

表 10-10　4 节点集群移除非 Leader 节点

步骤	Leader 节点操作	此时 Leader 节点宕机的话
1	节点 A 向节点 B 发送新配置	节点 B 成为新 Leader 节点（新配置，3 节点中 2 票）
2	节点 A 向节点 C 发送新配置	节点 B 或者 C 成为新 Leader 节点

在这里思考一下，如果 Leader 节点 A 向被移除的节点 D 发送了新配置，会发生什么情况。

（1）节点 A：新配置（A，B，C）。

（2）节点 B：旧配置（A，B，C，D）。

（3）节点 C：旧配置（A，B，C，D）。

（4）节点 D：新配置（A，B，C）。

此时 Leader 节点 A 宕机的话，节点 B 和 C 无法成为新 Leader 节点，因为节点 D 的日志比节点 B 和 C 都新，不会给节点 B 或者 C 投票。节点 D 在被移除后，理论上不会发起选举，因为自己不在新的配置中，而且节点 D 有可能已经下线了。

为了避免上述情况，可以使用以下方法。

（1）通过直接关闭节点 D 来代替安全移除服务器。

（2）要求必须先给非被移除的节点发送新配置。

（3）新配置必须在日志被 commit 之后才能应用。

（4）不给被移除的节点发送新配置。

这里面简单而且相对安全的只有第（4）种，也就是本小节开头提到的第（3）条规则：新集群配置只发送给新集群配置中的成员。这条很重要，请仔细考虑上述场景和解决方案。

表 10-11 是针对偶数节点移除非 Leader 节点的形式化分析。

表 10-11　偶数节点集群移除非 Leader 节点

新配置 (2N-1)	旧配置 (2N)	描述
1(Leader 节点)	2N-1	新 Leader 节点会从旧配置中选出
1(Leader 节点)+1	2N-2	如果拥有新配置的节点发起选举，则其成为新 Leader 节点。否则新 Leader 节点有可能从旧配置中选出
…	…	
N	N	新 Leader 节点会从新配置中选出
…	…	
2N-1	1	

在拥有新配置的节点数达到一半时，新 Leader 节点会从拥有新配置的节点中选出，否则就看谁先发起选举。

偶数节点集群移除 Leader 节点并不复杂，表 10-12 给出了对 4 节点集群移除 Leader 节点的分析。

表 10-12　4 节点集群移除 Leader 节点

步骤	Leader 节点操作	此时 Leader 节点宕机的话
1	节点 A 向节点 B 发送新配置	节点 B 成为新 Leader 节点
2	节点 A 向节点 C 发送新配置	节点 B 或者 C 成为新 Leader 节点
3	节点 A 向节点 D 发送新配置	节点 B、C、D 中产生新 Leader 节点

可以看到，除了一些极端的情况，单服务器变更都满足不会产生多个 Leader 节点的安全要求。

10.2　成员变更的一些细节问题

虽然单服务器变更满足了成员变更中不会出现多个 Leader 节点的要求，但是其规则带来了一些问题，比如被移除节点收不到来自 Leader 节点的心跳消息后会反复发起选举。本节将对成员变更的一些细节问题进行分析。

10.2.1　新节点的日志同步

对于新节点来说，其日志与现有集群中的节点相比很有可能有所落后，甚至没有任何日志。此时直接把新节点加入集群的话，可能会带来一些可用性问题。具体来说，原有成员的宕机会导致无法提交日志，举例如下。

（1）3 节点集群，节点 A、B 和 C 中，节点 A 是 Leader 节点。

（2）往集群中增加节点 D，节点 D 没有任何日志，Leader 节点与节点 D 需要一点时间同步日志。

（3）往集群中增加节点 D 成功。

（4）此时节点 B 宕机。

（5）由于变成了 4 节点集群，日志的提交需要过半节点（即 3 个节点）的日志达到指定位置。又由于节点 D 仍在同步中，仅靠节点 A 和 C 无法推进 commitIndex，因此集群在与节点 D 同步完成之前无法提供服务。

针对这个问题，Raft 算法在追加新配置的日志之前加入了一个 catch-up 的过程，即新节点在跟上集群中的大部分日志之前，不会被加入集群。Raft 算法中还有增加非主要集群成员节点的方法，这种方法可以用于只读节点（类似于 Paxos 中的 Learner 角色）。很明显，非主要集群节点不能加入日志 commitIndex 的计算，否则之前提到的问题仍然存在。

加入新节点的另一个比较严重的问题是，输入错误会导致的严重后果。可以想象一下，当新加入一个节点，但是输错了节点的端口时，会发生什么事？虽然 catch-up 过程的存在使含有这个节点的新配置暂时不会同步给其他节点，但是 Leader 节点会一直尝试连接错误的节点。由于网络原因导致一时无法连上是有可能的，因此 Leader 节点无法简单地放弃重试。另外，单服务器变更要求每次只变更一台服务器,在完成变更之前不能进行下一次变更。因此,对于连续服务器变更来说,输入错误会导致无法继续变更的严重后果。

解决上述问题的一个方法是,定义一个放弃条件。比如 catch-up 过程中尝试 10 轮同步 (可以简单地理解为 10 次 AppendEntries 消息发送,一次完整的 InstallSnapshot 交互可以算作 1 轮),如果 10 轮同步下来新节点都没有跟上的话,就认为加入失败。对于输入错误的情况,10 次尝试均会失败,这时 Leader 节点会放弃加入错误的节点。对于日志为空的新节点来说,有可能 10 轮还不能完全同步,此时再尝试加入一次即可,大部分情况下会成功。另外,之前针对新节点设计的日志快照,除非服务日志增加得非常快,否则 10 轮之内,日志快照加日志的同步肯定能让新节点跟上Leader 节点。

10.2.2　移除Leader节点自身

在分析单服务器变更的时候提到过移除 Leader 节点自身的情况,由于移除 Leader 节点自身过程中 Leader 节点宕机和普通情况下 Leader 节点掉线类似,因此正确性上没有太大的问题。不过正常情况下移除 Leader 节点时有更多细节问题需要考虑。

首先 Leader 节点必须在某个时间点下线,让剩下的节点超时,然后选出新 Leader 节点。Raft 算法中给出的时间点是新配置被commit时(计算 commitIndex 时不包含被移除的 Leader 节点自身),也就是收到新配置的节点过半时。

注意,虽然说新配置只发送给新配置内的节点,但是 Leader 节点在被移除前如果不追加新配置的日志,就无法通过既有的日志复制方法同步给其他节点(单纯从发送给节点这个角度来说,Leader 节点在被移除时确实没有发送给自己,所以规则仍然正确)。

针对安全下线的时间点,考虑一种极端情况:2节点集群,节点 A 和 B 中,节点 A 是 Leader 节点,现在要移除 Leader 节点 A。

(1)节点 A 追加新配置的日志。

此时节点 A 宕机并重启的话,虽然新配置中已经没有了自己,但是节点 A 必须发起选举。假如节点 A 不发起选举,节点 B 由于收不到过半的投票就无法成为新 Leader 节点。

(2)节点 A 向节点 B 发送新配置。

(3)节点 A 安全下线。

可以看到,如果节点 B 没有收到新配置,节点 A 就无法安全下线。表 10-13 是笔者整理的节点数与最少拥有新配置节点的关系。

表 10-13　节点数与新配置节点关系

节点数	最少新配置节点数	旧配置节点数	描述
2	1(Leader)+1	0	—
3	1(Leader)+1	1	旧配置节点只有 1 个的话,无法成为新 Leader 节点

节点数	最少新配置节点数	旧配置节点数	描述
4	1（Leader）+1	2	旧配置节点数必须小于3
5	1（Leader）+2	2	
6	1（Leader）+2	3	旧配置节点数必须小于4
7	1（Leader）+3	3	

表 10-13 中，最少新配置节点数是基于旧配置节点选出新 Leader 节点时需要的最少节点数减 1，然后反向计算出来的。比如说对于 5 节点集群，基于旧配置产生新 Leader 节点最少需要 3 个节点，如果能让旧配置节点个数维持在 2 个，就不会在旧配置中产生新 Leader 节点，所以最少新配置节点数为 5-2=3，包括 Leader 节点在内 3 个节点。

如果按照上述节点数来推算 Leader 节点安全下线时间，部分情况下，最少新配置节点可能比新配置日志被 commit 时要少一个节点。比如说 4 节点集群，在发送给第一个非 Leader 节点之后就可以下线了。但是考虑极端情况的 2 节点集群以及 Raft 算法内部没有针对"一半节点追加日志完成"的机制，所以使用新配置日志被 commit 的时间作为安全下线的条件。

10.2.3　被移除节点的干扰

单服务器变更的一条规则是，只向新配置中存在的节点发送新配置。这条规则的必要性已经在 10.1.2 小节中有所说明，现在要讲的是这条规则带来的副作用。

由于被移除的节点不在新配置中，因此 Leader 节点之后也不会给被移除的节点发送心跳消息。正常情况下，被移除的节点会发送选举消息给旧配置中的节点。虽然由于日志比其他节点旧，被移除的节点不可能升级成为 Leader 节点，但是不断增长的 term 会导致一些程序中集群的不可用。

有一种方法可以解决这个问题，就是增加 PreVote 过程。在 RequestVote 之前的阶段，由想要成为 Candidate 的节点发送 PreVote 消息给其他节点。其他节点收到消息后只比较日志，不会修改自己的 term。假如想要成为 Candidate 的节点收到其他节点回复可以给予投票的话，那么节点就正式成为 Candidate 节点，然后发起选举。

但遗憾的是，PreVote 过程不能完全避免被移除节点的干扰。在新配置的节点组成集群之后，PreVote 可以帮助减少 term 的无限增长问题，但是在新配置组成集群之前，被移除的节点有可能会成为新 Leader 节点，从而导致移除失败。

比如说 4 节点集群，节点 A、B、C 和 D 中，节点 A 为 Leader 节点，现在要移除节点 D。

（1）节点 A 追加新配置日志。

（2）由于节点 D 不会再收到来自 Leader 节点 A 的日志，因此节点 D 有可能发起选举。

（3）节点 B 和 C 的日志没有比节点 D 新，所以给节点 D 投票（此时有 PreVote 过程也无法阻止）。

（4）节点 D 成为新 Leader 节点，把节点 A 的新配置日志作为冲突日志覆盖掉，移除失败。

有人可能会说，在节点 D 发起选举之前，节点 B 或者 C 收到新配置的话就不会出现这个问题。确实，正常情况下，除非把选举超时时间和日志同步间隔设置得很接近，否则不会出现上述情况，但是分布式情况下，无法控制消息达到节点的时间。如果节点 A 与节点 B、C 之间出现网络问题，最终仍有可能导致移除失败。

还有一种方法是，节点在收到心跳消息之后，最小选举间隔内不接受 RequestVote 消息。这虽然不能完全解决上面的问题，但是可以减少问题发生的可能性。而且这种修改不会影响现有的选举过程，即节点 B 和 C 在选举间隔之后收不到来自 Leader 节点的心跳信息的话，就会发起选举。

当然，两种方法一起使用也没有太大问题，但第二种方法更好。

10.3　成员组件修改

成员变更相比 Raft 算法的其他部分要复杂得多，一方面是因为在分析成员变更正确性时提到的很多规则，另一方面是成员变更会影响前面的大部分代码。为了更好地理解和设计成员变更，本节先回顾一下成员变更的规则，然后分析成员变更对各个组件的影响。

10.3.1　成员变更规则

以下是从 10.2 节整理出来的成员变更规则。

（1）新配置是一条日志。

（2）节点收到新配置后立刻应用。

（3）新配置只发送给新配置中的节点。

（4）处理 RequestVote 消息时，不判断节点是否在成员列表中。

（5）处理 AppendEntries 消息时，不判断节点是否在成员列表中。

（6）加入新节点前有一个 catch-up 过程。

（7）加入新节点可能会失败。

（8）发起选举时，不判断自己是否在成员列表中。

（9）处理 RequestVote 消息时，如果离收到 Leader 节点心跳消息的时间未达到最小选举间隔，则丢弃消息。

10.3.2　成员属性

成员变更中最先需要修改的是成员列表。按照 10.3.1 小节中的规则（6），节点需要一个 catch-up 过程。由于这个过程在节点正式加入之前，因此可以不把节点加入成员列表，单独启动一个线程与新节点同步，等同步差不多完成之后再加入。也可以把节点加入成员列表，但是这个节点不参与选举、commitIndex 计算。本书选择后者，因为可以用于只读节点。

具体来说，就是给成员列表中的节点增加一个 Major 属性，类型是布尔型（本章代码中的 Major 属性可能不会为 false，但是在处理时必须考虑 Major）。表 10-14 展示了 Major 属性与主要处理步骤的关系。

表 10-14　Major 属性与主要处理步骤的关系

主要处理步骤	一般节点（Major = true）	catch-up 中的节点（Major = false）
复制对象	Y	Y
commitIndex 计算	Y	N
选举	Y	N

Major 主要是为了"虽然是复制对象，但是不参与 commitIndex 计算"而设置的。一般来说，选举时不会出现非 Major 节点，除非 Leader 节点自己重启而且持久化了非 Major 节点的信息，这里把非 Major 节点排除只是一种防御式编程。

实际代码中，在成员类中增加 Major 属性。

```
class GroupMember {
    private final NodeEndpoint endpoint;
    private ReplicatingState replicatingState;
    private boolean major;
    // 构造函数，普通节点
    GroupMember(NodeEndpoint endpoint) {
        this(endpoint, null, true);
    }
    // 新节点
    GroupMember(NodeEndpoint endpoint, ReplicatingState replicatingState,
boolean major) {
        this.endpoint = endpoint;
        this.replicatingState = replicatingState;
        this.major = major;
    }
}
```

成员列表中的修改如下。

```
class NodeGroup {
    private static final Logger logger = LoggerFactory.getLogger(NodeGroup.
class);
    private final NodeId selfId;
    private Map<NodeId, GroupMember> memberMap;
    // 日志复制对象节点
```

```
Collection<GroupMember> listReplicationTarget() {
    return memberMap.values().stream().filter(
        m -> !m.idEquals(selfId)
    ).collect(Collectors.toList());
}
// 计算过半 matchIndex, 用于推进 commitIndex
int getMatchIndexOfMajor() {
    List<NodeMatchIndex> matchIndices = new ArrayList<>();
    for (GroupMember member : memberMap.values()) {
        if (member.isMajor()) { // 只计算 Major 节点
            if (member.idEquals(selfId)) {
                // 自己, 也就是 Leader 节点
                matchIndices.add(new NodeMatchIndex(selfId));
            } else {
                matchIndices.add(new NodeMatchIndex(
                    member.getId(), member.getMatchIndex()));
            }
        }
    }
    int count = matchIndices.size();
    if (count == 0) {
        throw new IllegalStateException("no major node");
    }
    // 只有 Leader 节点
    if (count == 1 && matchIndices.get(0).nodeId == selfId) {
        throw new IllegalStateException("standalone");
    }
    // 按照 matchIndex 从小到大排序, Leader 节点永远最大
    Collections.sort(matchIndices);
    logger.debug("match indices {}", matchIndices);
    int index = (count % 2 == 0 ? count / 2 - 1 : count / 2);
    return matchIndices.get(index).getMatchIndex();
}
// 主要成员数, 用于选举
int getCountOfMajor() {
    return (int) memberMap.values().stream().filter(GroupMember::isMajor).
count();
}
}
```

单独分析一下计算 matchIndex 的修改。由于移除节点时 Leader 节点自身也会被移除，因此原先 Leader 节点肯定存在的前提下的计算会有问题。为了处理 Leader 节点不存在的情况，需要把

Leader 节点也纳入计算。

节点数与过半 matchIndex 的关系如表 10-15 所示。

表 10-15 节点数与过半 matchIndex 的关系

Leader 节点	节点个数（包含 Leader）		过半 matchIndex 位置
存在	奇数（举例，节点 A、B 和 C，节点 A 为 Leader 节点）		从小到大排序后，matchIndex 为 Ma，Mb，Mc。结果为 Mb，索引 1
	偶数（举例，节点 A、B、C 和 D，节点 A 为 Leader 节点）		从小到大排序后，matchIndex 为 Ma，Mb，Mc，Md。结果为 Mb，索引 1
不存在	奇数（举例：节点 B、C、D）		从小到大排序后，matchIndex 为 Mb，Mc，Md。结果为 Mc，索引 1
	偶数（举例：节点 B、C、D 和 E）		从小到大排序后，matchIndex 为 Mb，Mc，Md，Me。结果为 Mc，索引 1

根据表 10-15 可以得出，matchIndex 过半时，如果是奇数个 matchIndex，则索引是节点数除以 2（向下取整）；如果是偶数个 matchIndex，则索引是节点数除以 2 再减去 1。

10.3.3　成员列表

新增、移除及非 Leader 节点，更新自己集群配置的方法分别如下。

```
class NodeGroup {
    private Map<NodeId, GroupMember> memberMap;
    // 添加节点
    GroupMember addNode(NodeEndpoint endpoint, int nextIndex,
                        int matchIndex, boolean major) {
        logger.info("add node {} to group", endpoint.getId());
        ReplicatingState replicatingState = new ReplicatingState(nextIndex,
matchIndex);
        GroupMember member = new GroupMember(endpoint, replicatingState,
major);
        memberMap.put(endpoint.getId(), member);
        return member;
    }
    // 移除节点
    void removeNode(NodeId id) {
        logger.info("node {} removed", id);
        memberMap.remove(id);
    }
    // 更新节点
    void updateNodes(Set<NodeEndpoint> endpoints) {
        memberMap = buildMemberMap(endpoints);
```

```
        logger.info("group change changed -> {}", memberMap.keySet());
    }
}
```

10.4　日志组件修改

日志组件是一个修改比较大的组件。除了集群配置的专用日志之外，在处理日志的各个环节都需要考虑集群配置。

10.4.1　日志条目

新配置的日志和一般的日志条目有比较大的区别，除了应用的时机不同之外，启动时必须找到最后一条配置的日志并应用。在设计日志组件时，通过日志条目类型区分了 NO-OP 日志和普通日志，现在需要增加两种新的日志类型。

```
public interface Entry {
    // 所有日志条目类型
    int KIND_NO_OP = 0;
    int KIND_GENERAL = 1;
    int KIND_ADD_NODE = 3; // 添加节点
    int KIND_REMOVE_NODE = 4; // 移除节点
}
```

增减节点的日志内容可以选择差分（不同的部分）、仅结果、操作前加操作内容等方式。本书选择的是操作前加操作内容的方式，因为这种方式既可以获取结果，也可以获取操作对象的要求，比较灵活，添加节点和移除节点日志的抽象父类 GroupConfigEntry 代码如下。

```
public abstract class GroupConfigEntry extends AbstractEntry {
    // 操作前配置
    private final Set<NodeEndpoint> nodeEndpoints;
    // 构造函数
    protected GroupConfigEntry(int kind, int index, int term, Set<NodeEndpoint>
nodeEndpoints) {
        super(kind, index, term);
        this.nodeEndpoints = nodeEndpoints;
    }
    // 获取操作前配置
    public Set<NodeEndpoint> getNodeEndpoints() {
        return nodeEndpoints;
```

```
    }
    // 获取结果配置
    public abstract Set<NodeEndpoint> getResultNodeEndpoints();
}
```

添加节点时的日志条目 AddNodeEntry 类代码如下。

```
public class AddNodeEntry extends GroupConfigEntry {
    // 新节点
    private final NodeEndpoint newNodeEndpoint;
    // 构造函数
    public AddNodeEntry(int index, int term, Set<NodeEndpoint> nodeEndpoints,
                   NodeEndpoint newNodeEndpoint) {
        super(KIND_ADD_NODE, index, term, nodeEndpoints);
        this.newNodeEndpoint = newNodeEndpoint;
    }
    // 获取新节点
    public NodeEndpoint getNewNodeEndpoint() {
        return newNodeEndpoint;
    }
    // 获取结果
    public Set<NodeEndpoint> getResultNodeEndpoints() {
        Set<NodeEndpoint> configs = new HashSet<>(getNodeEndpoints());
        configs.add(newNodeEndpoint);
        return configs;
    }
    public byte[] getCommandBytes() { /* 序列化 */ }
    public String toString() {
        return "AddNodeEntry{" +
                "index=" + index +
                ", term=" + term +
                ", nodeEndpoints=" + getNodeEndpoints() +
                ", newNodeEndpoint=" + newNodeEndpoint +
                '}';
    }
}
```

日志内容的序列化使用的是 Protocol Buffer，这里不再赘述。

移除节点时的日志条目 RemoveNodeEntry 类代码如下。

```
public class RemoveNodeEntry extends GroupConfigEntry {
    // 移除对象
    private final NodeId nodeToRemove;
    // 构造函数
```

```
public RemoveNodeEntry(int index, int term, Set<NodeEndpoint> nodeEndpoints,
                       NodeId nodeToRemove) {
    super(KIND_REMOVE_NODE, index, term, nodeEndpoints);
    this.nodeToRemove = nodeToRemove;
}
// 获取结果
public Set<NodeEndpoint> getResultNodeEndpoints() {
    return getNodeEndpoints().stream()
            .filter(c -> !c.getId().equals(nodeToRemove))
            .collect(Collectors.toSet());
}
// 获取移除对象
public NodeId getNodeToRemove() {
    return nodeToRemove;
}
public byte[] getCommandBytes() { /* 序列化 */ }
public String toString() {
    return "RemoveNodeEntry{" +
            "index=" + index +
            ", term=" + term +
            ", nodeEndpoints=" + getNodeEndpoints() +
            ", nodeToRemove=" + nodeToRemove +
            '}';
}
}
```

10.4.2　日志快照

增加新配置的日志之后，生成日志快照时也需要考虑新配置。由于集群配置和服务关系不大，因此日志快照的集群配置和数据快照相分离，作为日志快照的文件头中的数据存在，以下是修改过的日志快照接口。

```
public interface Snapshot {
    int getLastIncludedIndex();
    int getLastIncludedTerm();
    // 集群配置
    Set<NodeEndpoint> getLastConfig();
    long getDataSize();
    SnapshotChunk readData(int offset, int length);
    InputStream getDataStream();
    void close();
}
```

基于文件的日志快照实现代码如下。

```java
public class FileSnapshot implements Snapshot {
    private LogDir logDir;
    private SeekableFile seekableFile;
    private int lastIncludedIndex;
    private int lastIncludedTerm;
    private Set<NodeEndpoint> lastConfig;
    private long dataStart;
    private long dataLength;
    // 构造函数
    public FileSnapshot(LogDir logDir) {
        this.logDir = logDir;
        readHeader(logDir.getSnapshotFile());
    }
    // 构造函数
    public FileSnapshot(File file) {
        readHeader(file);
    }
    // 构造函数
    public FileSnapshot(SeekableFile seekableFile) {
        readHeader(seekableFile);
    }
    // 读取文件头
    private void readHeader(File file) {
        try {
            readHeader(new RandomAccessFileAdapter(file, "r"));
        } catch (FileNotFoundException e) {
            throw new LogException(e);
        }
    }
    // 读取文件头
    private void readHeader(SeekableFile seekableFile) {
        this.seekableFile = seekableFile;
        try {
            // 文件头大小
            int headerLength = seekableFile.readInt();
            byte[] headerBytes = new byte[headerLength];
            seekableFile.read(headerBytes);
            // 反序列化文件头
            Protos.SnapshotHeader header = Protos.SnapshotHeader.parseFrom
(headerBytes);
            lastIncludedIndex = header.getLastIndex();
```

```
                lastIncludedTerm = header.getLastTerm();
                // 读取集群配置
                lastConfig = header.getLastConfigList().stream()
                        .map(e -> new NodeEndpoint(e.getId(), e.getHost(), e.getPort()))
                        .collect(Collectors.toSet());
                dataStart = seekableFile.position();
                dataLength = seekableFile.size() - dataStart;
            } catch (InvalidProtocolBufferException e) {
                throw new LogException("failed to parse header of snapshot", e);
            } catch (IOException e) {
                throw new LogException("failed to read snapshot", e);
            }
        }
        // 获取集群配置
        public Set<NodeEndpoint> getLastConfig() {
            return lastConfig;
        }
    }
```

在日志快照读写集群配置之后，需要考虑和日志快照相关的环节如何加入集群配置的处理，比如如下环节。

（1）生成日志快照时，如何加入或者说获取当前集群配置。

（2）日志快照在传输给其他节点时，集群配置如何处理。

（3）收到日志快照的节点对集群配置的处理。

（4）启动时日志快照中集群配置的处理。

对于第（1）个环节，要看第（3）个环节如何处理。假如收到日志快照的节点无条件应用到自己的集群配置，最好生成时也是完全的集群配置。一个折中的方法是，使用空的集群配置表示集群配置不变。这么做的一个问题是，在新加入的节点启动时集群配置不完全的话，中间有一段时间新节点的集群配置不是最新的（既不是包含自己的新配置，也不是不包含自己的旧配置）。为了避免可能带来的问题，即使集群配置不变，也建议使用完全的集群配置。

第（1）个环节还需要注意的是，写入日志快照的集群配置严格来说是日志快照最后一条日志之前的最新集群配置，或者系统的初始集群配置，而不是当前最新的集群配置。因为有可能在生成日志快照的同时来了新的集群配置日志，此时不能使用最新集群配置并写入日志快照。

为了快速访问到需要的集群配置日志，笔者设计了一个集群配置链表。这个链表的作用和跳表中用于快速访问的索引表类似，它把日志中所有和配置相关的条目链接起来，方便遍历。这个集群配置链表记录了初始的集群配置，如果日志快照存在，还可以记录日志快照中的集群配置。集群配置链表理论上作为日志组件的一部分，需要考虑日志快照生成时日志被合并等问题。

```java
public class GroupConfigEntryList implements Iterable<GroupConfigEntry> {
    // 初始集群配置
    private final Set<NodeEndpoint> initialGroup;
    // 集群配置日志条目链表
    private final LinkedList<GroupConfigEntry> entries = new LinkedList<>();
    // 构造函数，初始集群配置
    public GroupConfigEntryList(Set<NodeEndpoint> initialGroup) {
        this.initialGroup = initialGroup;
    }
    // 获取指定索引前的配置日志条目并计算，或者初始化集群配置
    public Set<NodeEndpoint> getLastGroupBeforeOrDefault(int index) {
        Iterator<GroupConfigEntry> iterator = entries.descendingIterator();
        while (iterator.hasNext()) {
            GroupConfigEntry entry = iterator.next();
            if (entry.getIndex() <= index) {
                return entry.getResultNodeEndpoints();
            }
        }
        return initialGroup;
    }
    // 追加集群配置
    public void add(GroupConfigEntry entry) {
        entries.add(entry);
    }
    // 移除指定索引后的集群配置日志，并返回被移除的第一条配置日志
    public GroupConfigEntry removeAfter(int entryIndex) {
        Iterator<GroupConfigEntry> iterator = entries.iterator();
        GroupConfigEntry firstRemovedEntry = null;
        while (iterator.hasNext()) {
            GroupConfigEntry entry = iterator.next();
            if (entry.getIndex() > entryIndex) {
                if (firstRemovedEntry == null) {
                    firstRemovedEntry = entry;
                }
                iterator.remove();
            }
        }
        return firstRemovedEntry;
    }
    // 指定索引之间的所有配置条目
    public List<GroupConfigEntry> subList(int fromIndex, int toIndex) {
        if (fromIndex > toIndex) {
```

```
            throw new IllegalArgumentException("from index > to index");
        }
        return entries.stream()
                .filter(e -> e.getIndex() >= fromIndex && e.getIndex() <
toIndex)
                .collect(Collectors.toList());
    }
    // 迭代器
    public Iterator<GroupConfigEntry> iterator() {
        return entries.iterator();
    }
}
```

GroupConfigEntryList 在初始化时要求有一个默认的集群配置，这可以是服务启动时默认的集群配置，也可以是当前日志代中日志快照的集群配置。理论上，日志快照中的集群配置优先于服务启动时的集群配置。如果有特殊需要，可以设计一个单独的配置，允许服务启动时的配置优先于日志快照中的集群配置（但是笔者不保证这么做的正确性）。

getLastGroupBeforeOrDefault 是生成日志快照时使用的方法。考虑到集群配置的日志不会太多，可以直接使用反向遍历（从末尾开始）。考虑到性能的问题，也可以使用数组加上二分查找的方式。方法在找不到集群配置时，会直接返回初始的集群配置。

add 方法在新增或者移除节点时通过日志组件间接调用。

removeAfter 在追加来自 Leader 节点的日志并且出现日志冲突时被调用。由于 Raft 算法中新的集群配置是作为日志存在的，因此在日志冲突时必须考虑回滚集群配置的可能性。方法遍历链表并按照索引删除冲突的日志，过程中记录第一个被删除的集群配置日志。之前提到集群配置日志是旧配置加上操作的内容，所以从单条日志可以获取旧配置，也可以配置操作后的新配置。通过第一个被删除的集群配置日志，可以知道旧的集群配置是什么，然后应用它就行。如果不存在被删除的集群配置日志，那么就保持原样。

subList 在推进 commitIndex 时使用。该方法可以筛选出一定范围内的集群配置日志，通知核心组件这些配置日志被 commit 了。理论上单服务器变更下，同一时刻最多只能有一个集群配置日志被提交。核心组件知道集群配置日志被提交之后可以顺便做一些处理，比如移除 Leader 节点自身时准备下线。

GroupConfigEntryList 并没有提供从现有链表中截取某个索引之后的链表的操作。笔者把这个操作放在了 EntrySequence 中，比如 FileEntrySequence，代码如下。

```
public GroupConfigEntryList buildGroupConfigEntryList(Set<NodeEndpoint>
initialGroup) {
    GroupConfigEntryList list = new GroupConfigEntryList(initialGroup);
    // 文件中的集群配置日志
    try {
```

```
        int entryKind;
        for (EntryIndexItem indexItem : entryIndexFile) {
            entryKind = indexItem.getKind();
            if (entryKind == Entry.KIND_ADD_NODE ||
              entryKind == Entry.KIND_REMOVE_NODE) {
                list.add((GroupConfigEntry) entriesFile.loadEntry(
                    indexItem.getOffset(), entryFactory));
            }
        }
    } catch (IOException e) {
        throw new LogException("failed to load entry", e);
    }
    // 待提交的集群配置日志
    for (Entry entry : pendingEntries) {
        if (entry instanceof GroupConfigEntry) {
            list.add((GroupConfigEntry) entry);
        }
    }
    return list;
}
```

这么做只是因为启动时也需要从现有日志中重建集群配置链表，正好可以在生成日志快照时使用而已，以下是 FileLog 在生成或者安装日志快照时的完整代码。

```
protected void replaceSnapshot(Snapshot newSnapshot) {
    FileSnapshot fileSnapshot = (FileSnapshot) newSnapshot;
    int lastIncludedIndex = fileSnapshot.getLastIncludedIndex();
    int logIndexOffset = lastIncludedIndex + 1;
    List<Entry> remainingEntries = entrySequence.
subView(logIndexOffset);
    EntrySequence newEntrySequence = new FileEntrySequence(
                                fileSnapshot.getLogDir(), logIndexOffset);
    newEntrySequence.append(remainingEntries);
    newEntrySequence.commit(Math.max(commitIndex, lastIncludedIndex));
    newEntrySequence.close();
    snapshot.close();
    entrySequence.close();
    newSnapshot.close();
    LogDir generation = rootDir.rename(fileSnapshot.getLogDir(), lastIncludedIndex);
    snapshot = new FileSnapshot(generation);
    entrySequence = new FileEntrySequence(generation, logIndexOffset);
    // 从日志序列中重建集群配置日志链表
    groupConfigEntryList =
```

```
        entrySequence.buildGroupConfigEntryList(snapshot.getLastConfig());
}
```

在日志快照的章节中，传输时并没有集群配置。如果要传输集群配置，在消息里增加一个消息即可。不过日志快照的传输会有多次，理论上不需要每次都传，所以实际代码中，只在第一次传递集群配置。

另外，日志快照在安装时，因为没有日志追加的过程，所以核心组件必须应用和日志快照在一起的集群配置，以下是日志组件的 installSnapshot 方法。

```
public InstallSnapshotState installSnapshot(InstallSnapshotRpc rpc) {
    if (rpc.getLastIndex() <= snapshot.getLastIncludedIndex()) {
        logger.debug("snapshot's last included index from rpc <= current
one ({} <= {}), ignore",
                rpc.getLastIndex(), snapshot.getLastIncludedIndex());
        return new InstallSnapshotState(
            InstallSnapshotState.StateName.ILLEGAL_INSTALL_SNAPSHOT_RPC);
    }
    if (rpc.getOffset() == 0) {
        assert rpc.getLastConfig() != null;
        snapshotBuilder.close();
        snapshotBuilder = newSnapshotBuilder(rpc);
    } else {
        snapshotBuilder.append(rpc);
    }
    if (!rpc.isDone()) {
        return new InstallSnapshotState(InstallSnapshotState.StateName.
INSTALLING);
    }
    Snapshot newSnapshot = snapshotBuilder.build();
    replaceSnapshot(newSnapshot);
    applySnapshot(snapshot);
    return new InstallSnapshotState(
        InstallSnapshotState.StateName.INSTALLED, newSnapshot.getLastConfig());
}
```

安装完成时返回集群配置，核心组件中处理 InstallSnapshot 的代码如下。

```
private InstallSnapshotResult doProcessInstallSnapshotRpc(
                            InstallSnapshotRpcMessage rpcMessage) {
    InstallSnapshotRpc rpc = rpcMessage.get();
    if (rpc.getTerm() < role.getTerm()) {
        return new InstallSnapshotResult(role.getTerm());
    }
```

```
    if (rpc.getTerm() > role.getTerm()) {
        becomeFollower(rpc.getTerm(), null, rpc.getLeaderId(), true);
    }
    InstallSnapshotState state = context.log().installSnapshot(rpc);
    // 安装完成后应用随日志快照一起的集群配置
    if (state.getStateName() == InstallSnapshotState.StateName.INSTALLED) {
        context.group().updateNodes(state.getLastConfig());
    }
    return new InstallSnapshotResult(rpc.getTerm());
}
```

最后一个和日志快照相关的是启动时日志快照中集群配置的应用，以系统初始化时 FileLog 的操作为例。

```
public class FileLog extends AbstractLog {
    private final RootDir rootDir;
    // 构造函数，baseGroup 为启动时的集群配置
    public FileLog(File baseDir, EventBus eventBus, Set<NodeEndpoint>
baseGroup) {
        super(eventBus);
        setStateMachineContext(new StateMachineContextImpl());
        rootDir = new RootDir(baseDir);

        LogGeneration latestGeneration = rootDir.getLatestGeneration();
        snapshot = new EmptySnapshot();
        if (latestGeneration != null) {
            Set<NodeEndpoint> initialGroup = baseGroup;
            if (latestGeneration.getSnapshotFile().exists()) {
                snapshot = new FileSnapshot(latestGeneration);
                // 如果有日志快照，则使用日志快照的集群配置
                initialGroup = snapshot.getLastConfig();
            }
            FileEntrySequence fileEntrySequence = new FileEntrySequence(
                latestGeneration, snapshot.getLastIncludedIndex() + 1);
            entrySequence = fileEntrySequence;
            groupConfigEntryList =
                entrySequence.buildGroupConfigEntryList(initialGroup);
        } else {
            LogGeneration firstGeneration = rootDir.createFirstGeneration();
            entrySequence = new FileEntrySequence(firstGeneration, 1);
        }
    }
}
```

日志组件读取的集群配置可能不是最新的集群配置，要获取当前日志下最新的集群配置，需要通过集群配置日志链表计算。

```
public class GroupConfigEntryList implements Iterable<GroupConfigEntry> {
    private final Set<NodeEndpoint> initialGroup;
    private final LinkedList<GroupConfigEntry> entries = new LinkedList<>();
    // 构造函数
    public GroupConfigEntryList(Set<NodeEndpoint> initialGroup) {
        this.initialGroup = initialGroup;
    }
    // 获取最新配置
    public Set<NodeEndpoint> getLastGroup() {
        return entries.isEmpty() ? initialGroup : entries.getLast().
getResultNodeEndpoints();
    }
}
```

集群配置日志链表的 getLastGroup 通过 Log 接口公开之后，核心组件在启动时读取并应用最新集群配置。

```
public synchronized void start() {
    if (started) {
        return;
    }
    context.eventBus().register(this);
    context.connector().initialize();
    // 获取最新配置并应用到成员列表
    Set<NodeEndpoint> lastGroup = context.log().getLastGroup();
    context.group().updateNodes(lastGroup);
    NodeStore store = context.store();
    changeToRole(new FollowerNodeRole(store.getTerm(), store.getVotedFor(),
        null, scheduleElectionTimeout()));
    started = true;
}
```

10.4.3　日志同步

追加来自 Leader 节点的日志时，有可能因为日志冲突而移除一部分日志，同时又要追加日志，所以整个过程会出现被删除的集群配置日志或新的集群配置日志。因为集群配置日志在追加时立刻被应用，所以需要修改原有的追加日志的方法，想办法得到最近的或者最新的集群配置，以下是核心组件中修改后的 appendEntries 方法。

```java
private boolean appendEntries(AppendEntriesRpc rpc) {
    AppendEntriesState state = context.log().appendEntriesFromLeader(
                        rpc.getPrevLogIndex(), rpc.getPrevLogTerm(),
rpc.getEntries());
    if (state.isSuccess()) {
        // 有被删除的集群配置日志
        // 或者来自 Leader 节点的集群配置日志
        if (state.hasGroup()) {
            context.group().updateNodes(state.getLatestGroup());
        }
        context.log().advanceCommitIndex(
            Math.min(rpc.getLeaderCommit(), rpc.getLastEntryIndex()),
rpc.getTerm());
        return true;
    }
    return false;
}
```

AppendEntriesState 类定义如下。

```java
public class AppendEntriesState {
    public static final AppendEntriesState FAILED = new AppendEntriesState
(false, null);
    public static final AppendEntriesState SUCCESS = new AppendEntriesState
(true, null);

    private final boolean success;
    private Set<NodeEndpoint> latestGroup;
    // 构造函数
    public AppendEntriesState(Set<NodeEndpoint> latestGroup) {
        this(true, latestGroup);
    }
    private AppendEntriesState(boolean success, Set<NodeEndpoint> latestGroup) {
        this.success = success;
        this.latestGroup = latestGroup;
    }
    public boolean isSuccess() { return success; }
    public Set<NodeEndpoint> getLatestGroup() { return latestGroup; }
    public boolean hasGroup() { return latestGroup != null; }
}
```

处理集群配置日志的任务主要由日志组件的 appendEntriesFromLeader 方法完成。

```
    public AppendEntriesState appendEntriesFromLeader(
                        int prevLogIndex, int prevLogTerm, List<Entry>
leaderEntries) {
        // 前一条日志不匹配
        if (!checkIfPreviousLogMatches(prevLogIndex, prevLogTerm)) {
            return AppendEntriesState.FAILED;
        }
        // 没有需要添加的日志
        if (leaderEntries.isEmpty()) {
            return AppendEntriesState.SUCCESS;
        }
        // 移除不匹配的日志
        // 返回需要增加的新日志（Leader 节点日志的一部分）
        // 以及第一条被移除的集群配置日志
        UnmatchedLogRemovedResult unmatchedLogRemovedResult =
                removeUnmatchedLog(new EntrySequenceView(leaderEntries));
        // 追加日志
        // 返回最新一条集群配置日志
        GroupConfigEntry lastGroupConfigEntry =
                appendEntriesFromLeader(unmatchedLogRemovedResult.newEntries);
        return new AppendEntriesState(
                lastGroupConfigEntry != null ?
                    lastGroupConfigEntry.getResultNodeEndpoints() :
                    unmatchedLogRemovedResult.getGroup()
        );
    }
```

UnmatchedLogRemovedResult 类的 getGroup 方法定义如下。

```
    private static class UnmatchedLogRemovedResult {
        private final EntrySequenceView newEntries;
        private final GroupConfigEntry firstRemovedEntry;
        // 构造函数
        UnmatchedLogRemovedResult(EntrySequenceView newEntries,
                            GroupConfigEntry firstRemovedEntry) {
            this.newEntries = newEntries;
            this.firstRemovedEntry = firstRemovedEntry;
        }
        // 获取旧配置
        Set<NodeEndpoint> getGroup() {
            return firstRemovedEntry != null ? firstRemovedEntry.getNodeEndpoints() :
null;
        }
    }
```

追加日志需要关注的集群配置日志如图 10-2 所示。

图 10-2　追加日志时需要关注的集群配置日志

新增日志时，最后一条集群配置日志代表最新的集群配置，如果存在，需要优先应用。同时，现有日志中如果存在冲突，需要回滚集群配置。之前在设计集群配置日志时提到过，既可以获取应用前，也可以获取应用后的集群，所以这里只需要获取第一条被删除的集群配置日志，应用这条日志中的旧集群配置。

这两条日志可能的关系如表 10-16 所示。

表 10-16　追加日志时，集群配置日志的可能性

第一条被删除的集群配置日志	最后一条集群配置日志	应用哪一条
存在	不存在	第一条被删除的集群配置日志的旧集群
存在	存在	最后一条集群配置日志的新集群
不存在	存在	最后一条集群配置日志的新集群
不存在	不存在	不需要修改

可以看到，appendEntriesFromLeader 的最后一行代码按照上表处理两条日志。

10.5　增加节点

在完成了日志组件的修改之后，现在可以正式开始增加节点的编码了。单服务器变更下，增加节点有以下要求。

（1）一次只能增加一个节点。

（2）输入可能有错误，需要超时时间。

（3）新节点先是 catch-up，然后正式加入集群（增加日志等）。

（4）在指定次数内进行日志同步，如果节点落后太多无法追上 Leader 节点，则结果超时。

在上述要求下，新增节点时的状态迁移如图 10-3 所示。

从图 10-3 中可以看到，要求（1）的一次只能增加一个节点，严格来说是针对 catch-up 之外的过程的，理论上 catch-up 本身可以并行，多台服务器在未加入集群之前，和 Leader 节点进行同步并没有什么问题。当然，也可以设计为一次只能 catch-up 一台服务器。

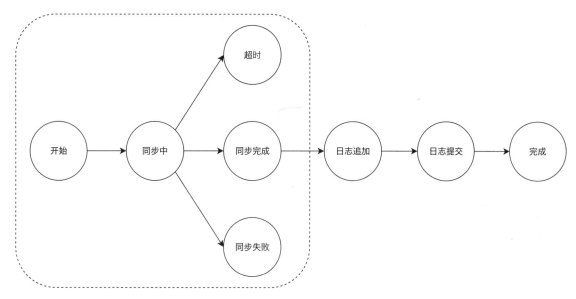

catch-up过程，可并行

图 10-3　新增节点的状态迁移图

对于操作方来说，节点被安全加入集群的时刻在日志被提交之后。在那之前，包含新集群配置的日志有可能被其他节点覆盖，所以完成被设置在日志提交之后，增加节点的操作也在日志被提交之后返回。

核心组件中 addNode 方法的代码如下。

```
public GroupConfigChangeTaskReference addNode(@Nonnull NodeEndpoint endpoint) {
    // 只有 Leader 节点可以增加节点
    ensureLeader();
    // 不能增加自己
    if (context.selfId().equals(endpoint.getId())) {
        throw new IllegalArgumentException("new node cannot be self");
    }
    // catch-up 任务
    NewNodeCatchUpTask newNodeCatchUpTask =
        new NewNodeCatchUpTask(newNodeCatchUpTaskContext, endpoint,
context.config());
    // 正在添加
    if (!newNodeCatchUpTaskGroup.add(newNodeCatchUpTask)) {
        throw new IllegalArgumentException("node " + endpoint.getId() + " is
adding");
    }
    // 在调用者线程中执行 catch-up
    NewNodeCatchUpTaskResult newNodeCatchUpTaskResult;
    try {
```

```
            newNodeCatchUpTaskResult = newNodeCatchUpTask.call();
            switch (newNodeCatchUpTaskResult.getState()) {
                case REPLICATION_FAILED:
                    return new FixedResultGroupConfigTaskReference(
                            GroupConfigChangeTaskResult.REPLICATION_FAILED);
                case TIMEOUT:
                    return new FixedResultGroupConfigTaskReference(
                            GroupConfigChangeTaskResult.TIMEOUT);
            }
        } catch (Exception e) {
            if (!(e instanceof InterruptedException)) {
                logger.warn("failed to catch up new node " + endpoint.getId(), e);
            }
            return new FixedResultGroupConfigTaskReference(
                            GroupConfigChangeTaskResult.ERROR);
        }
        // 一次只能增加一个节点
        // 如果前一个尚未完成，等待（可以单独设置超时时间）
        GroupConfigChangeTaskResult result = awaitPreviousGroupConfigChangeTask();
        if (result != null) {
            return new FixedResultGroupConfigTaskReference(result);
        }
        // 正式增加节点
        synchronized (this) {
            // 二次检查
            if (currentGroupConfigChangeTask != GroupConfigChangeTask.NONE) {
                throw new IllegalStateException("group config change concurrently");
            }

            currentGroupConfigChangeTask = new AddNodeTask(
                groupConfigChangeTaskContext, endpoint, newNodeCatchUpTaskResult);
            Future<GroupConfigChangeTaskResult> future =
                context.groupConfigChangeTaskExecutor().submit(currentGroupConfigChangeTask);
            currentGroupConfigChangeTaskReference =
                new FutureGroupConfigChangeTaskReference(future);
            return currentGroupConfigChangeTaskReference;
        }
    }
```

以上代码展示了增加节点的主要过程，接下来分别讲解上述代码中的重要步骤。

10.5.1　catch-up 过程

经过基本校验（当前节点角色，加入节点的节点名，是否已经在 catch-up 中）之后，开始 catch-up 过程。理论上 catch-up 过程允许并行，所以要求 newNodeCatchUpTaskGroup 是一个线程安全的类。同时，catch-up 过程中，通信组件收到的消息要转发给 catch-up 任务，所以 NewNodeCatchUpTaskGroup 类的代码如下。

```
public class NewNodeCatchUpTaskGroup {
    private final ConcurrentMap<NodeId, NewNodeCatchUpTask> taskMap =
                                new ConcurrentHashMap<>();
    // 追加任务，如果已经存在，返回 false
    public boolean add(NewNodeCatchUpTask task) {
        return taskMap.putIfAbsent(task.getNodeId(), task) == null;
    }
    // 检查是否是 catch-up 中的节点
    // 如果是，转发到 catch-up 任务
    public boolean onReceiveAppendEntriesResult(
            AppendEntriesResultMessage resultMessage, int nextLogIndex) {
        NewNodeCatchUpTask task = taskMap.get(resultMessage.getSourceNodeId());
        if (task == null) {
            return false;
        }
        task.onReceiveAppendEntriesResult(resultMessage, nextLogIndex);
        return true;
    }
    // 检查是否是 catch-up 中的节点
    // 如果是，转发到 catch-up 任务
    public boolean onReceiveInstallSnapshotResult(
            InstallSnapshotResultMessage resultMessage, int nextLogIndex) {
        NewNodeCatchUpTask task = taskMap.get(resultMessage.getSourceNodeId());
        if (task == null) {
            return false;
        }
        task.onReceiveInstallSnapshotResult(resultMessage, nextLogIndex);
        return true;
    }
    // 移除任务
    public boolean remove(NewNodeCatchUpTask task) {
        return taskMap.remove(task.getNodeId()) != null;
    }
}
```

在深入分析 NewNodeCatchUpTask 之前，看一下以 onReceive 开头的方法如果插入现有核心组

件会发玍什么，代码如下。

```
private void doProcessAppendEntriesResult(AppendEntriesResultMessage
resultMessage) {
    AppendEntriesResult result = resultMessage.get();
    // 如果自己的 term 比较小，退化为 Follower 节点
    if (result.getTerm() > role.getTerm()) {
        becomeFollower(result.getTerm(), null, null, 0, true);
        return;
    }
    // 检查角色
    if (role.getName() != RoleName.LEADER) {
        logger.warn("receive append entries result from node {}
            but current node is not leader, ignore", resultMessage.
getSourceNodeId());
        return;
    }
    // 分发到 catch-up 过程中的任务
    if (newNodeCatchUpTaskGroup.onReceiveAppendEntriesResult(
            resultMessage, context.log().getNextIndex())) {
        return;
    }
    // 剩下的处理
}
```

对于通信组件来说，并不知道发送消息的节点是普通节点还是 catch-up 过程中的节点，所以需要在同一个地方处理，然后按照节点 id 分发到合适的地方。另一个需要分发的位置，是处理 InstallSnapshot 结果的方法。代码与上面基本一致，这里不再赘述。

以下是 catch-up 任务的主体方法。

```
public class NewNodeCatchUpTask implements Callable<NewNodeCatchUpTaskRe
sult> {
    // 任务状态
    private enum State {
        START,
        REPLICATING,
        REPLICATION_FAILED,
        REPLICATION_CATCH_UP,
        TIMEOUT
    }
    private static final Logger logger = LoggerFactory.getLogger
(NewNodeCatchUpTask.class);
    private final NewNodeCatchUpTaskContext context;
```

```
    private final NodeEndpoint endpoint;
    private final NodeId nodeId;
    private final NodeConfig config;
    private State state = State.START;
    private boolean done = false;
    private long lastReplicateAt;
    private long lastAdvanceAt;
    private int round = 1;
    private int nextIndex = 0;
    private int matchIndex = 0;
    // 构造函数
    public NewNodeCatchUpTask(NewNodeCatchUpTaskContext context, NodeEndpoint
endpoint, NodeConfig config) {
        this.context = context;
        this.endpoint = endpoint;
        this.nodeId = endpoint.getId();
        this.config = config;
    }
    // 主体函数，在操作线程中执行
    public synchronized NewNodeCatchUpTaskResult call() throws Exception {
        logger.debug("task start");
        setState(State.START);
        // 同步日志
        context.replicateLog(endpoint);
        lastReplicateAt = System.currentTimeMillis();
        lastAdvanceAt = lastReplicateAt;
        setState(State.REPLICATING);
        // 是否结束
        // 结束有多种可能，比如 catch-up 完毕，无法继续复制，超时次数等
        while (!done) {
            // 模拟超时
            wait(config.getNewNodeReadTimeout());
            // 有可能成功，也有可能超时
            if (System.currentTimeMillis() - lastReplicateAt >=
                        config.getNewNodeReadTimeout()) {
                logger.debug("node {} not response within read timeout",
endpoint.getId());
                state = State.TIMEOUT;
                break;
            }
        }
        logger.debug("task done");
```

```
        // 任务完成
        context.done(this);
        return mapResult(state);
    }
    // 映射结果
    private NewNodeCatchUpTaskResult mapResult(State state) {
        switch (state) {
            case REPLICATION_CATCH_UP:
                return new NewNodeCatchUpTaskResult(nextIndex, matchIndex);
            case REPLICATION_FAILED:
                return new NewNodeCatchUpTaskResult(
                        NewNodeCatchUpTaskResult.State.REPLICATION_FAILED);
            default:
                return new NewNodeCatchUpTaskResult(
                        NewNodeCatchUpTaskResult.State.TIMEOUT);
        }
    }
}
```

理论上，catch-up 是 Leader 节点和新节点一对一同步的过程，可以设计成一个单线程处理的方式。但是那样的话，通信部分需要改成阻塞式的，无法复用现有的基于 NIO 的通信组件。如果愿意再写一个阻塞式的通信部分的话，可以不需要 TaskGroup 的消息转发，直接在 Task 内部处理即可。

Call 方法中的 done 主要有以下可能性。

（1）catch-up 完成。

（2）超过最大同步来回，比如 10 次。

（3）日志匹配失败，无法继续同步。

（4）指定时间内同步太慢（慢速网络等情况）。

wait 方法用来模拟节点的超时，模拟是因为 NIO 没有超时概念。如果距离发送时间太长，就直接认为超时。具体来说，从 context.replicateLog 发送日志同步消息开始，wait 方法释放实例锁（方法上的同步关键字）。如果指定时间内没有收到响应，wait 重新获取实例锁，并进入超时流程。catch-up 的多线程处理整体上并没有设计得很复杂，如果对 wait 和 notify 不熟悉，建议了解一下。

进入 wait 之后，任务有机会获取实例锁处理来自新节点的影响，典型的是 AppendEntries 消息的处理。

```
// 此方法在主线程中执行
synchronized void onReceiveAppendEntriesResult(
            AppendEntriesResultMessage resultMessage, int nextLogIndex) {
    assert nodeId.equals(resultMessage.getSourceNodeId());
    if (state != State.REPLICATING) {
        throw new IllegalStateException("receive append entries result when
                state is not replicating");
```

```
        }
        // 第一次收到消息时设置 nextIndex
    if (nextIndex == 0) {
        nextIndex = nextLogIndex;
    }
    logger.debug("replication state of new node {}, next index {}, match
index {}", nodeId, nextIndex, matchIndex);
    if (resultMessage.get().isSuccess()) {
        int lastEntryIndex = resultMessage.getRpc().getLastEntryIndex();
        assert lastEntryIndex >= 0;
        matchIndex = lastEntryIndex;
        nextIndex = lastEntryIndex + 1;
        lastAdvanceAt = System.currentTimeMillis();
        // catch-up 完成
        if (nextIndex >= nextLogIndex) {
            setStateAndNotify(State.REPLICATION_CATCH_UP);
            return;
        }
        // 超时交互次数
        if ((++round) > config.getNewNodeMaxRound()) {
            logger.info("node {} cannot catch up within max round", nodeId);
            setStateAndNotify(State.TIMEOUT);
            return;
        }
    } else {
        // 无法继续同步
        if (nextIndex <= 1) {
            logger.warn("node {} cannot back off next index more, stop
replication", nodeId);
            setStateAndNotify(State.REPLICATION_FAILED);
            return;
        }
        nextIndex--;
        // 慢速网络等
        if (System.currentTimeMillis() - lastAdvanceAt >= config.
getNewNodeAdvanceTimeout()) {
            logger.debug("node {} cannot make progress within timeout",
nodeId);
            setStateAndNotify(State.TIMEOUT);
            return;
        }
    }
```

```
    // 接着同步日志
    context.doReplicateLog(endpoint, nextIndex);
    lastReplicateAt = System.currentTimeMillis();
    // 通知 wait，继续下一个同步的超时检查
    notify();
}

private void setStateAndNotify(State state) {
    setState(state);
    done = true;
    notify();
}
```

可以看到，上面方法的 notify 和主方法 call 的 wait 构成了一个模拟的超时检查，如图 10-4 所示。

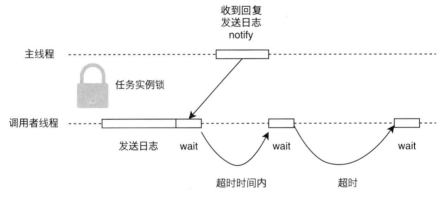

图 10-4　模拟超时检查

另一个针对日志快照安装响应的方法如下。

```
synchronized void onReceiveInstallSnapshotResult(
        InstallSnapshotResultMessage resultMessage, int nextLogIndex) {
    assert nodeId.equals(resultMessage.getSourceNodeId());
    if (state != State.REPLICATING) {
        throw new IllegalStateException("receive append entries result
                                    when state is not replicating");
    }
    InstallSnapshotRpc rpc = resultMessage.getRpc();
    // 日志安装完成
    if (rpc.isDone()) {
        matchIndex = rpc.getLastIndex();
        nextIndex = rpc.getLastIndex() + 1;
        lastAdvanceAt = System.currentTimeMillis();
        if (nextIndex >= nextLogIndex) {
```

```
                setStateAndNotify(State.REPLICATION_CATCH_UP);
                return;
            }
            // 增加回数
            round++;
            // 继续复制
            context.doReplicateLog(endpoint, nextIndex);
        } else {
            // 日志安装
            context.sendInstallSnapshot(endpoint, rpc.getOffset() + rpc.
getDataLength());
        }
        lastReplicateAt = System.currentTimeMillis();
        notify();
    }
```

对于安装日志快照消息来说，全部消息传输完毕才算安装完成，并且需要区分使用普通日志复制和日志快照安装的消息。

catch-up 过程的上下文实现如下。设计上下文的主要目的是，把 catch-up 中涉及日志组件、核心组件状态的操作从 catch-up 任务中剥离出来，让任务专注于自己内部的状态数据。

```
private class NewNodeCatchUpTaskContextImpl implements NewNodeCatchUpTaskContext {
    // 复制日志，主线程中执行
    public void replicateLog(NodeEndpoint endpoint) {
        context.taskExecutor().submit(
                () -> doReplicateLog(endpoint, context.log().getNextIndex())
        );
    }
    // 复制日志
    public void doReplicateLog(NodeEndpoint endpoint, int nextIndex) {
        try {
            AppendEntriesRpc rpc = context.log().createAppendEntriesRpc(
                role.getTerm(), context.selfId(), nextIndex,
                context.config().getMaxReplicationEntriesForNewNode());
            context.connector().sendAppendEntries(rpc, endpoint);
        } catch (EntryInSnapshotException ignored) {
            logger.debug("log entry {} in snapshot, replicate with install
snapshot RPC", nextIndex);
            InstallSnapshotRpc rpc = context.log().createInstallSnapshotRpc(
                    role.getTerm(), context.selfId(), 0, context.config().
getSnapshotDataLength());
            context.connector().sendInstallSnapshot(rpc, endpoint);
        }
```

```
    }
    // 发送日志快照安装消息
    public void sendInstallSnapshot(NodeEndpoint endpoint, int offset) {
        InstallSnapshotRpc rpc = context.log().createInstallSnapshotRpc(
                role.getTerm(), context.selfId(), offset, context.config().
getSnapshotDataLength());
        context.connector().sendInstallSnapshot(rpc, endpoint);
    }
    // 任务完成（失败也算）
    public void done(NewNodeCatchUpTask task) {
        // 移除当前任务
        newNodeCatchUpTaskGroup.remove(task);
    }
}
```

10.5.2　追加日志

新节点的 catch-up 正常完成之后，接下来就是增加日志并复制到其他节点的过程。这个过程在单服务器变更中一次只允许一个操作。在核心组件的 addNode 方法中，使用了双重检查的方式避免出现两个操作同时进行。

```
// 等待前一个操作完成
GroupConfigChangeTaskResult result = awaitPreviousGroupConfigChangeTask();
if (result != null) {
    return new FixedResultGroupConfigTaskReference(result);
}
synchronized (this) {
    // 双重检查
    if (currentGroupConfigChangeTask != GroupConfigChangeTask.NONE) {
        throw new IllegalStateException("group config change concurrently");
    }
    // 增加节点的任务
    currentGroupConfigChangeTask = new AddNodeTask(
        groupConfigChangeTaskContext, endpoint, newNodeCatchUpTaskResult);
    // 在独立线程中执行
    Future<GroupConfigChangeTaskResult> future =
            context.groupConfigChangeTaskExecutor().submit(addNodeTask);
    currentGroupConfigChangeTaskReference =
        new FutureGroupConfigChangeTaskReference(future);
    return currentGroupConfigChangeTaskReference;
}
```

　　增加节点和 catch-up 任务稍微有点不同，增加节点的任务是在单独的线程中执行的。这样调用者线程可以选择等待，也可以选择其他策略。

　　和 Java 的 Executor 类一样，调用者线程可以通过提交任务之后得到的任务引用来等待结果。任务引用是 Future 类的封装，把超时等转换为任务错误。

```
public class FutureGroupConfigChangeTaskReference
            implements GroupConfigChangeTaskReference {
    private static final Logger logger =
            LoggerFactory.getLogger(FutureGroupConfigChangeTaskReference.
class);
    private final Future<GroupConfigChangeTaskResult> future;
    // 构造函数
    public FutureGroupConfigChangeTaskReference(
            Future<GroupConfigChangeTaskResult> future) {
        this.future = future;
    }
    // 无限等待
    public GroupConfigChangeTaskResult getResult() throws InterruptedException {
        try {
            return future.get();
        } catch (ExecutionException e) {
            logger.warn("task execution failed", e);
            return GroupConfigChangeTaskResult.ERROR;
        }
    }
    // 等待，有超时
    public GroupConfigChangeTaskResult getResult(long timeout)
            throws InterruptedException, TimeoutException {
        try {
            return future.get(timeout, TimeUnit.MILLISECONDS);
        } catch (ExecutionException e) {
            logger.warn("task execution failed", e);
            return GroupConfigChangeTaskResult.ERROR;
        }
    }
    // 取消
    public void cancel() { future.cancel(true); }
}
```

　　要等待前一个任务，需要知道这个任务是什么，代码中设置了表示当前正在执行的集群配置变更任务的变量 currentGroupConfigChangeTask，以及表示当前集群配置变更任务引用的变量 currentGroupConfigChangeTaskReference。以下是核心组件中等待前一个任务完成的代码。

```
private GroupConfigChangeTaskResult awaitPreviousGroupConfigChangeTask() {
    try {
        currentGroupConfigChangeTaskReference.awaitDone(
            context.config().getPreviousGroupConfigChangeTimeout());
        return null;
    } catch (InterruptedException ignored) {
        return GroupConfigChangeTaskResult.ERROR;
    } catch (TimeoutException ignored) {
        logger.info("previous cannot complete within timeout");
        return GroupConfigChangeTaskResult.TIMEOUT;
    }
}
```

等待代码很简单，但是会被多个线程访问和修改。笔者的解决方法是，将集群配置日志变更任务和关联的任务引用通过锁合在一起变更，避免多个线程分别变更任务和任务引用。由于等待前一个任务时方法只会读取，因此把任务引用作为 volatile 变量。通过 volatile 变量读取和持有锁才能修改策略，这和 Java 并发类库中的 CopyOnWriteArrayList 是类似的。

以下是核心组件中集群变更相关的私有变量，注意任务引用部分。

```
private final NewNodeCatchUpTaskContext newNodeCatchUpTaskContext =
            new NewNodeCatchUpTaskContextImpl();
private final NewNodeCatchUpTaskGroup newNodeCatchUpTaskGroup =
            new NewNodeCatchUpTaskGroup();
private final GroupConfigChangeTaskContext groupConfigChangeTaskContext =
            new GroupConfigChangeTaskContextImpl();
private volatile GroupConfigChangeTask currentGroupConfigChangeTask =
            GroupConfigChangeTask.NONE;
private volatile
        GroupConfigChangeTaskReference currentGroupConfigChangeTaskReference
        = new FixedResultGroupConfigTaskReference(GroupConfigChangeTaskResult.OK);
```

处理节点追加日志的 AddNodeTask 代码如下。

```
public class AddNodeTask extends AbstractGroupConfigChangeTask {
    private final NodeEndpoint endpoint;
    private final int nextIndex;
    private final int matchIndex;
    // catch-up 之后
    public AddNodeTask(GroupConfigChangeTaskContext context, NodeEndpoint
endpoint, NewNodeCatchUpTaskResult newNodeCatchUpTaskResult) {
        this(context, endpoint,
    newNodeCatchUpTaskResult.getNextIndex(), newNodeCatchUpTaskResult.
getMatchIndex());
```

```
    }
    // 构造函数
    public AddNodeTask(GroupConfigChangeTaskContext context, NodeEndpoint endpoint,
                        int nextIndex, int matchIndex) {
        super(context);
        this.endpoint = endpoint;
        this.nextIndex = nextIndex;
        this.matchIndex = matchIndex;
    }
    // 追加日志
    protected void appendGroupConfig() {
        context.addNode(endpoint, nextIndex, matchIndex);
    }
    // 日志已提交
    public synchronized void doOnLogCommitted(GroupConfigEntry entry) {
        if (state != State.GROUP_CONFIG_APPENDED) {
            throw new IllegalStateException("log committed before log appended");
        }
        setState(State.GROUP_CONFIG_COMMITTED);
        notify();
    }
}
```

抽象类 AbstractGroupConfigChangeTask 的代码如下。

```
abstract class AbstractGroupConfigChangeTask implements GroupConfigChangeTask {
    // 状态
    protected enum State {
        START,
        GROUP_CONFIG_APPENDED,
        GROUP_CONFIG_COMMITTED,
        TIMEOUT
    }
    private static final Logger logger =
            LoggerFactory.getLogger(AbstractGroupConfigChangeTask.class);
    protected final GroupConfigChangeTaskContext context;
    // 任务相关的集群配置日志
    private volatile GroupConfigEntry groupConfigEntry;
    protected State state = State.START;
    // 构造函数
    AbstractGroupConfigChangeTask(GroupConfigChangeTaskContext context) {
```

```
            this.context = context;
    }
    // 主流程
    public synchronized GroupConfigChangeTaskResult call() throws Exception {
            logger.debug("task start");
            setState(State.START);
            // 追加日志
            appendGroupConfig();
            // 等待日志提交
            wait();
            logger.debug("task done");
            // 任务完成
            context.done();
            return mapResult(state);
    }
    // 设置当前的集群配置日志
    public synchronized void setGroupConfigEntry(GroupConfigEntry entry) {
            this.groupConfigEntry = entry;
            setState(State.GROUP_CONFIG_APPENDED);
    }
    // 判断是否是当前的集群配置日志
    private boolean isTargetGroupConfig(GroupConfigEntry entry) {
            return this.groupConfigEntry != null &&
                    this.groupConfigEntry.getIndex() == entry.getIndex();
    }
    // 日志提交时被调用
    public void onLogCommitted(GroupConfigEntry entry) {
            if (isTargetGroupConfig(entry)) {
                doOnLogCommitted(entry);
            }
    }
    protected abstract void doOnLogCommitted(GroupConfigEntry entry);
    // 映射结果
    private GroupConfigChangeTaskResult mapResult(State state) {
            if (state == State.GROUP_CONFIG_COMMITTED) {
                return GroupConfigChangeTaskResult.OK;
            }
            return GroupConfigChangeTaskResult.TIMEOUT;
    }
    protected void setState(State state) {
            logger.debug("state -> {}", state);
            this.state = state;
```

```
    }
    // 追加日志，子类实现
    protected abstract void appendGroupConfig();
}
```

GroupConfigChangeTask 和 catch-up 任务一样，使用了一点技巧推进集群配置变更任务，如图 10-5 所示。

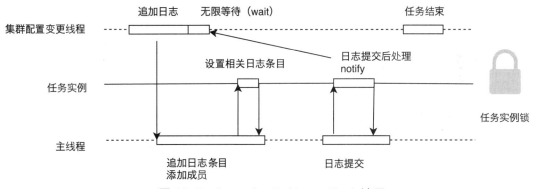

图 10-5　GroupConfigChangeTask 流程

集群配置变更任务先要做的是追加日志。追加日志由于数据的原因是在主线程中进行的，而且是异步执行。集群配置变更任务需要知道自己添加的日志，用于之后的比较，这里使用锁 + volatile 的单写只读模式。

```
private volatile GroupConfigEntry groupConfigEntry;
// 写入
public synchronized void setGroupConfigEntry(GroupConfigEntry entry) {
    this.groupConfigEntry = entry;
}
// 读取
private boolean isTargetGroupConfig(GroupConfigEntry entry) {
    return this.groupConfigEntry != null && this.groupConfigEntry.getIndex()
== entry.getIndex();
}
```

因为设置 groupConfigEntry 只有一次，而且肯定在比较之前，所以上面这样做没有问题。如果考虑到只有主线程会设置 groupConfigEntry，也只有主线程会比较，那么锁和 volatile 可以都不需要，利用线程封闭来保证正确性。不过那么做的话，可能有人觉得线程安全性会有问题。所以笔者还是使用锁 + volatile。不管最后选择哪种，都要在明确为什么可以这么做之后再使用。

在比较是否是目标的集群配置变更日志时，只是简单地比较了索引。有没有可能同一个位置的集群配置变更日志和当时自己提交的不一致？理论上不太可能，原因是只有 Leader 节点才可能增加集群配置变更日志。假设当前 Leader 节点退化为 Follower 节点（如果 Leader 节点宕机，集群配置变更任务直接结束），同一位置的集群配置变更日志因为冲突被删除，然后想办法再变成 Leader 节点，因为一次只能处理一个集群配置变更，所以需要等待或者取消前一个任务，然后才能增加日志。当然，从状态一致的角度来说，当节点不再是 Leader 时，当前的集群配置变更任务可以取消，避免之后不必要的麻烦。

10.6　移除节点

移除节点比增加节点要简单一些，主要是因为没有 catch-up 过程，只有集群配置变更的任务。不过集群配置变更的任务和增加节点时的任务有点不同，在任务结束时需要一点特殊处理。比如说当前被移除的是 Leader 节点，就需要在任务结束后退化为 Follower 节点，并停止选举超时。虽然被移除的节点可以直接下线，但是连接客户端的前 Leader 节点需要告诉客户端自己已经不是 Leader 节点，在那之前不能直接下线。

10.6.1　核心组件中移除节点的方法

移除节点的代码长度只有新增节点的一半，其主要内容是等待前一个任务，然后新建任务并提交。

```
public GroupConfigChangeTaskReference removeNode(NodeId id) {
    // 检查角色
    ensureLeader();
    // 等待前一个任务结束
    GroupConfigChangeTaskResult result = awaitPreviousGroupConfigChangeTask();
    if (result != null) {
        return new FixedResultGroupConfigTaskReference(result);
    }
    // 提交新任务
    synchronized (this) {
        // 双重检查
        if (currentGroupConfigChangeTask != GroupConfigChangeTask.NONE) {
            throw new IllegalStateException("group config change concurrently");
        }
        currentGroupConfigChangeTask = new RemoveNodeTask(
            groupConfigChangeTaskContext, id, context.selfId());
        Future<GroupConfigChangeTaskResult> future =
            context.groupConfigChangeTaskExecutor().submit(currentGroupConfigChangeTask);
```

```
        currentGroupConfigChangeTaskReference =
            new FutureGroupConfigChangeTaskReference(future);
        return currentGroupConfigChangeTaskReference;
    }
}
```

大部分代码和新增节点类似，这里不再赘述。

10.6.2　追加日志

追加日志的任务同样比新增节点要简单，除了日志被提交之后的处理稍有不同，代码如下。

```
public class RemoveNodeTask extends AbstractGroupConfigChangeTask {
    private final NodeId nodeId;
    private final NodeId selfId;
    // 构造函数
    public RemoveNodeTask(GroupConfigChangeTaskContext context, NodeId nodeId,
                    NodeId selfId) {
        super(context);
        this.nodeId = nodeId;
        this.selfId = selfId;
    }
    // 追加日志
    protected void appendGroupConfig() {
        context.removeNode(nodeId);
    }
    // 日志提交
    public synchronized void doOnLogCommitted(GroupConfigEntry entry) {
        if (state != State.GROUP_CONFIG_APPENDED) {
            throw new IllegalStateException("log committed before log
appended");
        }
        setState(State.GROUP_CONFIG_COMMITTED);
        if (nodeId.equals(selfId)) {
            // 退化
            context.downgradeSelf();
        }
        notify();
    }
}
```

集群配置变更任务的上下文负责实际的日志追加等操作，实际代码为核心组件中的一个内部类，代码如下。

```
    private class GroupConfigChangeTaskContextImpl implements
GroupConfigChangeTaskContext {
        // 追加节点日志
        public void addNode(NodeEndpoint endpoint, int nextIndex, int
matchIndex) {
            context.taskExecutor().submit(() -> {
                Set<NodeEndpoint> nodeEndpoints = context.group().
listEndpointOfMajor();
                // 追加日志
                AddNodeEntry entry = context.log().appendEntryForAddNode(
                    role.getTerm(), nodeEndpoints, endpoint);
                assert !context.selfId().equals(endpoint.getId());
                // 修改成员列表
                context.group().addNode(endpoint, nextIndex, matchIndex, true);
                // 设置集群配置变更日志
                currentGroupConfigChangeTask.setGroupConfigEntry(entry);
                NodeImpl.this.doReplicateLog();
            });
        }
        // 退化为 Follower 节点
        public void downgradeSelf() {
            becomeFollower(role.getTerm(), null, null, 0, false);
        }
        @Override
        public void removeNode(NodeId nodeId) {
            context.taskExecutor().submit(() -> {
                Set<NodeEndpoint> nodeEndpoints = context.group().
listEndpointOfMajor();
                // 追加日志
                RemoveNodeEntry entry = context.log().appendEntryForRemoveNode(
                    role.getTerm(), nodeEndpoints, nodeId);
                // 修改成员列表
                context.group().removeNode(nodeId);
                // 设置集群配置变更日志
                currentGroupConfigChangeTask.setGroupConfigEntry(entry);
                NodeImpl.this.doReplicateLog();
            });
        }
        // 任务完成
        public void done() {
            synchronized (NodeImpl.this) {
                currentGroupConfigChangeTask = GroupConfigChangeTask.NONE;
```

```
                    currentGroupConfigChangeTaskReference =
                        new FixedResultGroupConfigTaskReference(GroupConfigChangeTa
skResult.OK);
            }
        }
    }
```

注意 downgradeSelf 方法，此方法会将节点当前状态退化为 Follower 角色（此方法在主线程中执行，所以不需要 taskExecutor），但不启用选举超时（becomeFollower 方法的最后一个参数为 false）。

```
private void becomeFollower(int term, NodeId votedFor, NodeId leaderId,
                    long lastHeartbeat, boolean scheduleElectionTimeout) {
    role.cancelTimeoutOrTask();
    if (leaderId != null && !leaderId.equals(role.getLeaderId(context.
selfId())))) {
        logger.info("current leader is {}, term {}", leaderId, term);
    }
    ElectionTimeout electionTimeout = scheduleElectionTimeout ?
                scheduleElectionTimeout() : ElectionTimeout.NONE;
    changeToRole(new FollowerNodeRole(term, votedFor, leaderId,
                lastHeartbeat, electionTimeout));
}
```

在本书的实现中，节点作为 Follower 角色但不启动选举超时，叫作 standby 模式。

10.6.3　选举部分的修改

在集群变更的分析阶段，碰到被移除的节点发起的选举请求，接受的节点在收到来自 Leader 节点的消息之后的最小选举间隔内不会回复。为了实现这个功能，需要给 Follower 角色增加上次收到 Leader 节点消息的时间，然后进行比较。

```
public void onReceiveRequestVoteRpc(RequestVoteRpcMessage rpcMessage) {
    context.taskExecutor().submit(
            () -> {
                RequestVoteResult result = doProcessRequestVoteRpc(rpcMessage);
                if (result != null) {
                    context.connector().replyRequestVote(result, rpcMessage);
                }
            }
    );
}
private RequestVoteResult doProcessRequestVoteRpc(RequestVoteRpcMessage
```

```
rpcMessage) {
    if (role.getName() == RoleName.FOLLOWER &&
            (System.currentTimeMillis() - ((FollowerNodeRole) role).
getLastHeartbeat()
                    < context.config().getMinElectionTimeout())) {
        return null;
    }
    // 其他处理
}
```

整个实现并不复杂，只是需要在所有使用 Follower 节点的地方设置 lastHeartbeat。对于不涉及处理来自 Leader 节点的追加日志信息的地方，默认全部设置为 0，即原有逻辑。

10.7 测试

之前讲解 KV 客户端实现的时候提到过增加节点和移除节点的命令，在实现了服务端之后，可以对接核心组件的 addNode 与 removeNode 方法，下面正式开始集群成员变更的测试。

10.7.1 服务端命令实现

以下是 KV 服务端的增减服务器命令实现。

```
// 添加节点
public void addNode(CommandRequest<AddNodeCommand> commandRequest) {
    Redirect redirect = checkLeadership();
    if (redirect != null) {
        commandRequest.reply(redirect);
        return;
    }

    AddNodeCommand command = commandRequest.getCommand();
    GroupConfigChangeTaskReference taskReference =
                    this.node.addNode(command.toNodeEndpoint());
    awaitResult(taskReference, commandRequest);
}
// 等待结果
private <T> void awaitResult(GroupConfigChangeTaskReference taskReference,
                    CommandRequest<T> commandRequest) {
    try {
        // 等待 3 秒
```

```
                switch (taskReference.getResult(3000L)) {
                    case OK:
                        commandRequest.reply(Success.INSTANCE);
                        break;
                    case TIMEOUT:
                        commandRequest.reply(new Failure(101, "timeout"));
                        break;
                    default:
                        commandRequest.reply(new Failure(100, "error"));
                }
            } catch (TimeoutException e) {
                commandRequest.reply(new Failure(101, "timeout"));
            } catch (InterruptedException ignored) {
                commandRequest.reply(new Failure(100, "error"));
            }
        }
        // 移除节点
        public void removeNode(CommandRequest<RemoveNodeCommand> commandRequest) {
            Redirect redirect = checkLeadership();
            if (redirect != null) {
                commandRequest.reply(redirect);
                return;
            }
            RemoveNodeCommand command = commandRequest.getCommand();
            GroupConfigChangeTaskReference taskReference =
                                node.removeNode(command.getNodeId());
            awaitResult(taskReference, commandRequest);
        }
```

命令分别调用了核心组件的 addNode 与 removeNode 方法，并通过返回的任务引用尝试等待 3 秒，成功则返回 OK。

10.7.2　standby模式

移除节点的部分提到过 standby 模式。standby 模式是笔者设计的一个模式，它区别于 standalone 的单台服务器模式和 group-member 的集群成员模式。standby 模式下，节点始终是 Follower 角色，不会发起选举。

以下是 KV 服务以 standby 模式启动时的代码，此时 standby 为 true。

```
private void startAsStandaloneAndStandby(CommandLine cmdLine, boolean standby)
            throws Exception {
    // 两个端口号是必要参数
```

```
    if (!cmdLine.hasOption("p1") || !cmdLine.hasOption("p2")) {
        throw new IllegalArgumentException("port-raft-node or port-service
required");
    }
    // 节点 ID 等参数解析
    String id = cmdLine.getOptionValue('i');
    String host = cmdLine.getOptionValue('h', "localhost");
    int portRaftServer = ((Long) cmdLine.getParsedOptionValue("p1")).
intValue();
    int portService = ((Long) cmdLine.getParsedOptionValue("p2")).intValue();
    // 唯一节点
    NodeEndpoint nodeEndpoint = new NodeEndpoint(id, host, portRaftServer);
    // 构建核心组件
    Node node = new NodeBuilder(nodeEndpoint)
            .setStandby(standby)
            .setDataDir(cmdLine.getOptionValue('d'))
            .build();
    // 构建 KV 服务
    Server server = new Server(node, portService);
    logger.info("start with mode {}, id {}, host {}, port raft node {},
port service {}",
            (standby ? "standby" : "standalone"), id, host, portRaftServer,
portService);
    startServer(server);
}
```

standby 选项会通过 NodeBuilder 传递到 NodeContext，然后在核心组件的选举超时中检查，完整的选举超时代码如下。

```
private void doProcessElectionTimeout() {
    // 角色检查
    if (role.getName() == RoleName.LEADER) {
        logger.warn("node {}, current role is leader, ignore election
timeout", context.selfId());
        return;
    }
    // 开始选举
    int newTerm = role.getTerm() + 1;
    role.cancelTimeoutOrTask();
    if (context.group().isStandalone()) {
        // standby 模式
        // standby 模式下只有一台服务器，所以在 standalone 分支中
        if (context.mode() == NodeMode.STANDBY) {
```

```
        logger.info("starts with standby mode, skip election");
    } else {
        // standalone 模式
        logger.info("become leader, term {}", newTerm);
        resetReplicatingStates();
        changeToRole(new LeaderNodeRole(newTerm, scheduleLogReplicationTask()));
        context.log().appendEntry(newTerm); // no-op log
    }
} else {
    // 集群成员模式
    logger.info("start election");
    changeToRole(new CandidateNodeRole(newTerm, scheduleElectionTimeout()));
    EntryMeta lastEntryMeta = context.log().getLastEntryMeta();
    RequestVoteRpc rpc = new RequestVoteRpc();
    rpc.setTerm(newTerm);
    rpc.setCandidateId(context.selfId());
    rpc.setLastLogIndex(lastEntryMeta.getIndex());
    rpc.setLastLogTerm(lastEntryMeta.getTerm());
    context.connector().sendRequestVote(
        rpc, context.group().listEndpointOfMajorExceptSelf());
    }
}
```

3 种模式对选举超时的处理不同。集群成员模式会发起选举，standalone 单机模式直接成为 Leader 节点，standby 模式跳过选举并待机。这里的待机可以理解为等待其他服务器的消息。在新增节点过程中，目标节点肯定要启动，但是启动后发起选举的话会比较麻烦，所以通过单独设置一个模式，让目标节点暂时什么都不做，等待集群 Leader 节点发起的 catch-up 过程。

10.7.3　增加节点

本小节按照如下步骤测试节点的增加。

（1）构造一个 3 节点的集群（节点 A、B、C，Leader 节点为 A）。

（2）以 standby 模式启动一个新节点（D）。

（3）向 Leader 节点发起命令增加节点。

standby 模式命令如下。

```
-m standby -i D -p1 2336 -p2 3336
```

KV 客户端执行如下命令。

```
Welcome to XRaft KVStore Shell
**************************************************
```

```
current server list:
A,localhost,3333
B,localhost,3334
C,localhost,3335
*******************************************
kvstore-client 0.1.1> kvstore-get x
2019-06-27 16:59:25.139 [main] DEBUG service.ServerRouter - send request
to server A
null
kvstore-client 0.1.1> kvstore-set x 1
2019-06-27 16:59:28.572 [main] DEBUG service.ServerRouter - send request
to server A
kvstore-client 0.1.1> kvstore-get x
2019-06-27 16:59:32.519 [main] DEBUG service.ServerRouter - send request
to server A
1
```

先执行一次错误添加。

```
kvstore-client 0.1.1> raft-add-node D localhost 4444
```

客户端会在等待几秒之后显示错误信息。

```
2019-06-27 17:00:03.552 [main] DEBUG service.ServerRouter - send request
to server A
2019-06-27 17:00:06.765 [main] DEBUG service.ServerRouter - failed to
process with server A
in.xnnyygn.xraft.core.service.ChannelException: error code 101, message
timeout
```

此时 Leader 服务器的日志如下。

```
2019-06-27 17:00:03.652 [nioEventLoopGroup-5-4] DEBUG task.
NewNodeCatchUpTask - task start
2019-06-27 17:00:03.653 [nioEventLoopGroup-5-4] DEBUG task.NewNodeCatchUpTask
- state -> START
// 开始日志复制
2019-06-27 17:00:03.654 [nioEventLoopGroup-5-4] DEBUG task.NewNodeCatchUpTask
- state -> REPLICATING
2019-06-27 17:00:03.654 [node] DEBUG nio.NioConnector - send
AppendEntriesRpc{entries.size=0, leaderCommit=2, leaderId=A, prevLogIndex=2,
prevLogTerm=1, term=1} to node D
2019-06-27 17:00:03.656 [node] WARN  nio.NioConnector - failed to get
channel to node D, cause Connection refused: localhost/127.0.0.1:4444
2019-06-27 17:00:03.972 [node] DEBUG node.NodeImpl - replicate log
```

```
    2019-06-27 17:00:03.973 [node] DEBUG nio.NioConnector - send
AppendEntriesRpc{entries.size=0, leaderCommit=2, leaderId=A, prevLogIndex=2,
prevLogTerm=1, term=1} to node B
    2019-06-27 17:00:03.973 [node] DEBUG nio.NioConnector - send
AppendEntriesRpc{entries.size=0, leaderCommit=2, leaderId=A, prevLogIndex=2,
prevLogTerm=1, term=1} to node C
    2019-06-27 17:00:03.975 [nioEventLoopGroup-2-6] DEBUG nio.
ToRemoteHandler - receive AppendEntriesResult{success=true, term=1} from C
    2019-06-27 17:00:03.975 [nioEventLoopGroup-2-1] DEBUG nio.
ToRemoteHandler - receive AppendEntriesResult{success=true, term=1} from B
    2019-06-27 17:00:04.973 [node] DEBUG node.NodeImpl - replicate log
    2019-06-27 17:00:04.973 [node] DEBUG nio.NioConnector - send
AppendEntriesRpc{entries.size=0, leaderCommit=2, leaderId=A, prevLogIndex=2,
prevLogTerm=1, term=1} to node B
    2019-06-27 17:00:04.974 [node] DEBUG nio.NioConnector - send
AppendEntriesRpc{entries.size=0, leaderCommit=2, leaderId=A, prevLogIndex=2,
prevLogTerm=1, term=1} to node C
    2019-06-27 17:00:04.976 [nioEventLoopGroup-2-1] DEBUG nio.
ToRemoteHandler - receive AppendEntriesResult{success=true, term=1} from B
    2019-06-27 17:00:04.978 [nioEventLoopGroup-2-6] DEBUG nio.
ToRemoteHandler - receive AppendEntriesResult{success=true, term=1} from C
    2019-06-27 17:00:05.973 [node] DEBUG node.NodeImpl - replicate log
    2019-06-27 17:00:05.974 [node] DEBUG nio.NioConnector - send
AppendEntriesRpc{entries.size=0, leaderCommit=2, leaderId=A, prevLogIndex=2,
prevLogTerm=1, term=1} to node B
    2019-06-27 17:00:05.974 [node] DEBUG nio.NioConnector - send
AppendEntriesRpc{entries.size=0, leaderCommit=2, leaderId=A, prevLogIndex=2,
prevLogTerm=1, term=1} to node C
    2019-06-27 17:00:05.976 [nioEventLoopGroup-2-6] DEBUG nio.
ToRemoteHandler - receive AppendEntriesResult{success=true, term=1} from C
    2019-06-27 17:00:05.976 [nioEventLoopGroup-2-1] DEBUG nio.
ToRemoteHandler - receive AppendEntriesResult{success=true, term=1} from B
    // 节点没有响应
    2019-06-27 17:00:06.655 [nioEventLoopGroup-5-4] DEBUG task.NewNodeCatchUpTask
- node D not response within read timeout
    2019-06-27 17:00:06.655 [nioEventLoopGroup-5-4] DEBUG task.NewNodeCatchUpTask
- task done
```

可以看到，之前的模拟超时正确检测到了超时。

接下来尝试正常添加。

```
kvstore-client 0.1.1> raft-add-node D localhost 2336
2019-06-27 17:01:58.919 [main] DEBUG service.ServerRouter - send request
```

```
to server A
kvstore-client 0.1.1>
```

由于日志比较少，操作很快返回。

此时 Leader 服务器的日志如下。

```
2019-06-27 17:01:58.921 [nioEventLoopGroup-5-2] DEBUG task.
NewNodeCatchUpTask - task start
2019-06-27 17:01:58.921 [nioEventLoopGroup-5-2] DEBUG task.
NewNodeCatchUpTask - state -> START
2019-06-27 17:01:58.921 [nioEventLoopGroup-5-2] DEBUG task.
NewNodeCatchUpTask - state -> REPLICATING
2019-06-27 17:01:58.921 [node] DEBUG nio.NioConnector - send
AppendEntriesRpc{entries.size=0, leaderCommit=2, leaderId=A, prevLogIndex=2,
prevLogTerm=1, term=1} to node D
2019-06-27 17:01:58.924 [node] DEBUG nio.OutboundChannelGroup - channel
OUTBOUND-D connected
2019-06-27 17:01:59.248 [node] DEBUG node.NodeImpl - replicate log
2019-06-27 17:01:59.249 [node] DEBUG nio.NioConnector - send
AppendEntriesRpc{entries.size=0, leaderCommit=2, leaderId=A, prevLogIndex=2,
prevLogTerm=1, term=1} to node B
2019-06-27 17:01:59.249 [node] DEBUG nio.NioConnector - send
AppendEntriesRpc{entries.size=0, leaderCommit=2, leaderId=A, prevLogIndex=2,
prevLogTerm=1, term=1} to node C
2019-06-27 17:01:59.250 [nioEventLoopGroup-2-6] DEBUG nio.
ToRemoteHandler - receive AppendEntriesResult{success=true, term=1} from C
2019-06-27 17:01:59.250 [nioEventLoopGroup-2-1] DEBUG nio.
ToRemoteHandler - receive AppendEntriesResult{success=true, term=1} from B
2019-06-27 17:01:59.291 [nioEventLoopGroup-2-9] DEBUG nio.
ToRemoteHandler - receive AppendEntriesResult{success=false, term=1} from D
// 日志同步回退
2019-06-27 17:01:59.291 [node] DEBUG task.NewNodeCatchUpTask -
replication state of new node D, next index 3, match index 0
2019-06-27 17:01:59.291 [node] DEBUG nio.NioConnector - send
AppendEntriesRpc{entries.size=1, leaderCommit=2, leaderId=A, prevLogIndex=1,
prevLogTerm=1, term=1} to node D
2019-06-27 17:01:59.326 [nioEventLoopGroup-2-9] DEBUG nio.
ToRemoteHandler - receive AppendEntriesResult{success=false, term=1} from D
// 日志同步回退
2019-06-27 17:01:59.326 [node] DEBUG task.NewNodeCatchUpTask -
replication state of new node D, next index 2, match index 0
2019-06-27 17:01:59.326 [node] DEBUG nio.NioConnector - send
AppendEntriesRpc{entries.size=2, leaderCommit=2, leaderId=A, prevLogIndex=0,
```

```
prevLogTerm=0, term=1} to node D
    2019-06-27 17:01:59.338 [nioEventLoopGroup-2-9] DEBUG nio.
ToRemoteHandler - receive AppendEntriesResult{success=true, term=1} from D
```
// 日志同步回退
```
    2019-06-27 17:01:59.338 [node] DEBUG task.NewNodeCatchUpTask -
replication state of new node D, next index 1, match index 0
```
// 同步完成
```
    2019-06-27 17:01:59.338 [node] DEBUG task.NewNodeCatchUpTask - state ->
REPLICATION_CATCH_UP
    2019-06-27 17:01:59.339 [nioEventLoopGroup-5-2] DEBUG task.NewNodeCatchUpTask -
task done
```
// 增加日志
```
    2019-06-27 17:01:59.386 [group-config-change] DEBUG task.
AbstractGroupConfigChangeTask - task start
    2019-06-27 17:01:59.386 [group-config-change] DEBUG task.
AbstractGroupConfigChangeTask - state -> START
    2019-06-27 17:01:59.389 [node] INFO  node.NodeGroup - add node D to group
    2019-06-27 17:01:59.389 [group-config-change] DEBUG task.
AbstractGroupConfigChangeTask - state -> GROUP_CONFIG_APPENDED
    2019-06-27 17:01:59.389 [node] DEBUG node.NodeImpl - replicate log
    2019-06-27 17:01:59.389 [node] DEBUG nio.NioConnector - send
AppendEntriesRpc{entries.size=1, leaderCommit=2, leaderId=A, prevLogIndex=2,
prevLogTerm=1, term=1} to node B
    2019-06-27 17:01:59.389 [node] DEBUG nio.NioConnector - send
AppendEntriesRpc{entries.size=1, leaderCommit=2, leaderId=A, prevLogIndex=2,
prevLogTerm=1, term=1} to node C
    2019-06-27 17:01:59.389 [node] DEBUG nio.NioConnector - send
AppendEntriesRpc{entries.size=1, leaderCommit=2, leaderId=A, prevLogIndex=2,
prevLogTerm=1, term=1} to node D
    2019-06-27 17:01:59.504 [nioEventLoopGroup-2-6] DEBUG nio.
ToRemoteHandler - receive AppendEntriesResult{success=true, term=1} from C
    2019-06-27 17:01:59.504 [node] DEBUG node.NodeGroup - match indices [<B,
2>, <D, 2>, <C, 3>, <A, L>]
    2019-06-27 17:01:59.506 [nioEventLoopGroup-2-1] DEBUG nio.
ToRemoteHandler - receive AppendEntriesResult{success=true, term=1} from B
    2019-06-27 17:01:59.506 [nioEventLoopGroup-2-9] DEBUG nio.
ToRemoteHandler - receive AppendEntriesResult{success=true, term=1} from D
    2019-06-27 17:01:59.506 [node] DEBUG node.NodeGroup - match indices [<B,
2>, <C, 3>, <D, 3>, <A, L>]
```
// 日志提交
```
    2019-06-27 17:01:59.506 [node] DEBUG log.AbstractLog - advance commit
index from 2 to 3
```

```
2019-06-27 17:01:59.506 [node] DEBUG task.AbstractGroupConfigChangeTask -
state -> GROUP_CONFIG_COMMITTED
2019-06-27 17:01:59.507 [group-config-change] DEBUG task.
AbstractGroupConfigChangeTask - task done
2019-06-27 17:01:59.507 [node] DEBUG node.NodeGroup - match indices [<B,
3>, <C, 3>, <D, 3>, <A, L>]
```

可以看到，catch-up 之后是追加日志的过程。如果对多线程处理有疑问，可以看一下上述日志中方括号内的线程名，当某个数据可能会被多个线程访问时，需要考虑多线程安全问题。

以下是节点 B 作为 Follower 节点的日志。节点 B 在收到来自 Leader 节点的集群配置日志之后，追加日志的同时马上应用。

```
2019-06-27 17:01:59.505 [node] DEBUG log.AbstractLog - append entries
from leader from 3 to 3
2019-06-27 17:01:59.505 [node] INFO  node.NodeGroup - group config
changed -> [A, B, C, D]
```

最后看一下 standby 模式的节点 D。节点 D 在收到 Leader 节点的日志同步消息之后，开始和 Leader 节点交互。当 Leader 节点把包含节点 D 的集群配置传输给节点 D 之后，节点 D 正式成为集群成员。注意，虽然启动 standby 选项依然为 true，但是只要集群里面不是只有 D 一个成员，节点 D 就会忽略 standby 选项。如果有疑问，可以重新看一下 10.7.2 小节的选举代码。

```
2019-06-27 16:40:59.702 [node] INFO  node.NodeImpl - starts with standby
mode, skip election
2019-06-27 17:01:59.069 [nioEventLoopGroup-2-1] DEBUG nio.InboundChannelGroup -
channel INBOUND-A connected
2019-06-27 17:01:59.218 [nioEventLoopGroup-2-1] DEBUG nio.FromRemoteHandler -
receive AppendEntriesRpc{entries.size=0, leaderCommit=2, leaderId=A, prevLogIndex=2,
prevLogTerm=1, term=1} from A
2019-06-27 17:01:59.225 [node] DEBUG schedule.ElectionTimeout - cancel
election timeout
2019-06-27 17:01:59.226 [node] INFO  node.NodeImpl - current leader is A,
term 1
2019-06-27 17:01:59.226 [node] DEBUG schedule.DefaultScheduler -
schedule election timeout
2019-06-27 17:01:59.226 [node] DEBUG node.NodeImpl - node D, role state
changed ->
              FollowerNodeRole{term=1, leaderId=A, votedFor=null,
              electionTimeout=ElectionTimeout{delay=3411ms}}
2019-06-27 17:01:59.226 [node] DEBUG log.AbstractLog - previous log 2
not found
2019-06-27 17:01:59.228 [node] DEBUG nio.NioConnector - reply
              AppendEntriesResult{success=false, term=1} to node A
```

```
    2019-06-27 17:01:59.319 [nioEventLoopGroup-2-1] DEBUG nio.
FromRemoteHandler - receive AppendEntriesRpc{entries.size=1, leaderCommit=2,
leaderId=A, prevLogIndex=1, prevLogTerm=1, term=1} from A
    2019-06-27 17:01:59.323 [node] DEBUG schedule.ElectionTimeout - cancel
election timeout
    2019-06-27 17:01:59.324 [node] DEBUG schedule.DefaultScheduler -
schedule election timeout
    2019-06-27 17:01:59.324 [node] DEBUG log.AbstractLog - previous log 1
not found
    2019-06-27 17:01:59.324 [node] DEBUG nio.NioConnector - reply
                AppendEntriesResult{success=false, term=1} to node A
    2019-06-27 17:01:59.329 [nioEventLoopGroup-2-1] DEBUG nio.
FromRemoteHandler - receive AppendEntriesRpc{entries.size=2, leaderCommit=2,
leaderId=A, prevLogIndex=0, prevLogTerm=0, term=1} from A
    2019-06-27 17:01:59.329 [node] DEBUG schedule.ElectionTimeout - cancel
election timeout
    2019-06-27 17:01:59.329 [node] DEBUG schedule.DefaultScheduler -
schedule election timeout
    2019-06-27 17:01:59.333 [node] DEBUG log.AbstractLog - append entries
from leader from 1 to 2
    2019-06-27 17:01:59.333 [node] DEBUG log.AbstractLog - advance commit
index from 0 to 2
    2019-06-27 17:01:59.338 [node] DEBUG nio.NioConnector - reply
                AppendEntriesResult{success=true, term=1} to node A
    2019-06-27 17:01:59.338 [state-machine] DEBUG
                statemachine.AbstractSingleThreadStateMachine - apply log 2
    2019-06-27 17:01:59.503 [nioEventLoopGroup-2-1] DEBUG nio.
FromRemoteHandler - receive AppendEntriesRpc{entries.size=1, leaderCommit=2,
leaderId=A, prevLogIndex=2, prevLogTerm=1, term=1} from A
    2019-06-27 17:01:59.503 [node] DEBUG schedule.ElectionTimeout - cancel
election timeout
    2019-06-27 17:01:59.504 [node] DEBUG schedule.DefaultScheduler -
schedule election timeout
    2019-06-27 17:01:59.505 [node] DEBUG log.AbstractLog - append entries
from leader from 3 to 3
    2019-06-27 17:01:59.505 [node] INFO  node.NodeGroup - group config changed ->
[A, B, C, D]
```

10.7.4　移除节点

本小节按照如下步骤测试节点移除。

（1）构造一个 3 节点集群（节点 A、B、C，Leader 节点为 A）。

（2）移除非 Leader 节点 B。

（3）在（1）的前提下移除 Leader 节点 A。

KV 客户端执行如下命令。

```
kvstore-client 0.1.1> raft-remove-node C
2019-06-27 18:19:42.022 [main] DEBUG service.ServerRouter - send request
to server A
kvstore-client 0.1.1>
```

可以看到很快完成，此时 Leader 节点的日志如下。

```
2019-06-27 18:13:20.928 [group-config-change] DEBUG task.
AbstractGroupConfigChangeTask -
                                                task start
2019-06-27 18:13:20.929 [group-config-change] DEBUG task.
AbstractGroupConfigChangeTask -
                                           state -> START
2019-06-27 18:13:20.930 [node] INFO  node.NodeGroup - node B removed
2019-06-27 18:13:20.930 [node] DEBUG task.AbstractGroupConfigChangeTask -
set group config entry RemoveNodeEntry{index=2, term=1, nodeEndpoints=[
        NodeEndpoint{id=B, address=Address{host='localhost', port=2334}},
        NodeEndpoint{id=C, address=Address{host='localhost', port=2335}},
        NodeEndpoint{id=A, address=Address{host='localhost', port=2333}}],
nodeToRemove=B}
2019-06-27 18:13:20.930 [node] DEBUG task.AbstractGroupConfigChangeTask -
state -> GROUP_CONFIG_APPENDED
2019-06-27 18:13:20.930 [node] DEBUG node.NodeImpl - replicate log
2019-06-27 18:13:20.930 [node] DEBUG nio.NioConnector - send
AppendEntriesRpc{entries.size=1, leaderCommit=1, leaderId=A, prevLogIndex=1,
prevLogTerm=1, term=1} to node C
2019-06-27 18:13:21.114 [nioEventLoopGroup-2-2] DEBUG nio.
ToRemoteHandler - receive AppendEntriesResult{success=true, term=1} from C
2019-06-27 18:13:21.114 [node] DEBUG node.NodeGrcup - match indices [<C,
2>, <A, L>]
2019-06-27 18:13:21.115 [node] DEBUG log.AbstractLog - advance commit
index from 1 to 2
2019-06-27 18:13:21.115 [node] DEBUG task.AbstractGroupConfigChangeTask -
state -> GROUP_CONFIG_COMMITTED
2019-06-27 18:13:21.115 [group-config-change] DEBUG task.
AbstractGroupConfigChangeTask - task done
```

此时作为 Follower 节点的 C 的日志如下。

```
2019-06-27 18:20:32.983 [node] DEBUG log.AbstractLog - append entries
from leader from 2 to 2
  2019-06-27 18:20:32.984 [node] INFO  node.NodeGroup - group config
changed -> [A, C]
```

节点 B 由于收不到来自 Leader 节点的心跳信息，尝试发起选举。虽然 Follower 节点做了一定时间内不回复其他节点的 RequestVote 消息的处理，但是 Leader 节点没有做。接下来如果放置节点 B 不管，节点 B 的高 term 会导致 Leader 节点 A 退化，降低集群的可用性。下一章将讨论如何实现 PreVote 过程，有了 PreVote，可以减少被删除节点的影响。

现在回到原来的 3 节点集群状态，尝试移除 Leader 节点 A。

```
kvstore-client 0.1.1> raft-remove-node A
2019-06-27 18:19:42.022 [main] DEBUG service.ServerRouter - send request
to server A
kvstore-client 0.1.1>
```

此时节点 A 的日志如下。

```
2019-06-28 10:37:46.251 [group-config-change] DEBUG task.
AbstractGroupConfigChangeTask -
                        task start
  2019-06-28 10:37:46.252 [group-config-change] DEBUG task.
AbstractGroupConfigChangeTask - state -> START
  2019-06-28 10:37:46.252 [group-config-change] DEBUG task.
AbstractGroupConfigChangeTask - start waiting
  // 自己被移除
  2019-06-28 10:37:46.252 [node] INFO  node.NodeGroup - node A removed
  2019-06-28 10:37:46.253 [node] DEBUG task.AbstractGroupConfigChangeTask -
set group config entry RemoveNodeEntry{index=2, term=1, nodeEndpoints=[
        NodeEndpoint{id=B, address=Address{host='localhost', port=2334}},
        NodeEndpoint{id=C, address=Address{host='localhost', port=2335}},
        NodeEndpoint{id=A, address=Address{host='localhost', port=2333}}],
nodeToRemove=A}
  2019-06-28 10:37:46.253 [node] DEBUG task.AbstractGroupConfigChangeTask -
state -> GROUP_CONFIG_APPENDED
  2019-06-28 10:37:46.253 [node] DEBUG node.NodeImpl - replicate log
  2019-06-28 10:37:46.253 [node] DEBUG nio.NioConnector - send
AppendEntriesRpc{entries.size=1, leaderCommit=1, leaderId=A, prevLogIndex=1,
prevLogTerm=1, term=1} to node B
  2019-06-28 10:37:46.253 [node] DEBUG nio.NioConnector - send
AppendEntriesRpc{entries.size=1, leaderCommit=1, leaderId=A, prevLogIndex=1,
prevLogTerm=1, term=1} to node C
  2019-06-28 10:37:46.330 [nioEventLoopGroup-2-5] DEBUG nio.
```

```
ToRemoteHandler - receive AppendEntriesResult{success=true, term=1} from C
   2019-06-28 10:37:46.331 [node] DEBUG node.NodeGroup - match indices [<B,
1>, <C, 2>]
   2019-06-28 10:37:46.333 [nioEventLoopGroup-2-1] DEBUG nio.
ToRemoteHandler - receive AppendEntriesResult{success=true, term=1} from B
   2019-06-28 10:37:46.333 [node] DEBUG node.NodeGroup - match indices [<B,
2>, <C, 2>]
   // 新配置中过半节点收到了新配置
   2019-06-28 10:37:46.333 [node] DEBUG log.AbstractLog - advance commit
index from 1 to 2
   2019-06-28 10:37:46.334 [node] DEBUG task.AbstractGroupConfigChangeTask -
state -> GROUP_CONFIG_COMMITTED
   2019-06-28 10:37:46.334 [node] DEBUG schedule.LogReplicationTask -
cancel log replication task
   // 退化为 Follower 节点，取消选举超时
   2019-06-28 10:37:46.334 [node] DEBUG node.NodeImpl - node A, role state
changed ->
            FollowerNodeRole{term=1, leaderId=null, votedFor=null,
                electionTimeout=ElectionTimeout{delay=0ms}}
   2019-06-28 10:37:46.334 [group-config-change] DEBUG task.
AbstractGroupConfigChangeTask - task done
```

可以看到，Leader 节点把自己从集群中移除之后，继续处理日志的复制，并且在集群配置日志提交时退化为 Follower 节点，并取消选举超时。节点 A 此时并没有下线，也没有进入 standby 模式（因为集群配置中没有节点 A）。在操作正常结束之后，可以安全地把节点 A 下线。

Leader 节点 A 从集群移除的同时，节点 B 和 C 开始形成新的集群并选举。以下是节点 C 的日志，节点 C 之后成为新的 Leader 节点。

```
   2019-06-28 10:37:46.328 [node] DEBUG log.AbstractLog - append entries
from leader from 2 to 2
   2019-06-28 10:37:46.330 [node] INFO  node.NodeGroup - group config
changed -> [B, C]
   2019-06-28 10:37:46.330 [node] DEBUG nio.NioConnector - reply
            AppendEntriesResult{success=true, term=1} to node A
   2019-06-28 10:37:49.729 [node] DEBUG schedule.ElectionTimeout - cancel
election timeout
   2019-06-28 10:37:49.729 [node] INFO  node.NodeImpl - start election
   2019-06-28 10:37:49.730 [node] DEBUG schedule.DefaultScheduler -
schedule election timeout
   2019-06-28 10:37:49.730 [node] DEBUG node.NodeImpl - node C, role state
changed -> CandidateNodeRole{term=2, votesCount=1, electionTimeout=Election
Timeout{delay=3916ms}}
```

```
   2019-06-28 10:37:49.730 [node] DEBUG nio.NioConnector - send
RequestVoteRpc{candidateId=C, lastLogIndex=2, lastLogTerm=1, term=2} to
node B
   2019-06-28 10:37:49.741 [node] DEBUG nio.OutboundChannelGroup - channel
OUTBOUND-B connected
   2019-06-28 10:37:49.751 [nioEventLoopGroup-2-2] DEBUG nio.ToRemoteHandler
- receive RequestVoteResult{term=2, voteGranted=true} from B
   2019-06-28 10:37:49.754 [node] DEBUG node.NodeImpl - votes count 2,
major node count 2
   2019-06-28 10:37:49.754 [node] DEBUG schedule.ElectionTimeout - cancel
election timeout
   2019-06-28 10:37:49.754 [node] INFO  node.NodeImpl - become leader, term 2
```

10.8　本章小结

　　集群成员变更是笔者认为 Raft 算法实现中最复杂的一部分。除了要理解单服务器变更以及相关的规则之外，还必须仔细考虑所有相关的组件。特别是日志组件，在日志快照的基础上需要修改的地方是翻倍的。另外，与既有设计结合的增减节点任务，很考验读者对多线程编程的熟练程度，建议仔细思考并测试自己的设计，以保证其正确性。

　　到本章为止，一个可以用于生产环境的 Raft 算法大部分已经实现，特别是集群成员变更部分，因为这是生产环境必需的功能。最后一个章节将继续讨论 Raft 算法的一些优化方案。

第11章
Raft算法的优化

　　在实现了单服务器变更之后，Raft算法的实现基本上已经很完整了。如果检查Raft算法官方网站上的列表，会发现很多项目都没有实现集群变更，有些简单的项目甚至只实现了选举部分。

　　到现在为止，如果要说还有什么可以改进的地方，除了第10章移除非Leader节点时的干扰问题，就是实现KV服务时的读取部分。另外，还有一些提升性能的方法。

　　不过，就和本书开始时提到的一样，Raft算法作为一个分布式一致性的算法，性能在理论上是有上限的。如果需要更高的性能，建议考虑数据分区。在本章的最后，会简单介绍一下multi-raft。

11.1　PreVote

在第 10 章的最后，测试移除非 Leader 节点时，被移除的节点发起的选举会影响 Leader 节点的正常执行。对于被移除的节点发起的选举消息，单服务器变更中的 Follower 节点在收到来自 Leader 节点的心跳消息之后，最小选举间隔之内不处理选举消息，这样可以防止被移除的节点成为新 Leader 节点之后覆盖集群配置日志。但是对于 Leader 节点来说，并不能不接收和不处理选举消息。

针对上述问题，可以使用 PreVote——一个在正式发起选举前尝试性的收集选票，判断自己是否可以成为新 Leader 节点的过程 —— 来解决。尝试收集的过程中，接收请求的节点不会修改自己的 term，即使对方的 term 比自己大。

本节将分析 PreVote 过程，给出实现，并测试非 Leader 节点的移除，以及其他情况下的 PreVote 过程。

11.1.1　分析

笔者没有找到更详细的针对 PreVote 的描述，但是有一点可以确认，PreVote 过程发生在 Follower 和 Candidate 之间，并且把 Candidate 角色作为发起正式选举请求的标志，因此 PreVote 应该是 Follower 发起的过程。

图 11-1 显示了加入 PreVote 过程之后的角色迁移。

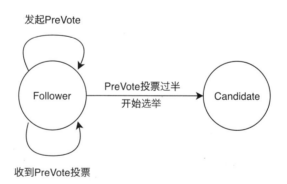

图 11-1　PreVote 过程

Follower 不直接变成 Candidate，只有在 PreVote 投票过半时才能变成 Candidate 并发起正式的选举，所以 Follower 需要自己保存收到的 PreVote 票数。

```
public class FollowerNodeRole extends AbstractNodeRole {
    private final NodeId votedFor;
    private final NodeId leaderId;
    // PreVote 投票数
    private final int preVotesCount;
```

```
    private final ElectionTimeout electionTimeout;
    private final long lastHeartbeat;
}
```

preVotesCount 默认为 0。节点作为 Follower 并发生选举超时时，发送 PreVote 消息给其他节点，同时 preVotesCount 设置为 1（和节点变成 Candidate 角色，并设置 votesCount 为 1 的过程一样）。

发起 PreVote 消息的节点收到其他节点的响应，并且其他节点愿意给自己投票的话，变量 preVotesCount 加 1。如果 preVotesCount 过半，节点发起正式的选举，变成 Candidate 并发送 RequestVote 消息。

收到 PreVote 消息的节点，只比较消息中最后一条日志的索引和 term 与自己最后一条日志的索引和 term，并返回结果。不操作自己的 term，也不改变自己的角色。

11.1.2　实现

PreVote 作为 RequestVote 的前置步骤，参数基本和 RequestVote 一致。可以在 RequestVote 消息和响应中增加标记，然后在处理的代码中检查这些标记。不过考虑代码的复杂度，两个不同的处理不应该放在同一个消息的对应代码中，除非有性能或者设计上的需求。如果能拆分，建议把消息拆分。

以下是 PreVote 消息和响应。

```java
public class PreVoteRpc {
    private int term;
    private int lastLogIndex = 0;
    private int lastLogTerm = 0;
}
public class PreVoteResult {
    private int term;
    private boolean voteGranted;
}
```

因为新增了两个消息，所以需要增加如下两个消息类型。

```java
public class MessageConstants {
    public static final int MSG_TYPE_NODE_ID = 0;
    public static final int MSG_TYPE_REQUEST_VOTE_RPC = 1;
    public static final int MSG_TYPE_REQUEST_VOTE_RESULT = 2;
    public static final int MSG_TYPE_APPEND_ENTRIES_RPC = 3;
    public static final int MSG_TYPE_APPEND_ENTRIES_RESULT = 4;
    public static final int MSG_TYPE_INSTALL_SNAPSHOT_PRC = 5;
    public static final int MSG_TYPE_INSTALL_SNAPSHOT_RESULT = 6;
    public static final int MSG_TYPE_PRE_VOTE_RPC = 7;
    public static final int MSG_TYPE_PRE_VOTE_RESULT = 8;
}
```

为了序列化和反序列化，Protocol Buffer 的定义文件 core.proto 需要增加如下内容。

```
message PreVoteRpc {
    int32 term = 1;
    int32 last_log_index = 2;
    int32 last_log_term = 4;
}

message PreVoteResult {
    int32 term = 1;
    bool vote_granted = 2;
}
```

Decoder 和 Encoder 中需要增加如下处理代码。

```java
public class Decoder extends ByteToMessageDecoder {
    protected void decode(ChannelHandlerContext ctx, ByteBuf in, List<Object> out)
            throws Exception {
        int availableBytes = in.readableBytes();
        if (availableBytes < 8) return;
        in.markReaderIndex();
        int messageType = in.readInt();
        int payloadLength = in.readInt();
        if (in.readableBytes() < payloadLength) {
            in.resetReaderIndex();
            return;
        }
        byte[] payload = new byte[payloadLength];
        in.readBytes(payload);
        switch (messageType) {
            // ...
            case MessageConstants.MSG_TYPE_PRE_VOTE_RPC:
                Protos.PreVoteRpc protoPreVoteRpc = Protos.PreVoteRpc.
parseFrom(payload);
                PreVoteRpc preVoteRpc = new PreVoteRpc();
                preVoteRpc.setTerm(protoPreVoteRpc.getTerm());
                preVoteRpc.setLastLogIndex(protoPreVoteRpc.getLastLogIndex());
                preVoteRpc.setLastLogTerm(protoPreVoteRpc.getLastLogTerm());
                out.add(preVoteRpc);
                break;
            case MessageConstants.MSG_TYPE_PRE_VOTE_RESULT:
                Protos.PreVoteResult protoPreVoteResult =
                    Protos.PreVoteResult.parseFrom(payload);
                out.add(new PreVoteResult(
```

```
                        protoPreVoteResult.getTerm(), protoPreVoteResult.
getVoteGranted()));
                    break;
                }
            }
        }
    }
```

Encoder 的代码修改如下。

```
class Encoder extends MessageToByteEncoder<Object> {
    protected void encode(ChannelHandlerContext ctx, Object msg, ByteBuf out)
                    throws Exception {
        if (msg instanceof NodeId) {
            this.writeMessage(out, MessageConstants.MSG_TYPE_NODE_ID,
                ((NodeId) msg).getValue().getBytes());
        } else if(msg instanceof PreVoteRpc) {
            PreVoteRpc rpc = (PreVoteRpc) msg;
            Protos.PreVoteRpc protoRpc = Protos.PreVoteRpc.newBuilder()
                    .setTerm(rpc.getTerm())
                    .setLastLogIndex(rpc.getLastLogIndex())
                    .setLastLogTerm(rpc.getLastLogTerm())
                    .build();
            this.writeMessage(out, MessageConstants.MSG_TYPE_PRE_VOTE_RPC,
                    protoRpc);
        } else if(msg instanceof PreVoteResult) {
            PreVoteResult result = (PreVoteResult) msg;
            Protos.PreVoteResult protoResult = Protos.PreVoteResult.
newBuilder()
                    .setTerm(result.getTerm())
                    .setVoteGranted(result.isVoteGranted())
                    .build();
            this.writeMessage(out, MessageConstants.MSG_TYPE_PRE_VOTE_RESULT,
                    protoResult);
        }
        // ...
    }
    // ...
}
```

通信组件中最后修改 AbstractHandler，分发 PreVote 消息和响应，代码如下。

```
abstract class AbstractHandler extends ChannelDuplexHandler {
    private static final Logger logger = LoggerFactory.
getLogger(AbstractHandler.class);
```

```
        protected final EventBus eventBus;
        NodeId remoteId;
        // 构造函数
        AbstractHandler(EventBus eventBus) {
            this.eventBus = eventBus;
        }
        public void channelRead(ChannelHandlerContext ctx, Object msg) throws
Exception {
            if (msg instanceof RequestVoteRpc) {
                RequestVoteRpc rpc = (RequestVoteRpc) msg;
                eventBus.post(new RequestVoteRpcMessage(rpc, remoteId, channel));
            } else if (msg instanceof PreVoteRpc) {
                PreVoteRpc rpc = (PreVoteRpc) msg;
                eventBus.post(new PreVoteRpcMessage(rpc, remoteId, channel));
            } else if (msg instanceof PreVoteResult) {
                eventBus.post(msg);
            }
            // ...
        }
    }
```

为了能够发送 PreVote 消息和响应，现有通信组件的主接口需要增加方法。增加的方法并不复杂，这里不做展开。

接下来看一下如何处理通过 EventBus 分发到核心组件的 PreVote 消息。

```
    @Subscribe
    public void onReceivePreVoteRpc(PreVoteRpcMessage rpcMessage) {
        context.taskExecutor().submit(() ->
            context.connector().replyPreVote(doProcessPreVoteRpc(rpcMessa
ge), rpcMessage)
        );
    }
    private PreVoteResult doProcessPreVoteRpc(PreVoteRpcMessage rpcMessage) {
        PreVoteRpc rpc = rpcMessage.get();
        return new PreVoteResult(role.getTerm(),
                !context.log().isNewerThan(rpc.getLastLogIndex(), rpc.
getLastLogTerm())));
    }
```

处理 PreVote 消息是最简单的，接受者只需要比较消息中的日志元信息和自己本地的元信息即可，不做其他任何处理。

按照之前的分析，发送 PreVote 消息是在选举超时的时候，代码如下。

```java
private void doProcessElectionTimeout() {
    if (role.getName() == RoleName.LEADER) {
        logger.warn("node {}, current role is leader, ignore election
timeout", context.selfId());
        return;
    }
    int newTerm = role.getTerm() + 1;
    role.cancelTimeoutOrTask();
    if (context.group().isStandalone()) {
        if (context.mode() == NodeMode.STANDBY) {
            // standby 模式
            logger.info("starts with standby mode, skip election");
        } else {
            // 单机模式
            logger.info("become leader, term {}", newTerm);
            resetReplicatingStates();
            changeToRole(new LeaderNodeRole(newTerm, scheduleLogReplicationTask()));
            context.log().appendEntry(newTerm); // no-op log
        }
    } else {
        if (role.getName() == RoleName.FOLLOWER) {
            changeToRole(new FollowerNodeRole(
                role.getTerm(), null, null, 1, 0, scheduleElectionTimeout()));
            // 发送 PreVote 消息
            EntryMeta lastEntryMeta = context.log().getLastEntryMeta();
            PreVoteRpc rpc = new PreVoteRpc();
            rpc.setTerm(role.getTerm());
            rpc.setLastLogIndex(lastEntryMeta.getIndex());
            rpc.setLastLogTerm(lastEntryMeta.getTerm());
            context.connector().sendPreVote(rpc, context.group().listEnd
pointOfMajorExceptSelf());
        } else {
            // split-vote 导致的再次选举
            startElection(newTerm);
        }
    }
}
// 发起选举
private void startElection(int term) {
    logger.info("start election, term {}", term);
    changeToRole(new CandidateNodeRole(term, scheduleElectionTimeout()));
    // 发送 RequestVote 消息
    EntryMeta lastEntryMeta = context.log().getLastEntryMeta();
```

```
        RequestVoteRpc rpc = new RequestVoteRpc();
        rpc.setTerm(term);
        rpc.setCandidateId(context.selfId());
        rpc.setLastLogIndex(lastEntryMeta.getIndex());
        rpc.setLastLogTerm(lastEntryMeta.getTerm());
        context.connector().sendRequestVote(rpc, context.group().listEndpoin
tOfMajorExceptSelf());
    }
```

相比最开始的选举超时，现在的代码要复杂得多。一方面是因为有两个特殊模式的处理，另一方面是因为 PreVote 过程的加入。由于 PreVote 不应该影响 split-vote 导致的二次选举（Candidate 角色下选举超时再次发起选举），因此需要判断当前角色。

接收 PreVote 响应的代码如下。

```
    @Subscribe
    public void onReceivePreVoteResult(PreVoteResult result) {
        context.taskExecutor().submit(() -> doProcessPreVoteResult(result));
    }
    private void doProcessPreVoteResult(PreVoteResult result) {
        // 只有在 Follower 角色下才可以处理 PreVote 消息
        if (role.getName() != RoleName.FOLLOWER) {
            logger.warn("receive pre vote result when current role is not
follower, ignore");
            return;
        }
        // 如果没有收到投票就跳过接下来的处理
        if (!result.isVoteGranted()) {
            return;
        }
        int currentPreVotesCount = ((FollowerNodeRole) role).getPreVotesCount() + 1;
        int countOfMajor = context.group().getCountOfMajor();
        logger.debug("pre votes count {}, major node count {}",
currentPreVotesCount, countOfMajor);
        role.cancelTimeoutOrTask();
        if (currentPreVotesCount > countOfMajor / 2) {
            // 票数过半
            startElection(role.getTerm() + 1);
        } else {
            // 票数未过半
            changeToRole(new FollowerNodeRole(role.getTerm(), null, null,
                currentPreVotesCount, 0, scheduleElectionTimeout()));
        }
    }
```

节点如何收到投票的响应，取决于现有票数是否过半。如果过半，则正式开始选举，否则继续等待其他节点的 PreVote 响应。

至此，PreVote 的实现全部完成。

11.1.3　测试

接下来将分别测试以下两个场景，演示加入了 PreVote 过程后的效果。

（1）以集群启动时，先启动的集群会发起选举，此时过半节点没有启动完成的话，选举 term 会不断增大。

（2）移除非 Leader 节点后，被移除的节点对现有集群造成干扰。

启动 3 节点集群（节点 A、B 和 C）中的节点 A，不启动其他节点，此时节点 A 的日志如下：

```
2019-06-29 11:47:44.166 [main] INFO   server.ServerLauncher - start as
group member,
    group config [
        NodeEndpoint{id=B, address=Address{host='localhost', port=2334}},
        NodeEndpoint{id=C, address=Address{host='localhost', port=2335}},
        NodeEndpoint{id=A, address=Address{host='localhost', port=2333}}],
    id A, port service 3333
 2019-06-29 11:47:44.356 [main] DEBUG nio.NioConnector - node listen on
port 2333
 2019-06-29 11:47:44.490 [main] INFO   node.NodeGroup - group config
changed -> [A, B, C]
 2019-06-29 11:47:44.492 [main] DEBUG schedule.DefaultScheduler - schedule
election timeout
 2019-06-29 11:47:44.516 [main] DEBUG node.NodeImpl - node A, role state
changed ->
        FollowerNodeRole{term=0, leaderId=null, votedFor=null,
            electionTimeout=ElectionTimeout{delay=3472ms}}
 2019-06-29 11:47:44.595 [main] INFO   server.Server - server started at
port 3333
 2019-06-29 11:47:48.004 [node] DEBUG schedule.ElectionTimeout - cancel
election timeout
 2019-06-29 11:47:48.004 [node] DEBUG schedule.DefaultScheduler -
schedule election timeout
 2019-06-29 11:47:48.006 [node] DEBUG nio.NioConnector - send
PreVoteRpc{lastLogIndex=0, lastLogTerm=0, term=0} to node B
 2019-06-29 11:47:48.231 [node] WARN   nio.NioConnector - failed to get
channel to node B, cause Connection refused: localhost/127.0.0.1:2334
 2019-06-29 11:47:48.231 [node] DEBUG nio.NioConnector - send
PreVoteRpc{lastLogIndex=0, lastLogTerm=0, term=0} to node C
```

```
    2019-06-29 11:47:48.232 [node] WARN  nio.NioConnector - failed to get
channel to node C, cause Connection refused: localhost/127.0.0.1:2335
    2019-06-29 11:47:51.716 [node] DEBUG schedule.ElectionTimeout - cancel
election timeout
    2019-06-29 11:47:51.716 [node] DEBUG schedule.DefaultScheduler -
schedule election timeout
    2019-06-29 11:47:51.717 [node] DEBUG nio.NioConnector - send
PreVoteRpc{lastLogIndex=0, lastLogTerm=0, term=0} to node B
    2019-06-29 11:47:51.718 [node] WARN  nio.NioConnector - failed to get
channel to node B, cause Connection refused: localhost/127.0.0.1:2334
    2019-06-29 11:47:51.718 [node] DEBUG nio.NioConnector - send
PreVoteRpc{lastLogIndex=0, lastLogTerm=0, term=0} to node C
    2019-06-29 11:47:51.720 [node] WARN  nio.NioConnector - failed to get
channel to node C, cause Connection refused: localhost/127.0.0.1:2335
```

从上面的日志中可以看到，节点的 term 并没有增加，也就是加入了 PreVote 过程之后，有效防止了 term 无限增大。

继续启动节点 B 和 C，构成 3 节点集群。尝试移除节点 C（一般来说节点 A 先启动，所以节点 A 会成为 Leader 节点。如果节点 A 没有成为 Leader 节点，在移除时请选择节点 A），被移除的节点日志如下。

```
    2019-06-29 11:55:32.980 [node] DEBUG schedule.ElectionTimeout - cancel
election timeout
    2019-06-29 11:55:32.981 [node] DEBUG schedule.DefaultScheduler -
schedule election timeout
    2019-06-29 11:55:32.981 [node] DEBUG nio.NioConnector - reply AppendEntr
iesResult{success=true, term=1} to node A
    2019-06-29 11:55:36.207 [node] DEBUG schedule.ElectionTimeout - cancel
election timeout
    2019-06-29 11:55:36.207 [node] DEBUG schedule.DefaultScheduler -
schedule election timeout
    2019-06-29 11:55:36.208 [node] DEBUG node.NodeImpl - node C, role state
changed ->
        FollowerNodeRole{term=1, leaderId=null, votedFor=null,
            electionTimeout=ElectionTimeout{delay=3614ms}}
    2019-06-29 11:55:36.209 [node] DEBUG nio.NioConnector - send
PreVoteRpc{lastLogIndex=1, lastLogTerm=1, term=1} to node B
    2019-06-29 11:55:36.219 [node] DEBUG nio.OutboundChannelGroup - channel
OUTBOUND-B connected
    2019-06-29 11:55:36.219 [node] DEBUG nio.NioConnector - send
PreVoteRpc{lastLogIndex=1, lastLogTerm=1, term=1} to node A
    2019-06-29 11:55:36.221 [node] DEBUG nio.OutboundChannelGroup - channel
OUTBOUND-A connected
```

```
2019-06-29 11:55:36.230 [nioEventLoopGroup-2-2] DEBUG nio.ToRemoteHandler -
receive PreVoteResult{term=1, voteGranted=false} from B
   2019-06-29 11:55:36.231 [nioEventLoopGroup-2-3] DEBUG nio.ToRemoteHandler -
receive PreVoteResult{term=1, voteGranted=false} from A
   2019-06-29 11:55:39.828 [node] DEBUG schedule.ElectionTimeout - cancel
election timeout
   2019-06-29 11:55:39.828 [node] DEBUG schedule.DefaultScheduler -
schedule election timeout
   2019-06-29 11:55:39.828 [node] DEBUG nio.NioConnector - send
PreVoteRpc{lastLogIndex=1, lastLogTerm=1, term=1} to node B
   2019-06-29 11:55:39.829 [node] DEBUG nio.NioConnector - send
PreVoteRpc{lastLogIndex=1, lastLogTerm=1, term=1} to node A
   2019-06-29 11:55:39.830 [nioEventLoopGroup-2-2] DEBUG nio.
ToRemoteHandler - receive PreVoteResult{term=1, voteGranted=false} from B
   2019-06-29 11:55:39.831 [nioEventLoopGroup-2-3] DEBUG nio.
ToRemoteHandler - receive PreVoteResult{term=1, voteGranted=false} from A
```

可以看到，节点 C 发送了 PreVote 消息，但节点 A 和 B 回复不投票，所以节点没有正式发起选举。之后选举超时，节点 C 继续发送 PreVote 消息，节点 A 和 B 仍旧回复不投票。整个过程中，节点 C 的 term 没有增加。同时集群对外正常服务，没有受节点 C 的影响。

Leader 节点 A 的日志如下。

```
   2019-06-29 11:55:43.528 [nioEventLoopGroup-2-10] DEBUG nio.
FromRemoteHandler -
       receive PreVoteRpc{lastLogIndex=1, lastLogTerm=1, term=1} from C
   2019-06-29 11:55:43.529 [node] DEBUG log.AbstractLog - last entry (2, 1),
candidate (1, 1)
   2019-06-29 11:55:43.529 [node] DEBUG nio.NioConnector - reply
PreVoteResult{term=1, voteGranted=false} to node C
```

对于 PreVote 的测试到此结束。PreVote 在实现上并不复杂，但是可以使系统整体上变得更加稳定，建议在面向生产环境的服务中使用。

11.2　ReadIndex

在实现 KV 服务时，GET 命令是直接访问数据，实际上不应该这么做。一般基于 Raft 算法的做法是，GET 命令时也增加一条日志，然后通过状态机回调回复客户端。这么做可以保证不会出现数据不一致的问题，或者说可以保证线性一致性。

11.2.1　Raft中的线性一致性

单独理解线性一致性的话，会有很多相关的资料，包括并发编程和分布式系统领域的。其中比较重要的有以下两条规则。

（1）如果时间上读操作在写操作之后发生，读操作必须能够看到写操作的最新结果。

（2）如果时间上读操作和写操作同时发生，读操作可能返回写操作前或者后的结果。

图 11-2 展示了读写时刻和结果的关系。

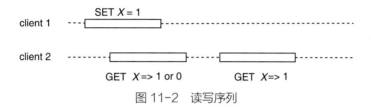

图 11-2　读写序列

假如开始时 X 值为 0，客户端 1 在 SET 操作时，对于同时执行 GET 操作的客户端 2 来说，两次 GET 操作的结果按照线性一致性，由于第一次 GET 和 SET 是并行获取的，因此所有结果有可能是 SET 操作之前的，即 0；也有可能是 SET 操作之后的，即 1。第二次 GET 获取只可能是 SET 操作之后的结果，即 1。

单独看上述两条规则，Raft 算法因为使用了日志状态机使得操作序列化了，似乎不可能违反规则（这也是为什么 GET 操作作为一条日志处理的话肯定没有问题）。但是假如想跳过日志状态机，有可能会违反线性一致性并得到不正确的数据。比如允许 Follower 节点接收 GET 命令。因为 Follower 节点收到 GET 命令后并不能添加日志，所以直接访问自己的 KV 数据副本。很明显，Follower 节点很可能获取的是旧数据。

以 3 节点集群为例，节点 A、B 和 C 中，节点 A 为 Leader 节点，某一时刻各节点的数据如图 11-3 所示。此时节点 C 接收 GET 请求并回复的话，肯定是旧数据，即使从集群整体来看，过半节点的数据为新数据，所以违反规则（1）。

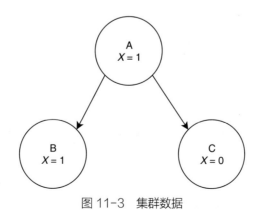

图 11-3　集群数据

如果 Follower 节点不能直接处理 GET 命令，那么 Leader 节点可以直接处理 GET 命令而不添加日志吗？答案是不行，因为 Leader 节点无法保证自己仍旧是 Leader。

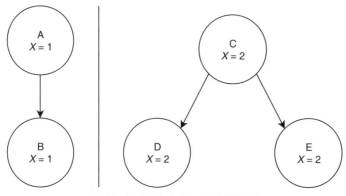

图 11-4　网络分区下的集群数据

如图 11-4 所示，假设有一个 5 节点集群，节点 A、B、C、D 和 E 中，节点 A 是 Leader 节点。某一时刻因为网络分区，节点 C、D 和 E 重新构成了一个集群。如果此时连接节点 A 的客户端执行 SET 命令，就会因为无法同步到过半节点而卡住；而如果直接执行 GET 命令，会由于没有添加日志的步骤，导致获取的 X 值为 1，即使 C、D 和 E 构造的集群中 X 已经被设置为 2，因此违反规则（1）。

11.2.2　ReadIndex分析

从上面的两次尝试可以看出，不管是 Follower 节点还是 Leader 节点，都不能忽略日志简单地执行 GET 命令。那么除了把读操作作为日志之外，真的没有其他方法可以保证线性一致性吗？

幸好，Raft 算法提出了一种方法：ReadIndex。

ReadIndex 的流程如下。

（1）Leader 节点收到读取请求之后，记录当前的 commitIndex 为 readIndex，并发起一次日志同步。

（2）检查集群中节点的 matchIndex 是否超过 readIndex，如果过半节点的 matchIndex 超过 readIndex，则进入下一步。

（3）检查当前 lastApplied 是否超过 readIndex，如果没有，则等待 lastApplied 执行到 readIndex 的位置。

（4）当 lastApplied 执行到或者超过 readIndex 时，执行读取请求并响应客户端。

整个过程中没有添加日志。现在看一下为什么 ReadIndex 可以保证 Raft 算法下的线性一致性。第（1）步记录 commitIndex 为 readIndex，并发起日志同步。第（2）步检查其他节点的 matchIndex。理论上 commitIndex 是由 matchIndex 计算出来并推进的，所有节点的 matchIndex 肯定大于等于 Leader 节点的 commitIndex，但是别忘了上一小节提到的网络分区问题。第（1）步中发起的日志同步起到了确认当前节点是否仍旧是 Leader 节点的作用，如果没有过半节点响应，读取请求就会被卡住，无法继续进行下去，所以可以解决网络分区问题。

当 readIndex 确认之后，和当前节点的 lastApplied 比较。设计上 commitIndex 肯定比 lastApplied大，所以需要确认服务的状态机是否执行到了指定位置。一旦执行到指定位置，就可以读取服务数据，返回结果给客户端。

图 11-5 展示了本书的 ReadIndex 设计。KV 服务的 IO 线程收到 GET 命令之后，调用核心组件的接口创建 ReadIndex 任务（实际创建是在主线程中）。创建完成后，主线程会发起日志同步。

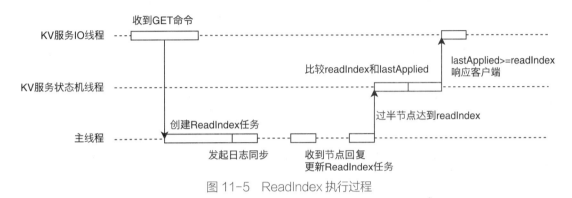

图 11-5　ReadIndex 执行过程

收到消息的节点回复 Leader 节点，Leader 节点的主线程会更新 ReadIndex 任务，并计算是否有过半节点的 matchIndex 到达 readIndex。如果没有到达，则等待剩余节点的消息。如果到达了，则回调 KV 服务的状态机。

KV 服务的状态机收到回调之后，比较 readIndex 和 lastApplied。如果 lastApplied 大于readIndex，则直接响应结果给客户端。否则记录下需要回复的请求，在 lastApplied 推进的同时判断和响应。

整个流程需要知道响应结果给哪个客户端，本书使用之前实现 SET 命令时使用过的请求 ID。具体来说，KV 服务保存了请求 ID、对应命令以及客户端的映射。SET 命令的日志中保存了请求ID，在日志组件回调 KV 服务状态机时，KV 服务反序列化日志得到请求 ID，然后按照请求 ID 找到客户端，并回复 SET 的结果。

现在 GET 命令也使用类似的机制。在创建 ReadIndex 任务时附带 GET 命令的请求 ID，等到核心组件回调 KV 服务状态机时带上请求 ID，然后 KV 服务的状态机就可以找到对应的 GET 命令和客户端，读取 KV 服务的数据并回复结果。

整个流程有两个等待的过程，一个是 ReadIndex 任务等待过半节点到达 readIndex，另一个是KV 服务状态机等待 lastApplied 到达 readIndex。和单服务器变更不同，这次并没有使用单独线程或 wait/notify 等同步机制。KV 服务借助 Netty 的 NIO 机制一开始就允许异步响应结果，所以GET 命令没有等待结果的过程，只需要在正确的时候响应结果即可，更详细的内容请参考下面的实现部分。

11.2.3　实现

ReadIndex 实现从最上层的 KV 服务开始，先是 GET 命令的入口。

下面是原有 GET 命令的实现，不使用 ReadIndex，直接读取 KV 服务的数据。

```java
public void get(CommandRequest<GetCommand> commandRequest) {
    String key = commandRequest.getCommand().getKey();
    logger.debug("get {}", key);
    byte[] value = this.map.get(key);
    commandRequest.reply(new GetCommandResponse(value));
}
```

对比使用 ReadIndex 的 GET 命令实现。

```java
public void get(CommandRequest<GetCommand> commandRequest) {
    // 检查是否是 Leader 节点
    Redirect redirect = checkLeadership();
    if (redirect != null) {
        logger.info("reply {}", redirect);
        commandRequest.reply(redirect);
        return;
    }
    GetCommand command = commandRequest.getCommand();
    logger.debug("get {}", command.getKey());
    // 放入待机命令组
    pendingCommands.put(command.getRequestId(), commandRequest);
    // 把当前请求加入 ReadIndex 队列
    this.node.enqueueReadIndex(command.getRequestId());
}
```

ReadIndex 要求在 Leader 节点上执行，所以如果当前节点不是 Leader 节点，要重定向到 Leader 节点。之后的处理基本和 SET 命令一样，把 CommandRequest 放入待机命令组，然后调用核心组件的方法。

原先的 GetCommand 没有请求 ID，需要追加，代码如下。

```java
public class GetCommand {
    private final String requestId;
    private final String key;
    // 构造函数
    public GetCommand(String key) {
        this.requestId = UUID.randomUUID().toString();
        this.key = key;
    }
    // 获取请求 ID
```

```
public String getRequestId() { return requestId; }
// 获取请求 Key
public String getKey() { return key; }
public String toString() {
    return "GetCommand{" +
            "key='" + key + '\'' +
            ", requestId='" + requestId + '\'' +
            '}';
}
}
```

核心组件的 enqueueReadIndex 方法定义如下。

```
interface Node {
    void enqueueReadIndex(String requestId);
}
```

输入参数只有请求 ID，没有返回值，以下是核心组件中 enqueueReadIndex 方法的具体实现。

```
// Map<RequestId, ReadIndexTask>
private final Map<String, ReadIndexTask> readIndexTaskMap = new HashMap<>();

public void enqueueReadIndex(String requestId) {
    context.taskExecutor().submit(() -> {
        ReadIndexTask task = new ReadIndexTask(
                context.log().getCommitIndex(),
                context.group().listIdOfMajorExceptSelf(),
                context.log().getStateMachine(),
                requestId
        );
        logger.debug("enqueue read index task {}", task);
        // 加入任务
        readIndexTaskMap.put(requestId, task);
        // 触发日志同步
        doReplicateLog();
    });
}
```

核心组件增加了一个以请求 ID 为 Key，ReadIndex 任务为值的映射，方法在主线程中执行。首先创建任务，其次加入任务到映射中，最后触发日志同步。由于 ReadIndex 的任务映射只会被主线程访问和修改，因此在这里没有使用锁，换句话说，线程封闭保证数据安装。触发日志同步后，核心组件会判断节点是否正在同步，如果正在同步，是不会发送消息的，也就是之前介绍过的变速日志同步机制。

ReadIndex 任务只是一个普通的类，代码如下。

```
    public class ReadIndexTask {
        private static final Logger logger = LoggerFactory.
getLogger(ReadIndexTask.class);
        private final int commitIndex;
        private final Map<NodeId, Integer> matchIndices;
        private final StateMachine stateMachine;
        private final String requestId;
        // 构造函数
        public ReadIndexTask(int commitIndex, Set<NodeId> followerIds,
                        StateMachine stateMachine, String requestId) {
            this.commitIndex = commitIndex;
            this.stateMachine = stateMachine;
            this.requestId = requestId;

            matchIndices = new HashMap<>();
            for (NodeId nodeId : followerIds) {
                matchIndices.put(nodeId, 0);
            }
        }
        // 获取请求 ID
        public String getRequestId() {
            return requestId;
        }
        // 更新节点的 MatchIndex
        // 返回值表示是否过半
        public boolean updateMatchIndex(@Nonnull NodeId nodeId, int matchIndex) {
            logger.debug("update match index, node id {}, match index {}",
nodeId, matchIndex);
            if (!matchIndices.containsKey(nodeId)) {
                // 集群配置变更
                return false;
            }
            matchIndices.put(nodeId, matchIndex);
            long countOfFollowerReachingCommitIndex =
                matchIndices.values().stream().filter(i -> i >= commitIndex).
count();
            // 是否过半
            if (countOfFollowerReachingCommitIndex + 1 > (matchIndices.
size() + 1) / 2) {
                stateMachine.onReadIndexReached(requestId, commitIndex);
                return true;
            }
```

```
            return false;
    }
    public String toString() {
        return "ReadIndexTask{" +
                "commitIndex=" + commitIndex +
                ", matchIndices=" + matchIndices +
                ", requestId='" + requestId + '\'' +
                '}';
    }
}
```

由于 ReadIndexTask 在主线程中被创建和访问，因此方法都没有加锁。ReadIndexTask 被创建后，主要在处理来自其他节点的同步消息响应 AppendEntriesResult 的地方被访问和更新，代码如下。

```
    private void doProcessAppendEntriesResult(AppendEntriesResultMessage
resultMessage) {
        AppendEntriesResult result = resultMessage.get();
        AppendEntriesRpc rpc = resultMessage.getRpc();
        // 前置处理
        if (result.isSuccess()) {
            // 如果节点推进了 matchIndex，则尝试推进整体的 commitIndex
            if (member.advanceReplicatingState(rpc.getLastEntryIndex())) {
                List<GroupConfigEntry> groupConfigEntries = context.log().
advanceCommitIndex(
                                        context.group().getMatchIndexOfMajor(),
role.getTerm());
                for (GroupConfigEntry entry : groupConfigEntries) {
                    currentGroupConfigChangeTask.onLogCommitted(entry);
                }
            }
            // 通知 ReadIndex 任务
            for (ReadIndexTask task : readIndexTaskMap.values()) {
                // 如果过半，则移除 ReadIndex 任务
                if (task.updateMatchIndex(member.getId(), member.getMatchIndex())) {
                    logger.debug("remove read index task {}", task);
                    readIndexTaskMap.remove(task.getRequestId());
                }
            }
            // 其他处理
        }
        // 其他处理
    }
```

注意上述代码中粗体的地方。方法遍历了所有 ReadIndex 任务，并且尝试更新各个节点的 matchIndex。ReadIndexTask 的 updateMatchIndex 方法会更新任务内自己的节点与节点 matchIndex 的映射，然后判断是否过半。从设计上来说，ReadIndexTask 的节点 matchIndex 映射必须和 Leader 节点自带的节点 nextIndex 与 matchIndex 跟踪表分离，这样才能知道是否满足过半节点 matchIndex 达到 ReadIndex 的要求。

另外，让 ReadIndexTask 自带节点表是因为考虑到中途集群成员可能会有变化。ReadIndex 无法阻止集群成员变更，而且集群成员变更下的 ReadIndex 存在不确定性。一个简单的策略是，遇到不在期望列表中的节点时抛出异常，然后告知客户端集群成员发生的变化。另一个策略是，集群成员变更时通知所有 ReadIndex 任务，让任务失败。本书为了易于读者理解，碰到意料之外的节点，updateMatchIndex 方法直接返回 false。

updateMatchIndex 方法的返回值决定了是否要从任务映射中移除当前任务。这里涉及 ReadIndex 任务的生命周期问题。正常情况下，ReadIndex 任务只有在过半时被删除，假如由于某些原因，任务始终无法过半，是否会出现 ReadIndex 任务堆积的情况呢？答案是，这种情况有可能出现。可以添加一个定期执行的任务，清理无法推进的 ReadIndex 任务，告知客户端执行失败。或者给 ReadIndex 任务设置一个上限，超过上限的任务要么无法创建，要么必须等待之前的任务完成。

ReadIndexTask 在过半节点的 matchIndex 达到 readIndex 之后，会调用服务状态机的特定方法 onReadIndexReached，以下是服务状态机的接口定义。

```
public interface StateMachine {
    int getLastApplied();
    void applyLog(StateMachineContext context, int index, int term,
byte[] commandBytes,
            int firstLogIndex, Set<NodeEndpoint> lastGroupConfig);
    void advanceLastApplied(int index);
    void onReadIndexReached(String requestId, int readIndex);
    void generateSnapshot(OutputStream output) throws IOException;
    void applySnapshot(Snapshot snapshot) throws IOException;
    void shutdown();
}
```

onReadIndexReached 方法传入请求 ID 和 readIndex。服务状态机收到回调之后，比较自己的 lastApplied 和 readIndex，以下是 AbstractSingleThreadStateMachine 中的实现。

```
// 等待用的数据结构
private final SortedMap<Integer, List<String>> readIndexMap = new TreeMap<>();
// 被回调的方法
public void onReadIndexReached(String requestId, int readIndex) {
logger.debug("read index reached, request id {}, read index {}", requestId,
readIndex);
// 在服务状态机的线程中执行
taskExecutor.submit(() -> {
```

```
            if (lastApplied >= readIndex) {
                // 已经达到，直接调用服务方法
                onReadIndexReached(requestId);
            } else {
                // 需要加入等待映射
                logger.debug("waiting for last applied index {} to reach
read index {}",
                             lastApplied, readIndex);
                // 一个 ReadIndex 可能对应多个请求
                // 链表是为了节省空间以及快速添加
                List<String> requestIds = readIndexMap.get(readIndex);
                if (requestIds == null) {
                    requestIds = new LinkedList<>();
                }
                requestIds.add(requestId);
                readIndexMap.put(readIndex, requestIds);
            }
        });
    }
    // KV 服务中 GET 方法的实现
    protected abstract void onReadIndexReached(String requestId);
```

等待用数据结构是一个可排序的映射，之后会讲为什么需要排序。

重载的一个抽象方法 onReadIndexReached 由子类实现，参数中没有 readIndex，也就是说，对 KV 服务的状态机来说 readIndex 是完全透明的。服务的状态机应当在此方法中实现读取的逻辑，对于 KV 服务来说就是 GET 命令。

比较 lastApplied 与 readIndex 在 KV 服务的状态机线程中执行。如果 lastApplied 已经到达 readIndex 的位置，则直接调用读取服务的实现方法，否则加入等待映射。等待映射是一个 readIndex 对应一组请求 ID 的数据结构，支持同一个 readIndex 位置读取多个请求。

等待映射会在 lastApplied 变化时被访问，代码如下。

```
    // 应用日志
    public void applyLog(StateMachineContext context, int index, int term,
byte[] commandBytes,
                        int firstLogIndex, Set<NodeEndpoint> lastGroupConfig) {
        taskExecutor.submit(() ->
        doApplyLog(context, index, term, commandBytes, firstLogIndex, lastGroupConfig));
    }
    // 应用日志（内部）
    private void doApplyLog(StateMachineContext context, int index, int
term, byte[] commandBytes,
                        int firstLogIndex, Set<NodeEndpoint> lastGroupConfig) {
```

```
        if (index <= lastApplied) {
            return;
        }
        logger.debug("apply log {}", index);
        applyCommand(commandBytes);
        lastApplied = index;
        // 更新 lastApplied
        onLastAppliedAdvanced();
        if (!shouldGenerateSnapshot(firstLogIndex, index)) {
            return;
        }
        try {
            OutputStream output = context.getOutputForGeneratingSnapshot(
                                    index, term, lastGroupConfig);
            generateSnapshot(output);
            context.doneGeneratingSnapshot(index);
        } catch (Exception e) {
            e.printStackTrace();
        }
    }
    // 推进 lastApplied，但是不应用日志
    public void advanceLastApplied(int index) {
        taskExecutor.submit(() -> {
            if (index <= lastApplied) {
                return;
            }
            lastApplied = index;
            onLastAppliedAdvanced();
        });
    }
    // lastApplied 有更新
    private void onLastAppliedAdvanced() {
        logger.debug("last applied index advanced, {}", lastApplied);
        // 取得比 lastApplied 小或者等于 readIndex 以及对应的请求
        SortedMap<Integer, List<String>> subMap = readIndexMap.
headMap(lastApplied + 1);
        for (List<String> requestIds : subMap.values()) {
            for (String requestId : requestIds) {
                // 应用请求
                onReadIndexReached(requestId);
            }
        }
        // 删除这些请求
```

```
        subMap.clear();
    }
    // 执行命令
    protected abstract void applyCommand(byte[] commandBytes);
```

在 onLastAppliedAdvanced 中，通过可排序映射的 headMap 方法，取得 readIndex 在 lastApplied 之前的请求，逐个回调子类的服务方法实现，最后清除请求 ID。使用可排序映射可以高效地取得数据并处理，比较适合这里的处理模式。

advanceLastApplied 是新增的方法。在实现 ReadIndex 时，需要注意一个细节问题。lastApplied 理论上应该是可以应用的普通日志，比如说 SET 命令的日志的索引，但是在引入 ReadIndex 之后，系统的 commitIndex 所在的位置可能不是普通日志。如果不做特殊处理，lastApplied 就永远无法达到 readIndex 的位置（因为没有日志被应用）。

解决方法是在日志组件中应用日志时判断日志类型，调用不同的方法，代码如下。

```
private void applyEntry(Entry entry) {
    if (isApplicable(entry)) {
        // 可以应用的日志
        Set<NodeEndpoint> lastGroup =
            groupConfigEntryList.getLastGroupBeforeOrDefault(entry.
getIndex());
        stateMachine.applyLog(stateMachineContext, entry.getIndex(),
entry.getTerm(),
            entry.getCommandBytes(), entrySequence.getFirstLogIndex(),
lastGroup);
    } else {
        // 直接推进 lastApplied
        stateMachine.advanceLastApplied(entry.getIndex());
    }
}
private boolean isApplicable(Entry entry) {
    return entry.getKind() == Entry.KIND_GENERAL;
}
```

为了简便，这里只推进 lastApplied 的方法，并没有传入 context 等数据。也就是说，只推进 lastApplied 时，服务状态机无法触发日志快照的创建。这理论上没有什么大问题，一方面对于服务状态机来说，没有新的可应用日志，数据也没有变换，频繁创建日志快照也没有好处；另一方面 NO-OP 日志、集群变更日志毕竟是少数，不太可能发生只推进而不应用日志的情况，日志快照的创建肯定会在某个时刻被触发并处理。

回到 KV 服务，看一下状态机中 GET 命令的实现。

```
// GET 命令
protected void onReadIndexReached(String requestId) {
```

```
    CommandRequest<?> commandRequest = pendingCommands.
remove(requestId);
    if (commandRequest != null) {
        GetCommand command = (GetCommand) commandRequest.getCommand();
        commandRequest.reply(new GetCommandResponse(map.get(command.
getKey())));
    }
}
// SET 命令
protected void applyCommand(@Nonnull byte[] commandBytes) {
    SetCommand command = SetCommand.fromBytes(commandBytes);
    map.put(command.getKey(), command.getValue());
    CommandRequest<?> commandRequest =
                        pendingCommands.remove(command.getRequestId());
    if (commandRequest != null) {
        commandRequest.reply(Success.INSTANCE);
    }
}
```

GET 命令的实现和 SET 命令很像，除了 GET 命令的 key 参数没有通过核心组件回传，GET 命令需要查找 CommandRequest，然后获取剩余的数据。

至此，基于 ReadIndex 的 GET 命令实现完毕。

11.2.4 测试

本小节按照如下步骤测试。

（1）启动 3 节点集群，节点 A、B 和 C 中，Leader 节点为 A。

（2）获取 X 的值，预期为 null。

（3）设置 X 的值为 1。

（4）获取 X 的值，预期为 1。

步骤（2）的目的是检查如果没有可以应用的日志，系统是否能够正常处理 lastApplied 和 readIndex 的比较。之前也提到，这是一个比较细节的问题，如果 lastApplied 不推进，客户端很可能会无限等待下去。

启动后，步骤（2）的服务器日志如下。

```
2019-06-30 10:00:58.037 [node] DEBUG nio.NioConnector - send
AppendEntriesRpc{entries.size=1,
            leaderCommit=0, leaderId=A, prevLogIndex=0, prevLogTerm=0,
term=1} to node B
2019-06-30 10:00:58.037 [node] DEBUG nio.NioConnector - send
AppendEntriesRpc{entries.size=1, leaderCommit=0, leaderId=A, prevLogIndex=0,
```

```
prevLogTerm=0, term=1} to node C
   2019-06-30 10:00:58.108 [nioEventLoopGroup-2-5] DEBUG nio.
ToRemoteHandler - receive AppendEntriesResult{success=true, term=1} from B
   2019-06-30 10:00:58.111 [node] DEBUG node.NodeGroup - match indices [<C,
0>, <B, 1>, <A, L>]
   2019-06-30 10:00:58.111 [node] DEBUG log.AbstractLog - advance commit
index from 0 to 1
   2019-06-30 10:00:58.113 [node] DEBUG log.AbstractLog - group configs from
1 to 2, []
```
// 第一条是 NO-OP 日志，推进 lastApplied
2019-06-30 10:00:58.115 [state-machine] DEBUG
statemachine.AbstractSingleThreadStateMachine - last applied index
advanced, 1
```
   // 忽略一部分日志
   // GET 命令开始
   2019-06-30 10:01:10.210 [nioEventLoopGroup-5-1] DEBUG server.Service -
get x
   // 加入 ReadIndex 任务
   2019-06-30 10:01:10.215 [node] DEBUG node.NodeImpl - enqueue read
index task ReadIndexTask{commitIndex=1, matchIndices={B=0, C=0},
requestId='3a86f430-bd23-4d33-97af-d32e4a6621e6'}
   // 发起日志同步
   2019-06-30 10:01:10.215 [node] DEBUG node.NodeImpl - replicate log
   2019-06-30 10:01:10.215 [node] DEBUG nio.NioConnector - send
AppendEntriesRpc{entries.size=0, leaderCommit=1, leaderId=A, prevLogIndex=1,
prevLogTerm=1, term=1} to node B
   2019-06-30 10:01:10.215 [node] DEBUG nio.NioConnector - send
AppendEntriesRpc{entries.size=0, leaderCommit=1, leaderId=A, prevLogIndex=1,
prevLogTerm=1, term=1} to node C
   2019-06-30 10:01:10.217 [nioEventLoopGroup-2-5] DEBUG nio.
ToRemoteHandler - receive AppendEntriesResult{success=true, term=1} from B
   2019-06-30 10:01:10.217 [nioEventLoopGroup-2-10] DEBUG nio.
ToRemoteHandler - receive AppendEntriesResult{success=true, term=1} from C
   // 过半节点到达 ReadIndex
   2019-06-30 10:01:10.217 [node] DEBUG node.ReadIndexTask - update match
index, node id B, match index 1
   // 回调服务状态机，异步回复结果
   2019-06-30 10:01:10.218 [node] DEBUG statemachine.AbstractSingleThre
adStateMachine - read index reached, request id 3a86f430-bd23-4d33-97af-
d32e4a6621e6, read index 1
   // 移除 ReadIndex 任务
   2019-06-30 10:01:10.219 [node] DEBUG node.NodeImpl - remove read
index task ReadIndexTask{commitIndex=1, matchIndices={B=1, C=0},
```

```
requestId='3a86f430-bd23-4d33-97af-d32e4a6621e6'}
```

日志中最应该关注的是启动后 lastApplied 的推进，即使没有可以应用的日志。之后的日志演示了 ReadIndex 的整个流程。在回调状态机的部分，由于 lastApplied 已经到达 readIndex，所以直接执行 GET 命令并返回结果。

此时客户端获得的结果是 null。

```
kvstore-client 0.1.1> kvstore-get x
2019-06-30 10:01:10.058 [main] DEBUG service.ServerRouter - send request
to server A
null
kvstore-client 0.1.1>
```

接下来客户端设置 X 为 1，然后再尝试 GET。Leader 节点的日志如下。

```
// SET 命令
2019-06-30 10:16:04.162 [nioEventLoopGroup-5-1] DEBUG server.Service -
set x
2019-06-30 10:16:04.169 [node] DEBUG node.NodeImpl - replicate log
2019-06-30 10:16:04.169 [node] DEBUG nio.NioConnector - send
AppendEntriesRpc{entries.size=1, leaderCommit=1, leaderId=A, prevLogIndex=1,
prevLogTerm=1, term=1} to node B
2019-06-30 10:16:04.170 [node] DEBUG nio.NioConnector - send
AppendEntriesRpc{entries.size=1, leaderCommit=1, leaderId=A, prevLogIndex=1,
prevLogTerm=1, term=1} to node C
2019-06-30 10:16:04.173 [nioEventLoopGroup-2-7] DEBUG nio.
ToRemoteHandler - receive AppendEntriesResult{success=true, term=1} from C
2019-06-30 10:16:04.174 [node] DEBUG node.NodeGroup - match indices [<B,
1>, <C, 2>, <A, L>]
2019-06-30 10:16:04.174 [node] DEBUG log.AbstractLog - advance commit
index from 1 to 2
2019-06-30 10:16:04.174 [node] DEBUG log.AbstractLog - group configs from
2 to 3, []
2019-06-30 10:16:04.174 [nioEventLoopGroup-2-1] DEBUG nio.
ToRemoteHandler - receive AppendEntriesResult{success=true, term=1} from B
2019-06-30 10:16:04.177 [state-machine] DEBUG
        statemachine.AbstractSingleThreadStateMachine - apply log 2
2019-06-30 10:16:04.177 [node] DEBUG node.NodeGroup - match indices [<B,
2>, <C, 2>, <A, L>]
2019-06-30 10:16:04.178 [state-machine] DEBUG
        statemachine.AbstractSingleThreadStateMachine - last applied
index advanced, 2
// GET 命令
2019-06-30 10:16:07.038 [nioEventLoopGroup-5-2] DEBUG server.Service -
```

```
get x
    2019-06-30 10:16:07.041 [node] DEBUG node.NodeImpl - enqueue read
index task ReadIndexTask{commitIndex=2, matchIndices={B=0, C=0},
requestId='0ec5f187-3a96-41a2-aa2a-c1e10695ffef'}
    2019-06-30 10:16:07.041 [node] DEBUG node.NodeImpl - replicate log
    2019-06-30 10:16:07.041 [node] DEBUG nio.NioConnector - send
AppendEntriesRpc{entries.size=0, leaderCommit=2, leaderId=A, prevLogIndex=2,
prevLogTerm=1, term=1} to node B
    2019-06-30 10:16:07.042 [node] DEBUG nio.NioConnector - send
AppendEntriesRpc{entries.size=0, leaderCommit=2, leaderId=A, prevLogIndex=2,
prevLogTerm=1, term=1} to node C
    2019-06-30 10:16:07.043 [nioEventLoopGroup-2-1] DEBUG nio.
ToRemoteHandler - receive AppendEntriesResult{success=true, term=1} from B
    2019-06-30 10:16:07.044 [node] DEBUG node.ReadIndexTask - update match
index, node id B, match index 2
    2019-06-30 10:16:07.044 [nioEventLoopGroup-2-7] DEBUG nio.
ToRemoteHandler - receive AppendEntriesResult{success=true, term=1} from C
    2019-06-30 10:16:07.044 [node] DEBUG statemachine.AbstractSingleThre
adStateMachine - read index reached, request id 0ec5f187-3a96-41a2-aa2a-
c1e10695ffef, read index 2
    2019-06-30 10:16:07.046 [node] DEBUG node.NodeImpl - remove read
index task ReadIndexTask{commitIndex=2, matchIndices={B=2, C=0},
requestId='0ec5f187-3a96-41a2-aa2a-c1e10695ffef'}
```

此时客户端得到了正确的响应 1。

```
    kvstore-client 0.1.1> kvstore-set x 1
    2019-06-30 10:16:04.034 [main] DEBUG service.ServerRouter - send request
to server A
    kvstore-client 0.1.1> kvstore-get x
    2019-06-30 10:16:06.949 [main] DEBUG service.ServerRouter - send request
to server A
    1
    kvstore-client 0.1.1>
```

11.3 其他优化

除了 PreVote 和 ReadIndex，Raft 算法还有一些其他的优化。本书所实现的 Raft 算法到
ReadIndex 为止，所以更多的优化以讨论为主。

11.3.1　基于时钟的只读请求

一般情况下对于只读请求，ReadIndex 能满足大部分要求，不添加日志条目，同时保证线性一致性。如果对只读请求的性能有更高的要求，可以考虑使用基于时钟的方法。

基于时钟指的是，一段时间内 Leader 节点能确保自己仍旧是 Leader 节点，不需要发起日志同步，直接读取 KV 服务的数据返回即可。

图 11-6 展示了可以直接返回 KV 服务数据的时间段。Leader 节点发起日志同步请求，在收到过半节点回复时，设置当前的有效时间为，启动时间加上选举超时（最小）除以时钟漂移上限。之后的只读请求只要在这个有效时间内，都可以直接返回。

图 11-6　基于时钟的只读请求

只要收到过半节点回复，从发起日志同步消息开始到最小选举超时内，过半节点都不会发起选举，所以 Leader 节点仍旧是 Leader 节点。

基于时钟的方法与 ReadIndex 不同，需要依赖时钟的正确性。ReadIndex 通过一次日志同步的来回，来判断自己仍旧是 Leader 节点。但是基于时钟的方法需要获取当前时间，如果机器的时钟突然变快或者变慢了，会影响结果的正确性。如果能保证机器的时钟漂移在一定范围内，那么使用本方法应该没有太大问题。

以下是实现时需要注意的几点。

（1）Leader 角色下需要记录发起日志同步的时间和有效截止时间。

（2）Leader 角色下需要记录响应的节点数，用以判断是否有过半节点响应，做法类似于 ReadIndex 任务。

（3）服务状态需要能访问 Leader 角色的有效截止时间。

（4）如果不在有效截止时间内，要能退化为 ReadIndex 方式。

11.3.2　批量日志传输和pipelining

在 Raft 算法的性能部分，除了本书提到的日志异步写入和发送并行之外，还有批量发送日志和 pipelining。

Raft 算法的 AppendEntries 消息本来就支持一次性发送多条日志，具体发送多少条与日志内容、网络等相关，本书把发送的数量作为配置项目以便修改。

pipelining 指的是多次发送、多次接收，与单次发送、单次接收相比，可以减少同步的时间。

图 11-7 展示了普通的发送消息、等待回复和 pipelining 下消息的发送与接收的区别。严格来说，

pipelining 属于网络应用程序都可以做的交互上的优化，并不是 Raft 独有的优化方式。而且 pipelining 要求后一个消息不能强依赖前一个消息的结果，否则无法连续发送消息。

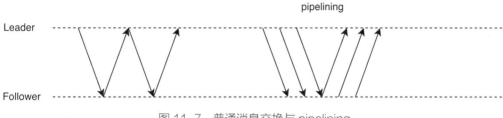

图 11-7　普通消息交换与 pipelining

Raft 算法的消息基本满足这个要求。典型的比如 InstallSnapshot 消息，Follower 节点回复的响应中除了 term 比 Leader 节点高之外，Leader 节点都可以继续发送快照内容，直接全部传输完毕。

pipelining 一个潜在的问题是消息的乱序，一般来说基于 TCP 协议并且只有一个连接的情况下消息是不会乱序的。假如 Follower 节点的处理也是顺序的话，那么响应也是不会乱序的。当然，类似于 InstallSnapshot 这种消息，如果每次响应都一样，Leader 节点无法判断是否完全结束，可以根据需要对响应做一些修改。

以下是针对 InstallSnapshot 消息实现 pipelining 的一些参考。

（1）在消息中增加一个表示正在 pipelining 的字段，收到 piplining 为 true 的 Follower 节点时，除非收到最后一条数据，否则不回复。

（2）在响应中增加一个表示接收到最后一条数据并且处理完毕的字段。

针对 AppendEntries 消息，采用以下乐观策略发送日志。

（1）每发送一条 AppendEntries 消息，记录之后要用的数据到一个队列。

（2）标记每一条 AppendEntries 消息和对应的响应，比如给消息和响应中增加一个 messageId 或者序列号的字段。

（3）如果响应表示追加失败，日志复制进度必须回到最后一次成功追加时的状态。

总体来说，由于 pipelining 会一次性传输多条消息，因此必须分别处理成功和失败的情况。

11.3.3　Leadership Transfer

在介绍集群成员变更时，针对移除 Leader 节点的场景提到过 Leader 转移（Leadership Transfer）。Leader 转移就是字面上转移 Leader 角色到另一个节点。当然，集群中只能有一个 Leader 节点，所以原来的 Leader 节点必须退化为 Follower 角色。

有了 Leader 转移，就可以减少移除 Leader 节点时导致的短时间集群不可用，同时也提供了手动修改 Leader 节点的方法。

Raft 算法中对于 Leader 转移的方法描述如下。

（1）现 Leader 节点停止接受新的客户端请求。

（2）现 Leader 节点确保新 Leader 节点的日志和自己一样新。

（3）现 Leader 节点给新 Leader 节点发送 TimeoutNow 请求，新 Leader 节点收到后立马发起选举。

（4）旧 Leader 节点收到新 Leader 节点的选举请求自动退化为 Follower 节点，Leader 节点转移结束。

注意，Leader 转移如果失败，旧 Leader 节点必须重新接受客户端请求，否则会造成服务不可用。

11.3.4　multi-raft

理论上来说，不管怎么优化，强一致性的算法都会比弱一致性的算法更快达到性能上限。此时不能通过增加服务器来提高性能，因为 Raft 算法的性能受限于 Leader 服务器的资源。

一个可行的方法是，和数据库分库分表一样，把 Raft 算法所管理的数据也分成多个不同的分区，一个分区对应一个 Raft 集群，或者叫 Raft Group。因为有多个 Raft Group，所以叫 multi-raft。客户端通过某种路由机制，访问对应的分区并进行查询和处理。

这个想法很简单，但是会引入很多问题。首先，哪个 Raft Group 管理哪些数据，即需要一个独立于所有 Raft Group 的元数据管理集群。

其次，数据库是否支持自动分裂或自动合并？如果不支持，就和手动管理数据库的分库分表没有太大区别，每次处理起来都会非常痛苦。如果支持，那么分裂中的请求如何处理？合并中的请求如何处理？

最后，分区之后，跨区的数据处理会有问题。数据在不同的分区中，难以保证处理过程中的一致性。虽然可以让用户避免跨区的处理，但是问题仍然存在。

话句话说，使用和数据库分库分表一样的方法，结果把分库分表中遇到的问题也一起带过来了。尽管如此，还是有实现了 multi-raft 的中间件，比如 CockroachDB、TiKV 等，有兴趣的读者可以查询这些中间件的相关设计文档。

11.4　本章小结

本章从优化第 10 章的被移除节点干扰的 PreVote 开始，讲解了用于只读请求的 ReadIndex 机制。同时，还给出了一些其他的优化方法，以及 Raft 算法之外的 multi-raft。

至此，本书对于 Raft 算法实现的讲解全部完成。希望本书的内容能给想要理解 Raft 算法的读者，以及想要自己尝试 Raft 算法的读者一定的参考。